# CHRONOLOGISCHE ÜBERSICHTSTABELLEN

## ZUR GESCHICHTE DER CHEMIE VON DEN ÄLTESTEN ZEITEN BIS ZUR GEGENWART

VON

### PAUL WALDEN

DR. PHIL., DR. CHEM., DR. ING. E. H., DR. MED. H. C.,
DR. SC. H. C., DR. RER. NAT. H. C.
EMER. O. UNIVERSITÄTSPROFESSOR

SPRINGER-VERLAG

BERLIN · GÖTTINGEN · HEIDELBERG

1952

ISBN 978-3-642-53302-0     ISBN 978-3-642-53301-3 (eBook)
DOI 10.1007/978-3-642-53301-3

# Inhalt.

## Abkürzungen einiger Literaturquellen:

Angew.: Angewandte Chemie, Zeitschr. des Vereins bzw. der Gesellschaft Deutscher Chemiker.

Ann.: (LIEBIGS) Annalen der Chemie (und Pharmazie).

B.: Berichte der Deutschen Chemischen Gesellschaft.

Chem. Z.: Chemiker-Zeitung.

C. r.: Comptes rendus de l'Académie des Sciences, Paris.

Soc.: Journal of The Chemical Society, London.

# Vorwort und Einleitung.

I. „Die Geschichte der Wissenschaft ist die Wissenschaft selbst", so lautet ein Goethewort. Dieses anerkennen, bedeutet auch für die *Chemie:* Im Lehren und Lernen, im Lehrbuch wie in der Vorlesung der geschichtlichen Behandlung der Chemie in ausreichendem Maße Raum und Pflege angedeihen zu lassen. Indem man das gewaltige Tatsachen- und Erfahrungsmaterial der modernen chemischen Wissenschaft vom Buch und Katheder aus darbringt, operiert man — teils zwangsläufig, teils landläufig — mit der Chemie als einem *Fertigen, Gewordenen,* einem abgeschlossenen Kenntniskomplex. Doch belehrt uns GOETHE: „Was nicht mehr entsteht, können wir uns als entstehend nicht denken; das Entstandene begreifen wir nicht." Das Ideal des chemischen Unterrichts soll nun nicht allein auf die Übermittlung des zur Zeit *vorhandenen* chemischen Wissens zwecks seiner Anwendung, sondern vielmehr auf eine psychisch-geistige Vorbereitung zur *Erweiterung dieses Wissens* durch eigene schöpferische Tätigkeit des Schülers und werdenden Chemikers ausgerichtet sein. Die Geschichte der Chemie zeigt tatsächlich, daß es keinen Stillstand in ihrer Entwicklung und Ausweitung gibt: Die chemische Wissenschaft gleicht vielmehr einem lebenden Organismus, der sich im Zustand eines dauernden Wachstums befindet. Eine ständige Zufuhr neuer Tatsachen und Ideen sorgt für die Erhaltung und Entwicklung dieses Organismus, der das *Sein* und *Werden* verkörpert. Die *Geschichte der Chemie* erfüllt nun die Funktionen der Systematisierung und Koordination der vielen und vielgestaltigen Einzelergebnisse, indem sie die kausalen Zusammenhänge herausarbeitet, die Forschung mit den Forschern verknüpft und in ihre Zeit und Umwelt einordnet.

Welche *chemiegeschichtlichen Werke* stehen nun für diese Forderungen zur Verfügung und umfassen zeitlich und inhaltlich das ganze Gebiet? Wenn der anerkannte Chemiehistoriker HERM. KOPP (1817—1892) vor mehr als einem Jahrhundert für *seine* „Geschichte der Chemie" (1843—1847) schon *vier Bände* brauchte: wie viele Bände wären wohl erforderlich, um eine ebenso gründliche Geschichte der Chemie bis zur *Gegenwart* zu verfassen? Und wo fänden wir diesen chemischen Polyhistor und Arbeitsriesen? Daher haben sich die Chemiehistoriker der jüngsten Vergangenheit „in der Beschränkung als Meister" zu bewähren versucht. So z. B. E. v. MEYER: „Geschichte der Chemie von den ältesten Zeiten bis zur Gegenwart", letzte 4. Aufl. 1914 (616 Seiten), bzw. A. LADENBURG: „Vorträge über die Entwicklungsgeschichte der Chemie von Lavoisier bis zur Gegenwart" (letzte 4. Aufl. 1906; 417 Seiten). Beide anerkannten Werke brechen also zu Anfang des 20. Jahrhunderts ab und sind vergriffen. Auch die vortreffliche, von C. GRAEBE verfaßte „Geschichte der *organischen* Chemie" (1920) reicht nur bis 1880 und ist nicht mehr vorrätig. Das gleiche Schicksal weisen die zwei Bände von G. BUGGES biographischem Sammelwerk „Das Buch der großen Chemiker" (1929/30) auf. Dann muß ich auf meine eigenen Versuche hinweisen, und zwar (als Fortsetzung von C. GRAEBES Werk): „Geschichte der *organischen* Chemie von 1880 bis zur Gegenwart", 1941 (946 Seiten als Tatsachenbericht), dann „Drei Jahrtausende Chemie", 1944 (305 Seiten, also nur kursorisch), sowie „Geschichte der Chemie", 2. Aufl. 1950 (127 Seiten, als Ideengeschichte in der Sammlung „Geschichte der Wissenschaften" von E. ROTHACKER).

Die Chemiegeschichte muß die Entwicklung der Chemie als ein *Menschenwerk* schildern, und dieses Geisteswerk als eine Summe von ungezählten Einzelleistungen ist zeit- und raumbedingt, auch soziale, wirtschaftliche und politische Faktoren sind mitbestimmend. Daher weist ein chemiegeschichtliches Schaubild neben aufsteigenden auch absteigende Äste auf: ein anderer Verlauf kennzeichnet das Mittelalter, ein anderer die Zeit zu Beginn der Neuzeit, ein Absinken nach den Zerstörungen des 30jährigen Krieges und der Zerstückelung Deutschlands. Bei allen Wandlungen in der Geschichte der Staaten und Völker bleiben als „ruhende Pole" der Chemiegeschichte: *Wann, von wem* und *was wurde entdeckt*? Nicht mühelos und unpersönlich wurde die Menschheit mit neuen chemischen Erkenntnissen beschenkt. Nicht nebensächlich und unwichtig ist dabei die Frage nach der *Literaturquelle*, die diese neuen Funde aufgenommen, vermittelt und aufbewahrt hat. Und lehrreich ist neben dem Was? auch die Darstellung des *Weges*, der zu dem Funde geführt hat. Denn jede wissenschaftliche Entdeckung ist ein natürliches Entwicklungsergebnis. Der Chemiehistoriker und Physikochemiker WILH. OSTWALD (1906) hat dieser Lektüre der alten Literatur in alten Zeitschriften ein bemerkenswertes Bekenntnis gewidmet, indem er schrieb: „Kurz, ein guter Teil des Gewinnes, den ein regelmäßiger Umgang mit geistvollen und kenntnisreichen Leuten mit sich bringt, läßt sich aus einem solchen vertrauten Verhältnis mit der Sammlung *alter* Zeitschriftenreihen entnehmen."

Diese Ziele möglichst übersichtlich und leicht zu vermitteln, schien dem Verfasser eine Darstellung der Chemiegeschichte nach den Hauptdaten — mittelst *chronologischer Tabellen*, von den ältesten Zeiten bis zur Gegenwart — einigermaßen zu gewährleisten. Die Tatsachen können dabei sich synchronistisch überschneiden, doch jede einzelne wird gleichsam durch einen offiziellen „Geburtsschein" legitimiert. In ihrer Gesamtheit stellen diese Tabellen eine Art „*Zeitlupe*" dar, die uns die *Wachstumserscheinungen* des chemischen Wissens in ihrer ganzen Eigenart vorführt. Auf dem naturgegebenen Boden der menschlichen Lebensbedürfnisse erwächst aus einem winzigen Bäumchen im Laufe der einander ablösenden Jahrtausende ein vielästiger und weitausladender Wunderbaum: er wächst um so schneller, je älter er wird oder je mehr er ins Licht der Gegenwart rückt, und er trägt um so mehr Früchte, je mehr derselben ihm entzogen werden. Noch brauchen wir nicht — mit dem Blick in die Zukunft — zu fragen: Wie *lange* wird oder kann die gegenwärtige Wachstumsperiode andauern?

Wenn die Tabellen zwangsläufig auch nur eine beschränkte Anzahl der Einzelleistungen des wissenschaftlichen Schöpfertums wiedergeben können, so zeigen sie doch die unterschiedliche Rolle dieser Leistungen; in ihrer Gesamtheit geben sie ein erhebendes Panorama von geistiger *Gemeinschaftsarbeit aller Völker* zur Steigerung des Wohlergehens der Menschheit.

II. Nach LAVOISIER bilden drei Dinge die Grundlage der chemischen Wissenschaft, und zwar: „Les faits, les mots et les idées." Wie steht es mit den „*Worten*", bzw. der Bildung von *Namen* und *Bezeichnungen* für chemische Stoffe, Vorgänge, Manipulationen u. ä.? Die Stoffe wurden nach den sinnfälligen Eigenschaften — durch den Tast-, Gesichts-, Geruchs-, bzw. Geschmackssinn — unterschieden, sinngemäß gruppiert sich alles Geschehen um den Menschen, der mit seinen Wesensäußerungen „das Maß der Dinge" wurde, bzw. die Dinge und ihre Veränderungen sprachlich und begrifflich kennzeichnete. So entstand in der chemischen Praxis eine dem menschlichen *Alltagsleben* entlehnte *anthropomorphe Bezeichnungsweise*. Dazu kam noch die von der antiken Naturphilosophie ausströmende *hylo-*

*zoïstische* („hyle"-beseelter, belebter Urstoff) Beeinflussung auf die Namenbildung, wobei alle Vorgänge und Wirkungen verlebendigt wurden. Die Stoffe wirkten aufeinander durch „Liebe" oder „Haß", und beim Gärungsvorgang ($CO_2$-Bildung!) trat ein personifizierter „Ur-heber" als *„Spiritus"* in Aktion. Die Bezeichnung „chemische *Verwandtschaft*" (Wahlverwandtschaft) gilt noch heute als wissenschaftlicher *Begriff*, obgleich er auch elektrisch *polare* Kräfte einschließt; hylozoistische Anklänge sind auch in der modernsten Naturforschung zu Hause, indem man ein „Eiweißleben" postuliert oder den Elektronen „seelische Beschaffenheiten" beilegt. Unbedenklich geht es im Sprachgebrauch her, wir reden von „Spiritusdarstellung" oder -brennerei, kaufen und verwenden den „Spiritus", auch den „Salmiakspiritus", sowie die „geistigen" Getränke; wir „töten" Quecksilber, reden vom „Totbrennen" des Gipses oder Kalksteins oder Zements, oder vom „Rösten" der Erze oder von der „Seele" der Feuerwaffen, oder von der „Alterung" der Metallegierungen, des Kautschuks, der Katalysatoren, oder von der „Lebensdauer" der Elemente, der Atome. Daneben behandeln wir die *„Vergiftung"* von Katalysatoren und die „Wiederbelebung" derselben; wir beseitigen die Reaktions-*„Trägheit"* der Stoffe durch Katalysatoren, bzw. Enzyme, und regeln deren Tätigkeit durch die Zugabe von „Aktivatoren" oder „Inhibitoren". Gewalttätig — mit „rohen Kräften" — treten wir gegen die Moleküle auf, wenn wir sie *„niederschlagen"*, „zerlegen", „zersetzen", „vergasen", „verbrennen", „umlagern", oder wenn wir willkürlich die „Ringe" in ihnen „sprengen", oder das „Grund*skelett*" der komplizierten Naturstoffe zu ermitteln suchen. Wir „zwingen" die Atome und Atomgruppen zur „Wanderung" im Molekül, oder „ersetzen" die eine Art durch eine andere, oder wir „verketten" sie zu neuen Gebilden, oder wir „sättigen" die „ungesättigten" Moleküle, bzw. „spalten" aus den gesättigten Molekülen „Atomgruppen" bzw. „Molekülrümpfe" ab usw. Die Symbiose zwischen wissenschaftlicher Forschung und industrieller Anwendung hat die Entwicklung der *robusten* Arbeitsmethoden — im Sinne einer wirtschaftlich-ökonomischen Richtung — in der Chemie gefördert: dadurch ist die präparativ-experimentelle Chemie zu einem bewundernswerten *„Kunstwerk"* geworden, dessen Ziele und Methoden sich immer sichtbarer von *denen* abheben, die in der *lebenden Zelle* obwalten. Doch hängt von der letzteren und ihrem Chemismus, der die lebensnotwendigen Nahrungsmittel produziert, die Erhaltung des Lebens selbst ab. Hier gilt es, die großen Rätsel der *natürlichen chemischen Synthesen* zu entschleiern. Auch die lebende Zelle baut in Stufenfolgen — mit Vor-, Zwischen- und Hauptprodukten — auf, in kolloiden wässerigen Lösungen und mit photochemischen Aufbau- und Umbaureaktionen. Neben der Erfassung des *Wesens* derselben gilt es, dem „Spiritus rector", bzw. dem proteusartigen „Überenzym" beizukommen, das autoritär die für jede gesonderte Pflanzenart spezifischen chemischen Stoffe vorausbestimmt und deren Entstehung dirigiert. Eine Wunderwelt sind die ungezählten winzigen Zellen, sie reihen sich würdig der rätselvollen Welt der Gestirne des Himmelsraumes an und sind mit diesem dauernd verbunden durch die kosmischen Einstrahlungen. Bei der Entdeckung der Gravitation bediente sich der große I. Newton des Gesichtspunktes der *Einfachstheit*.

III. Das Problem der „*Ideen*", ihrer Bildung und Entwicklung in der *Chemie* verlagert diese unmittelbar auf den *Boden* der *antiken Naturphilosophie*. Die griechischen Geisteswissenschaftler (des 6. bis 4. Jahrh. v. Chr.) suchten durch geistige Schau eine *Naturerkenntnis* zu gewinnen, ihre Lehren gaben daher keine praktischen *Naturanwendungen*. Griechische Philosophen (des 4. Jahrh. n. Chr.) in Alexandrien entsprachen wohl dem dortigen Zeitgeist, als sie die alte Naturphilosophie mit der ägyptischen Praxis der Metall-Legierungen und Edelmetalle, bzw. Edelsteine und Färberei verknüpften. Die auf diesem Boden entstandene

*Alchemie* hielt bewußt diesen geistigen Zusammenhang lebendig, die Alchemisten nannten sich „*philosophi* per ignem", sie kannten den allmächtigen „Lapis *philosophorum*" und durch „*philosophische*" Operationen bereiteten sie „*philosophische* Stoffe. Als der skeptische ROB. BOYLE (seit 1661) die antiken philosophischen vier Elemente ablehnt, begrüßt er um so eifriger die wiedererwachende Atomtheorie mit dem Werk „The Origine of Formes and Qualities According to the corpuscular *Philosophy*" (1666). Es erstarkt in England die *experimentelle* Naturforschung, die Royal Society in London fördert sie durch ihr Organ „*Philosophical* Transactions" (seit 1665), ein ISAAC NEWTON ist Anhänger einer atomistisch-mechanischen Lehre in der Chemie und Physik, sein klassisches Werk nennt er „Principia mathematica *philosophiae naturalis*" (1687), und JEAN HELLOT betitelt sein Chemielehrbuch „Elemens de la *philosophie* de l'art du Feu (Paris 1651). Nach Verlauf von etwas mehr als hundert Jahren gibt von Paris aus ein LAVOISIER (1743 bis 1794) dieser „Philosophie" durch seine Oxydationstheorie einen neuen geistigen Inhalt und beschließt eine lange *Entwicklungsperiode der Chemie.* Geisteswissenschaftlich gesehen, stellt LAVOISIERS Leistung den *Abschluß* der antiken Lehre von den vier Elementen als polaren physikalischen *Eigenschaften* bzw. Zuständen dar.

Nach den praktischen Erfahrungen von zwei Jahrtausenden fügte PARACELSUS diesen physikalischen Elementen seine „Tria prima" als *chemische* Eigenschaften zu, und zwar die Brennbarkeit (Sulfur), metallisches Wesen (Mercurius), Löslichkeit und Umsetzungsfähigkeit (Salz); J. J. BECHER (1669) ersetzt diese drei bestimmten stofflichen Träger durch eine abstrakte „Erde" (terra), die in Drei-Gestalt die *Paracelsischen* chemisch-elementaren Eigenschaften repräsentiert. Indem nun G. E. STAHL (1697 u. ff.) von diesen drei Erden die Brenn-Erde „terra pinguis" heraushebt und als „Phlogiston" in seine Phlogistontheorie einbaut, macht er das *Verbrennungsproblem* (Metallverkalkung, Gärung, Verwesung, Atmung) zum *chemisch-biologischen* Zentralproblem. Die chemische Eigenschaft der Brennbarkeit erhält durch das entweichende und rückwärts hinzuzufügende *Phlogiston* einen *Stoffcharakter* und wird damit einer *Kontrolle durch die Waage* zugänglich. Diese Prüfung und rationelle Deutung sind das historische Verdienst LAVOISIERS; indem er die vier physikalischen, bzw. drei chemischen *Eigenschaften* als abstrakte chemische Grundstoffe ablehnte, setzte er an ihre Stelle eine Vielzahl der unveränderlich mit gleichbleibenden Eigenschaften wiederkehrenden konkreten *Stoffe.* Psychologisch reizvoll ist hierbei die geistige Konzession, die er der Phlogistontheorie macht und die bis auf HERAKLITS Idee vom ewigen „Urfeuer" zurückreicht: LAVOISIER entnahm der Phlogistonidee (phlox griech. = Flamme, also Wärme, Licht) den unwägbaren „Wärmestoff" und den „Lichtstoff", die er den neueren Elementen beigesellte! Dieser „Wärmestoff" und „calorique" kehrte wieder in dem Begriff der Wärmemenge, die noch SADI CARNOT (1796 bis 1832) als eine der Quantität nach unveränderliche Substanz behandelte. Als eine Realität ging die Wärme in das von J. R. MAYER (1814 bis 1878) entdeckte Grundgesetz ein, das weiterhin zur mechanischen Wärmetheorie (Thermodynamik) von RUD. CLAUSIUS (1822 bis 1888) hinüberleitete. Die einstige „Philosophie des Feuers" hatte gelehrt: „Alles ist Austausch des Feuers, und das Feuer Austausch von allem" (Heraklit). Die Wärme — als spezifische Schmelz- und Verdampfungswärme, als Verbrennungs- und Verbindungswärme als Reaktions-, Lösungs-, Dissoziations-, Assoziations-, Isomerisations- oder Polymerisationswärme, als Aktivierungs- und Atomzerfalls-Energie(-Wärme) — sie beherrscht alle Gebiete der Chemie. Einen bedeutungsvollen geistigen Beitrag stellt die (1787) von LAVOISIER befürwortete *chemische Nomenklatur* dar, die statt der Trivialnamen der Körper die Namen und Oxydstufen der sie *zusammensetzenden Elemente* verwendet.

Indessen sollte die antike Naturphilosophie doch noch eine Art Wiedergeburt in der um 1800 entstandenen deutschen *Naturphilosophie* (HEGEL, SCHELLING, STEFFENS usw.) erleben. Eine spekulativ-romantische Chemie — ähnlich der peripatetischen — beansprucht die Erkenntnis der Naturgesetze mittels der Gesetze des menschlichen Verstandes, durch bloße Denkoperationen. Philosophische Spekulationen sollen die Erfahrung, das Experiment, die Messungen ersetzen. Man verkündete (STEFFENS): „Der Diamant sei nichts anderes, als ein zu sich selbst gekommener Kiesel" (ein Geologe travestierte dies nachher: der Quarz sei dann ein verrückt gewordener Diamant) usw. — ALEX. VON HUMBOLDT (1769 bis 1859) mußte die deutschen Chemiker warnen „. . . vor einer Chemie, in der man sich nicht die Hände naß macht", und ein J. J. BERZELIUS (1779 bis 1848) erinnerte daran, daß „die Chemie zu 99% Praxis und nur zu 1% Theorie" sei. Dank der Experimentalforschung eines LIEBIG (1803 bis 1873), DÖBEREINER (1780 bis 1849), GUST. MAGNUS (1802 bis 1870), LEOP. GMELIN (1788 bis 1853) und eines EILH. MITSCHERLICH (1794 bis 1863) und FRIEDR. WÖHLER (1800 bis 1882) konnte die deutsche Chemie diese Attacke der Naturphilosophie siegreich abwehren und sich auch von deren Ausläufer — dem Materialismus eines C. VOGT, J. MOLESCHOTT, L. BÜCHNER u. a. — frei halten. Diese neue Chemie war erstanden auf dem Boden der von JOHN DALTON (1766 bis 1844) geschaffenen physikalisch präzisierten Atomtheorie mit ihren quantitativen Gesetzen und den von BERZELIUS genau bestimmten Atomgewichten. DALTON legte seine Lehre dar in dem mehrbändigen Werk „New System of Chemical *Philosophy*" (1808 bis 1827); HUMPHRY DAVY (1778 bis 1829) veröffentlichte sein Chemielehrbuch unter dem Titel „Elements of Chemical *Philosophy*" (1810 u. ff.); die Physiker AVOGADRO (1776 bis 1856) bzw. AMPÈRE (1775 bis 1836) erweiterten die Atomphilosophie durch die Molekulartheorie (1811, bzw. 1814); ein BERZELIUS lieferte neue philosophische Beiträge durch die Lehre von den polar-elektrischen Atomen (1812 u. ff), durch den Begriff der Isomerie (1830) und „wechselnden Lage der Atome", sowie durch die besonders im biologischen Geschehen tätige „katalytische Kraft". (Als er diese (1835) gegen die naturphilosophische „Lebenskraft" einführte, ersetzte er ein großes unbekanntes X durch ein anderes rätselvolles Y). Ein JEAN BAPT. ANDRÉ DUMAS (1800 bis 1884) konnte in seinen „Leçons sur la philosophie chimique" (1837) ein neues Ideengemälde der Chemie entwerfen.

Die antike Vierelementenlehre war durch eine *Vielelementenlehre* abgelöst worden; um 1852 zählte man bereits etwa 62 gesonderte Elemente, und damit war eine neue Problematik in der Experimentalchemie geschaffen worden: In welchem Zusammenhang stehen diese vielen Elemente zueinander, welche Gesetze regeln ihre gegenseitigen Bindungsverhältnisse? Das vordringliche Problem war die Ermittlung der Sättigungs-Kapazität oder Valenz (Wertigkeit) oder Atomigkeit der Elemente, und die Grundlagen dazu — durch seine Entdeckung und Erforschung der metallorganischen Verbindungen (Metallalkyle) — hat EDW. FRANKLAND (1825 bis 1899) geliefert [Ann. **71**, 171 (1849); **85**, 329 (1853); **95**, 39 (1855)]. Daran schloß sich die Lehre von der Vierwertigkeit und Verkettung des Kohlenstoffs (1858) von AUG. KEKULÉ (1829 bis 1896) und A. COUPER (1831 bis 1892). Damit eröffnete sich in der *Molekularchemie* die Strukturlehre, die (1874) durch J. H. VAN'T HOFF (1852 bis 1911) und J. A. LE BEL (1847 bis 1930) zu einer Raum- oder Stereochemie führte. Andererseits gewann die *Chemie der Elemente* durch die Daten der Sättigungskapazität neue Unterlagen für die Gruppierung der Elemente in natürliche Familien. Alsbald folgte die Entdeckung des „periodischen Systems der Elemente" durch D. MENDELEJEFF (1834 bis 1907) und LOTH. MEYER (1830 bis 1895). L. MEYER hatte durch sein Buch „Die modernen Theorien der Chemie" (seit 1864) sich erfolgreich für die Pflege und Verbreitung der theoretischen Grundlagen eingesetzt. Wegweisend waren BUNSEN (in der Elektrochemie, Photochemie. Spektralanalyse), BERTHELOT (in der Thermochemie, chem. Statik und Dynamik), JUL. THOMSEN (seit 1852 als Thermochemiker) gewesen; GULDBERG und WAAGE gaben (1867) das neuformulierte Massenwirkungsgesetz; AUG. HORSTMANN (seit 1869) begründete die chemische Thermodynamik; D. VAN DER WAALS (1873) lieferte die Lehre von der Kontinuität des flüssigen und gasförmigen Zustands; die „Phasenlehre und das heterogene Gleichgewicht" von WILLARD GIBBS (1876 u. ff.) wurde von WILH. OSTWALD unter dem Titel „Thermodynamische Studien" herausgegeben (1892). Es folgten: BAKHUIS ROOZEBOOMS Studien über heterogene Gleichgewichte (1884 u. ff.), ferner J. H. VAN'T HOFF: „Etudes de dynamique chimique" (1884) und LE CHATELIERS „Etudes sur les équilibres chimiques (1888). Auf diesem geistigen Boden erwuchsen nun die „osmotische Lösungstheorie" von J. H. VAN'T HOFF (1885/1887) und die „elektrolytische Dissoziationstheorie" von SVANTE ARRHENIUS (1887). Für die Überfülle der neuen Ideen, Probleme und Anwendungen gründet WILH. OSTWALD die eigene „Zeitschrift für physikalische Chemie" (seit 1887), und in seinem Lehrbuch „der allgemeinen Chemie ' (I. Aufl. 1884 bis 1887; II. Aufl. 1891 bis 1906, unvollendet) gibt er ein Bild von der neuen Disziplin. WALTER NERNST behandelt in seinem Lehrbuch die „Theoretische Chemie vom Standpunkt der Avogadroschen Regel und der Thermodynamik" (I. Aufl. 1893; XI. bis XV. Aufl. 1926). So entstand das neue ideenreiche Gebiet der „klassischen" physikalischen Chemie, das infolge der großen Umwälzungen seit der Jahrhundertwende nicht nur sich weiter unterteilte, sondern sich als eine „chemische Physik" (A. EUCKENS Lehrbuch, I. Aufl. 1930; III. Aufl. 1949 u. ff.) abzweigte.

Vollzog sich die Eingliederung dieser neuen wissenschaftlichen Denkmittel in das bisherige und stabilisierte Gefüge der Chemie widerstandslos? Es sei daran erinnert, daß in der Zeit um 1880 der *Geist der präparativen organischen Chemie* sichtbar vorherrschte. Die organische Chemie stand im Vordergrunde des allgemeinen Interesses (man denke an die Erfindung der künstlichen Farbstoffe, Heilmittel usw.), *sie* zauberte wie aus einem unerschöpflichen Füllhorn immer „*neue* (chemische) *Körper*" hervor, und *ihre* Vertreter nahmen auch die ersten akademischen Lehrstühle ein, lenkten die Entwicklung der Chemie und des chemischen Nachwuchses. Es gehörte ein gewisser Mut dazu, Nicht-Organiker oder Physikochemiker zu werden, „denn was nicht organische Chemie war, wurde überhaupt nicht als Chemie anerkannt" (so schreibt W. OSTWALD über diese Zeit in seinen „Lebenslinien", I, 197; II, 111, 112, 1928).

Daß jede neue philosophische Idee zuerst auf Widerstand stieß, da sie das vorliegende geistige Gleichgewicht·zu verändern drohte, sei durch Hinweise belegt, z. B. auf die ablehnende Haltung gegenüber der *Avogadroschen* Theorie oder der räumlichen Lagerung der Atome, oder der VAN'T HOFFschen Lösungstheorie, oder der elektrolytischen Dissoziationstheorie von ARRHENIUS. Bezeichnend ist der gutgemeinte Rat des großen KEKULÉ (1883) dem jugendlichen OSTWALD: „Ich kann Ihnen nur raten, geben Sie die Sache auf. Ich habe vor Jahren dreimal vierundzwanzig Stunden ununterbrochen darüber nachgedacht und mich überzeugt, daß da nichts zu machen ist." Und ebenso bezeichnend ist die Zurückweisung, die ihm EMIL FISCHER (1889) erteilte, als er auf den Nutzen der osmotischen Lösungstheorie für die Molekulargewichtsbestimmung von nichtflüchtigen organischen Stoffen hinwies: „... *ich sehe jedem neuen Stoff ohne weiteres an, welches Molekulargewicht er hat, ich brauche Ihre Methoden nicht.*" Andererseits waren die Organiker empört über OSTWALD, der „die Theorie und die Methode der organischen Chemie leidenschaftlich zu bekämpfen nicht unterließ." (Vgl. R. WILLSTÄTTER, Aus meinem Leben, S. 89 [1949]).

Nun, es ging trotzdem weiter: Die alte „chemische Philosophie" hat sich autonom immer mehr zu einer „Physik in der Chemie" entwickelt. Aus der ehemaligen „physikalischen" Chemie haben sich allmählich — entsprechend der benutzten Energieart — selbständige Disziplinen abgezweigt, z. B. Thermochemie (Thermodynamik), Elektrochemie (mit Elektrolyse), Spektrochemie (Licht-, Röntgen-, Raman-Spektren), Magnetchemie; Radiochemie, Atomchemie, — im Gebiete der Aggregatzustände: Kristallchemie, Kolloidchemie, Makromolekularchemie usw.

IV. Kehren wir abschließend zu dem *Inhalt* des vorliegenden Buches zurück. Wenn wir uns die in Dutzenden von Bänden der Monumentalwerke „GMELIN", „BEILSTEIN", „ULLMANN" u. a. niedergelegten Verbindungen, Reaktionen usw. vergegenwärtigen, erscheint es als ein vermessenes und undankbares Beginnen, eine alle Beteiligten *befriedigende Auswahl* der wichtigsten Tatsachen zu treffen. Das subjektive Moment ist leider — bewußt und unbewußt — auch hier nicht auszuschalten, und Irrtümer sind auch bei allen Bemühungen des Verfasser um Objektivität nicht zu vermeiden. Wenn nun manches Bedeutende vermißt werden kann, so bedeutet es keinesfalls ein negatives Werturteil, vielmehr ist es eine Folge des Bestrebens, den Umfang des Buches und damit die Anzahl der aufgeführten Einzeltatsachen tunlichst zu beschränken. Die historischen Daten reichen bis zur Gegenwart, wollen also zeigen, nicht nur „... wie es gewesen ist", sondern auch, „wie es gegenwärtig ist." Daher fanden Berücksichtigung auch zahlreiche noch in der Schwebe befindliche Probleme, Hinweise auf Formen der Berichterstattung (Monographien, Zusammenfassungen u. ä ) und der Lehrbücher. Beachtung wurde auch der Tatsache gezollt, daß die jüngsten synthetischen Großtaten in sichtbarer Weise mit Hilfe der von der „klassischen" organischen Chemie um 1900 entdeckten Reaktionen für Abbau, Umlagerung und Synthesen ermöglicht worden sind.

Der Verfasser hält es für seine angenehme Pflicht, dem *Springer-Verlag* für die Ausstattung des Buches zu danken, wobei er besondere Anerkennung Herrn Dr. H. MAYER-KAUPP zollen möchte für die Hilfeleistung bei der Herstellung des druckfähigen Manuskripts. Die Anfertigung des *Namenverzeichnisses* verdankt der Verfasser wiederum (wie im Jahrzehnt zuvor bei der „Geschichte der organischen Chemie seit 1880") der Mitarbeit von Herrn Dr. PAUL ROSBAUD.

Gammertingen, (über Tübingen), Oktober 1951. PAUL WALDEN.

# Zeittafel wichtiger Entdeckungen und Erfindungen auf dem Gebiete der Chemie (seit den ältesten Zeiten bis zur Gegenwart).

## I. Frühperiode bis zur Geburt Christi.
### Abtasten der Naturstoffe.

Aus der Praxis der zeitbedingten Bedürfnismehrung erwächst eine zunehmende Vermannigfaltigung der Stoffverwendung, begünstigt durch Zufallsentdeckungen. Eine primitive Technik weitet sich nach und nach zu gegliederten chemisch-technischen Gewerben, Handwerken usw. aus, die im alten Orient ihre Entwicklung nehmen, während im alten Griechenland der Trieb nach Erkenntnis des Seins zur Entstehung einer Naturphilosophie hinführt.

**Vorzeit.** „Im Anfang war die Tat" (GOETHE) — es ging um die *Entdeckung* der Nahrungsmittel, deren Gewinnung und Aufbewahrung; es ging neben der Selbst*erhaltung* auch um den *Schutz* des „Ich" gegen äußere Umweltsangriffe jeglicher Natur und Stärke, der Steinzeitmensch schuf sich Werkzeuge und Waffen aus Holz, Stein, Knochen, auch Kleidung.

**Etwa um 20000 v. Chr.** Gegen Ende der Altsteinzeit machte der primitive Mensch eine der gewaltigsten Entdeckungen aller Zeiten: Die *Entdeckung des Feuermachens nach dem Prinzip der Umwandlung von Arbeit in Wärme*[1]. Je nach den lokalen Verhältnissen erfolgte diese Entdeckung und ihre Weiterentwicklung an verschiedenen Orten und zu verschiedenen Zeiten mit verschiedenen Hilfsmitteln: Den *Einen* begünstigte der Zufall beim heftigen *Zusammenreiben* trockener Hölzer, wobei diese warm wurden und das Holzmehl ins Erglimmen kam; den *Anderen*, als er mit seinem Holzbohrer — etwa aus hartem Eichen- oder Lorbeerholz — plötzlich in der Bohrung Rauch- und Feuerbildung bemerkte; den *Dritten* vielleicht beim sehr heftigen Hin- und Herziehen oder *Sägen* mit scharfkantigem Bambusrohr, und den *Vierten* als Steinarbeiter, Steinwerkzeugmacher, als er beim gewaltsamen *Zerschlagen* von harten Steinen — etwa von Flint, Quarz-Feuerstein und Eisenkies oder „Pyrit" — Funken erhielt und diese auf eine leicht entzündliche pflanzliche Materie, z. B. Feuerschwamm oder Zunder, trockene Blätter, fielen[1]. Jahrtausende waren erforderlich, um durch weitere Erfindungen die *praktische Beherrschung* und den *Gebrauch* des Feuermachens zu gewährleisten. Eine technisch-bergmännische Gewinnung des Feuersteins und des Eisenkieses an geeigneten Orten bahnte sich an, gleichzeitig ein Tauschhandel mit ihnen.

**Um 15000 bis 10000 v. Chr.** Es begann ein Hüttenbau zu Wohnzwecken; die Kenntnis neuer Nahrungsmittel sickerte ein.

**Um 6000 bis 4000 v. Chr.** Im Ausgang der Steinzeit wird der Anbau von Hirse und Halmgetreide erfunden; es breitet sich die Seßhaftigkeit aus; die Rinderzucht und die Erfindung des vom gezähmten Rinde gezogenen Pfluges im Ackerbau folgen; Anfänge der Textilindustrie.

**Um 5000 bis 3500 v. Chr.** In den ältesten Siedlungsschichten von Susa und Anau bei Merw (Turkmenistan) sind Ton und Lehm bereits technisch verwertetes Bau- und Kunstmaterial:

---

[1] Entwicklungsgeschichtlich ist es bemerkenswert, daß diesen Verfahren das erst 1842 von JUL. ROB. MAYER entdeckte „Gesetz von der Erhaltung der Energie" (Äquivalenz von mechanischer Arbeit und Wärme) zugrunde liegt, sowie daß das moderne Benzinfeuerzeug (mit den Cereisenfunken) eigentlich eine Nachbildung des Feuerschlagens (mit Schwefelkiesfunken, Feuerstein und Zunder, statt Benzin) darstellt!

Geformte gebrannte Ziegel für den Hausbau der Städte sind im Gebrauch; Gefäße werden auf der Töpferscheibe geformt, auch aus Kupfer geschmiedet; die *Buntkeramik* ist in Material, Brand, Form und Bemalung vollendet; Handwerk, Künste, Bergwerkskultur haben einen hohen Stand erreicht; die Goldschmiedekunst leistet Hervorragendes. Auf Abbildungen in Ur (Mesopotamien) sind Streitwagen mit Rädern und Pferd dargestellt: In der Uruk-Periode (4. Jahrtaus.) ist eine Keil*schrift* auf Tontafeln vorhanden.

**Um 3400 v. Chr.** Ägypten tritt mit seiner beginnenden chemisch-technischen Kultur in die Weltgeschichte ein; bald nachher beginnt die Kultur des Pyramidenbaus; in Ägypten ist um 3000 v. Chr. das Kupfer allgemein im Gebrauch, um 3000 sind Bier- und Weinbereitung heimisch.

**Um 5000 bis 3000 v. Chr.** Jeden bewußt ausgeführten Eingriff in die stoffliche Zusammensetzung der natürlichen Objekte, oder jede bewußte Lenkung eines freiwillig verlaufenden und mit stofflichen Veränderungen verknüpften Naturvorganges — beides durch den Menschen für die Zwecke seiner Lebenshaltung ausgeführt — können wir als *chemisch* bezeichnen und zu einer *chemisch-praktischen Tätigkeit* rechnen. Und so ist das *„Feuermachen" der älteste chemische Fundamentalversuch der Menschheit*, indem die Vereinigung des Luftsauerstoffs mit einem geeigneten leicht entflammbaren *organischen* Naturstoff, d. h. dessen *Verbrennung* erzwungen wird. Die dabei freiwerdende *Wärme* (auch das Licht) löst neue chemische Großversuche und Anwendungen aus: Veränderung der Nahrungsmittel; Brennen der Ziegel zum Hausbau; Brennen und Glasieren der Tonwaren (Keramik); Rösten der Erze und Gewinnung der Metalle! Die menschlichen Eingriffe, bzw. Lenkung und Nützung von *natürlichen*, freiwillig verlaufenden chemischen Vorgängen betreffen die durch Enzym- (Ferment-) und Lichtwirkung bedingten Gärungs- und Fäulniserscheinungen, z. B. die süßen Pflanzensäfte, tierische Milch, Fleisch etc. sowie die durch Luftoxydation aus Pflanzensäften sich entwickelnden Farbstoffe: sie leiteten zur allmählichen chemisch-technischen Gewinnung von alkoholischen, essig- und milchsauren Flüssigkeiten, sowie zur Färberei von Geweben, Leder, Holz- und Tongegenständen hinüber. Chemische Tätigkeit führte somit zur Kultivierung der Menschheit durch die Eröffnung neuer *Werkstoffe* aus gebranntem Ton, Metall usw., ebenso auch durch die Darbietung von *Genußstoffen* und dem natürlichen Kunstsinn dienenden Farbstoffen.

**Im 3. Jahrtausend v. Chr.** In Vorderasien ist die Bronzeherstellung und Verarbeitung sowie Verwendung weit verbreitet. Im Raum zwischen dem östlichen Mittelmeer und Ägypten bis hinein nach den Küsten Asiens und Afrikas vermittelt die Schiffahrt — auf dem Nil, Euphrat, Tigris, Indus usw. — den Verkehr und Austausch der Kulturgüter, so z. B. mit dem „Goldlande Ophir", dem „Gotteslande Punt" (Weihrauch und Myrrhe für den Kultusdienst), mit Indien, ebenso wie mit den Küstenländern Europas (Pyrenäenhalbinsel, Frankreich, Nordwestdeutschland), sogar mit den Inseln Britannien, Irland. Das Kupfer und Zinn für die Bronzefabrikation holten sich die Alten oft von weiten Ländern, so die Sumerer das Kupfer von den Abhängen des Kaukasus, das Zinn vielleicht aus Indien, während Ägypten teils eigenes Kupfervorkommen benutzte, teils das auf der Pyrenäenhalbinsel neben Gold entdeckte Kupfer sowie Zinn importierte. Glasperlen treten um 2500 v. Chr. in Ägypten auf.

**Um 2500 bis 2000 v. Chr.** In Mitteldeutschland existiert eine eigenartige Kupfer- und Bronzegewinnung, wobei einerseits die große Reinheit der Kupfergegenstände (z. B. der Flachbeile, Ringe, Doppeläxte aus der Umgebung von Weißenfels und Mansfeld) auffällt, andererseits neben Zinnbronzen auch Arsenbronzen (bis zu 7,6% Arsen und Spuren Zinn) aus den Fahlerzen bzw. Lagerstätten von Arsenerz im Vogtlande und Bezirk von Saalfeld hergestellt wurden, was eine auf sehr langer Erfahrung beruhende und sehr hochentwickelte Metallgewinnungs- und Metallbearbeitungstechnik voraussetzt.

**Um 2000 und später** In *Ägypten* bricht die Neubronzezeit an; es wird Schweißeisen hergestellt. Von den Kunststeinen war man zu den „farbigen ägyptischen Fayencen", zu den Gläsern und gefärbten Glasschmelzen (z. B. „künstlicher Lasurstein") fortgeschritten — künstliche Edelsteine, Metallegierungen, Silber-, Gold- und Kupferschmuck für Menschen und Tempel; Farbbereitung, Färberei, Malerei, Salbenbereitung, Wohlgerüche, Bierbereitung, Wein- und Heilmittelgewinnung, Einbalsamierung. Die Waage ist im Gebrauch. Um 1400 v. Chr. tritt auch in Babylon das Eisen auf, als Herstellungs- und Bezugsquelle dient das mächtige Reich der *Hethiter* in Kleinasien; südlich des Schwarzen Meeres wohnte das Volk der *Chalybter*, deren Name im griechischen Wort „chalyps" für Stahl (Eisen) wiederkehrt.

**Um 1200 v. Chr.** Die *Kupfer*- oder Hallstattleute von Mitterberg betreiben dort schon die *Eisen*kultur.

**Um 1100 v. Chr.** Städtegründungen in Spanien durch die Tartessier und Phönizier: Gades (das heutige Cadiz), Tartisch (Tartessos) als Hauptstapelplatz für Zinn und fertige Bronze, die auf ägyptischen oder kretischen Schiffen nach Ägypten ausgeführt werden. (Zu Beginn der Bronzezeit war das begehrte Zinn auch in Mittelfrankreich in der Bretagne und in Cornwall (Engl.) erschürft worden, während weitere Kupfererzgruben um 1500 v. Chr. in Asturien in Betrieb genommen wurden.)

*Der metallhungrige alte Orient mit seiner technischen Kultur wird Erwecker und Förderer der Metallkultur des Abendlandes mit dessen Metallreichtum.*

Im I. Jahrtausend wird der alte Steinpflug durch die *eiserne Pflugschar* ersetzt, dadurch wird eine bessere Kultur des Ackerbodens sowie dessen Erweiterung und Fruchtbarkeitssteigerung erreicht. Kretische und etruskische Kultureinflüsse dringen vom Süden vor und treffen auf Kelten.

Griechenland erlebt um 1100 v. Chr. seine Umwälzungen und Koloniengründungen durch die Dorische Wanderung. Mykenä und seine Kultur.

**7. bis 4. Jahrh. v. Chr.** Griechische Denker — z. B. THALES, HERAKLIT, DEMOKRIT, EMPEDOKLES, PLATON, ARISTOTELES — begründen eine Naturphilosophie. Der griechische Genius ging bei der gedanklichen Lösung des Metall- bzw. Stoffproblems von dem Prinzip der Einfachheit — Einheit aus, er bediente sich z. B. der folgenden Axiome (die in die *Alchemisten*mentalität eingingen):

1. Allem Seienden liegt *ein* Urelement (THALES, Wasser) zugrunde, alles ist aus *einem* Urstoff („Hyle", „Protyl": PLATO, ARISTOTELES, „materia prima" der *Alchemisten*) entstanden, die griechisch-alchemistische Philosophie prägte den Satz: „Hen to pan";

2. alles befindet sich im dauernden Fluß (HERAKLITS „Panta rhei"), alles besteht durch ein ewiges Entstehen und Vergehen.

3. „Nichts geschieht von selbst, sondern alles infolge eines begreiflichen Grundes" (LEUKIPP);

4. die Elemente (und Stoffe) wirken aufeinander (als beseelte Dinge) durch Liebe und Haß (EMPEDOKLES), aus *vier* Elementen — Wasser und Erde, Feuer und Luft — ist alles geworden (EMPEDOKLES);

5. durch Zufall und blinde Mechanik ist aus den unendlich vielen unzerstörbaren, in ewiger Wirbelbewegung befindlichen, ihrer Substanz nach gleichen und beseelten *Atomen* das Weltall als eine Einheit entstanden (DEMOKRIT);

6. Nichts kann werden aus nichts, und nichts kann vergehen in nichts (DEMOKRIT). „Ex nihilo nil fit. Nil fit ad nihilum" (EPIKUR, LUKREZ).

7. Die *vier Elemente* (= Eigenschaften) Feuer → Luft → Wasser → Erde (vgl. 4) sind ineinander überführbar, indem die Umwandlung vom Feuer... bis zur Erde, wie rückwärts von der Erde bis zum Feuer geht (PLATO im „Timäus", ARISTOTELES)[1].

8. Die Metalle *wachsen* durch Luftzutritt in den Eingeweiden der Erde, und in abgebauten Strecken der Bergwerke wachsen die Erze nach (ARISTOTELES).

9. Es lehrte ARISTOTELES, daß alles menschliche Gestalten — Umbilden (techne) eine Nachahmung der Natur darstellt.

**Um 500 v. Chr.**   Kelten in Südfrankreich, Ober-(Nord-)italien, Südengland sind die Träger der Eisenkultur in der La Tène-Zeit, sie fabrizierten Waffen, Werkzeuge, Schmucksachen mit Email und Glasverzierungen.

**Im 3. Jahrh. v. Chr.**   Keltische Eisenhüttenwerke am Oberrhein (Schwarzwald), im Ostalpengebiet, in Kärnten und Obersteiermark.

## II. Periode: Mittelalter (etwa von Christi Geburt bis 1500).

### Ausbreitung und Erweiterung
### der praktischen chemisch-technischen Kenntnisse.

Durch die Handelsbeziehungen der Griechen, ihre Koloniengründungen an den Küsten Kleinasiens und der Apenninhalbinsel sowie durch das Weltreich Alexanders des Gr. in Asien und Ägypten kamen die hochentwickelten chemisch-technischen Kenntnisse des Orients nach Rom, und Roms Eroberungszüge nach Gallien und Südgermanien dienten als Einströmungskanäle für diese Kenntnisse nach Mittel- und West-Europa. Handwerk und Gewerbe wurden hier die Hüter und Verbreiter (in Zünften und Gilden, Metallhütten, Mal- und Kunstschulen sowie Klosterlaboratorien, die sorgfältige Rezeptsammlungen anfertigen und Neuentdeckungen, z. B. des Alkohols, der Mineralsäuren, der Triebkraft des Schießpulvers usw., hinzufügen).

**Um Chr. Geb.**   Römischer Eisenbergbau im Ostalpengebiet, Steiermark, Kärnten, im Rheingebiet und Schürfungen auf Blei, Silber, Kupfer im Tal des Rheins, der Lahn und der Sieg. Römische Metall-, Glas- und keramische Industrie wird am Rhein bodenständig.

**79 n. Chr.**   PLINIUS d. Ält. erleidet in Pompeji durch den Vesuvausbruch den Tod, sein hinterlassenes Werk „*Historia naturalis*" in 37 Büchern gibt auch den Bestand der derzeitigen chemisch-praktischen Kenntnisse wieder. Sein Zeitgenosse ist der griechische Arzt DIOSKURIDES, dessen berühmtes Werk „De materia medica" eine Ergänzung zu PLINIUS' chemischen Angaben bildet. Aus diesen Quellen ergibt sich das folgende Bild über den Stand der chemischen Kenntnisse im I. Jahrh. n. Chr.: An *natürlichen Farbstoffen (Mineralfarben)* waren im Gebrauch: Kupfermineralien, Sandarach ($As_2S_2$) und Arsenikon ($As_2S_3$); Stibium (Stimmi $Sb_2S_3$); Bleiglanz; Ruß; Eisenocker; Zinnober; an *künstlichen* Mineralfarben: Bleiweiß

---

[1] „Es sei uns demnach ein *Element* derjenige unter den Körpern, in welchen die übrigen Körper zerlegt werden ... und welcher selbst nicht mehr in andere der Art nach verschiedene geteilt werden kann", so heißt es bei ARISTOTELES („Über den Himmel"). *Begrifflich* war also das „Element" schon im Anfang bestimmt, doch wie sollte man *praktisch* diese Zerlegung ausführen?

(von Rhodos), Bleiglätte und Mennige; Pompejanisch-Rot ($Fe_2O_3$); Ägyptisch-oder Alexandriner-Blau (d. h. eine Fritte aus Soda, Quarzsand und Kupfer). Von *organischen* Farbstoffen seien genannt: Der echte Purpur (aus der Purpur-schnecke); Indigo und Waid; Krapp (Färberröte); Scharlachbeere; Orseille. Neben der hochentwickelten Metalltechnik mit den Legierungen (Bronze, Messing), Stahl, Goldamalgam wurde die Feuervergoldung des Kupfers und Silbers ausgeübt, ebenso die *Kunst des Färbens* von Holz, Knochen, Wollstoffen usw. (unter Zusatz von Beizen in verschiedenen Nuancen) sowie des *Gerbens der Häute* — mittels Alaun. Gebrannter Alaun wurde auch *medizinisch* gebraucht. Hochentwickelt war die Kunst der *Glasdarstellung* (als Tafel- und Hohlglas) aus *Natursoda* und Sand, man verstand es in allen Farben zu färben sowie daraus Edelsteine künstlich darzustellen (z. B. Opal, Karfunkel, Saphir, Türkis, Amethyst!). Daß *Kupferkies* beim Stehen an der Luft allmählich in einen *blauen und wie Glas* (vitrum) glänzend durchsichtigen Körper (d. h. Kupfervitriol, durch freiwillige *Oxydation* des Sulfids!) sich umwandelt, wußte man, ebenso daß es einen *lauchgrünen Vitrum* ähnlichen Körper *(Eisenvitriol!)* gibt: Dieser wird beim *Glühen rot* (d. h. geht in Pompe-janisch-Rot $Fe_2O_3$ über!), er dient zum Schwarzfärben des Leders und wird er-kannt durch die Schwarzfärbung eines mit *Galläpfelabsud* getränkten Papiers (Galläpfeltinte und *erste chemische Analyse auf nassem Wege!*). Daß *Gips und Kalk-stein* beim „Brennen" etwas verlieren, ersterer nachher durch Wasser wieder erhärtet, der gebrannte Kalkstein aber *Ätzkalk* wird, wußte man; letzterer fand seine praktische Anwendung *erstmalig bei chemischen Umsetzungen in Lösung*, z. B. zur Verstärkung der *Ätzkraft von Nitrum* (Nitron oder Natursoda) durch Ätzkalk (es bildet sich $CaCO_3$ aus $Na_2CO_3$, und dieses geht in Na OH über!), oder zur *Verbesserung des sauren Weines* (indem durch Kalk, auch durch Asche, der Weinsäureüberschuß neutralisiert und gefällt wird!), oder zur *Erkennung und Zersetzung des „ägyptischen" Nitrums* (dasselbe enthält Ammoniumsalze und gab beim Kalkzusatz einen heftigen *Geruch* (ältester Hinweis auf $NH_3$!). Als *Lösungs-mittel* dienten *Wasser, Essig, Öl*. Durch Einwirkung von *Essig*, bzw. Essigsäure-dämpfen und Luft stellte man aus Kupfer *Grünspan* her, und aus *Bleistreifen* das als *Malerfarbe (und als Schminke)* geschätzte *Bleiweiß*. Das (Oliven)-*Öl* diente zum Extrahieren der pflanzlichen *Duftstoffe*, und Öl, bzw. Fett diente auch als *Prototyp der Verseifung* (oder *Salzbildung* aus einem Ester): Beim Kochen von Öl mit Bleiglätte entsteht das ölsaure Blei oder *Bleipflaster*, und beim Kochen von Ziegentalg mit Buchenholzasche bereiten (nach PLINIUS) die *Gallier und Germanen Seife* (= fettsaures Kali oder Natron). Daß man bereits vor zwei-tausend Jahren den Begriff der „*chemischen Reinheit*" eines Stoffes — wohl auf Grund der Bewertung durch die praktischen Erfolge des Produkts — erfaßt hatte, veranschaulicht die Angabe, daß „*besonders rein*" der Alaun aus Ägypten sei, oder daß man *Glasverunreinigung* (durch eisenhaltigen Sand etwa) durch Zusatz von „Magnetstein" (wohl Braunstein?) zur *Glasschmelze* behebt, oder daß man *Fette*, z. B. Schweineschmalz, durch wiederholtes Umkochen und Umschmel-zen „reinigt", oder *Öl* (vom Wasser) reinigt, indem man *gedörrtes Salz* in dasselbe streut (d. h. durch ein wasserbindendes Mittel trocknet!); bei *Salzen* (z. B. *Koch-salz, Alaun, Vitriol*) erfolgt die Reinigung durch Ansätze von *Krystallisation*; für einzelne Stoffe, z. B. die flüchtigen Ammonsalze im „ägyptischen Nitrum" (Am-moniumchlorid bzw. -carbonat?) erfolgt die Reinigung durch *Sublimation*, ebenso für Quecksilber, wobei die Kondensation in dem aufgekitteten Helm = $\alpha\mu\beta\iota\xi$ (arab. „Alambic") geschah. Für die flüchtigen Öle, z. B. Zedern- oder Teeröl, wurde die *Destillation* benutzt, wobei die aufsteigenden Dämpfe an der großen *Oberfläche der darübergehängten Wolle oder Tierfelle* sich verdichteten — die empfindlichen *Öle und Aromate destillierte man aus dem Wasserbade* (darauf wies schon THEOPHRAST um 300 v. Chr. in seinem Werk „Über die Wohlgerüche" hin), um sie vor dem Anbrennen zu schützen.

**4. bis 6. Jahrh. n. Chr.**

**Um 400 n. Chr.**

Völkerwanderung, Untergang des römischen Reiches und seines Kultureinflusses. Die „*Alchemie*"[1] erscheint als eine in mystisch-allegorischer Sprache die Verwandlung unedler Metalle in Gold und Silber lehrende „heilige Kunst" des alexandrinischen Philosophen ZOSIMOS. (Chêmî nordägypt. = Name für Ägypten).

Ein fälschlich dem DEMOKRIT (aus Abdera) zugeschriebenes Werk „Physika kai Mystika" gibt Anweisungen (Rezepte) für das „Färben" (die Nachahmung) des Goldes und Silbers, der Edelsteine und der Purpurgewänder.

**668 n. Chr.** Das „griechische Feuer" des KALLINIKOS: Gemisch organischer leichtentzündbarer Stoffe als chemische Kriegswaffe verwendet.

**Im 8. Jahrh. n. Chr.** Wiederbeginn der Bergbautätigkeit auf Eisen, Gold, Silber, Kupfer, Blei in Leoben in den Ostalpen, in Ungarn, Böhmen, im Siegerland und Bergischen.

**7. bis 12. Jahrh.** *Klostergründungen* des Benediktinerordens (Abtei Corbie 662 n. Chr. und St. Gallen, in Reichenau 724, Benediktbeuren 740 usw.) werden zu Keimzellen auch für die Wissenschaften und *chemisch-technischen Künste*. Klostertechniker pflegen und entwickeln mit den Gewerben auch die chemischen Kenntnisse: Nach frühbyzantischen Quellen, die ihrerseits sich mehrfach an die Vorschriften von BOLOS aus Mende (um 200 v. Chr.) und des vorhin genannten ZOSIMOS anschließen, ist z. B. eine aus dem 8. Jahrhundert stammende Rezeptsammlung „*Compositiones ad tingenda musiva*" bekannt — inhaltlich vielfach übereinstimmend ist das Manuskript „*Mappae clavicula* de efficiendo auro", das in dem Bibliotheksverzeichnis der Klosterschule zu Reichenau um 821/22 erwähnt wird, abschriftlich ist es erhalten in einer Handschrift aus Schlettstadt (Unter-Elsaß), die ein St. Gallener Mönch um 870 n. Chr. angefertigt hat. Ein drittes Denkmal chemisch-technischer schöpferischer Leistungen und Klosterinteressen ist das um 1050 n. Chr. von dem westfälischen Mönch THEOPHILUS PRESBYTER verfaßte Manuskript „*Schedula diversarum artium*". In einer auf das 11. oder 12. Jahrh. zurückgehenden Abschrift der „Mappae clavicula..." findet sich ein rätselhafter Zusatz, ein Kryptogramm, das von M. BERTHELOT (1893) enträtselt und als die Vorschrift zur Gewinnung des „*Spiritus vini*" durch Destillation des stärksten Weins unter Salzzusatz erkannt wurde. (Erst 1526 prägte PARACELSUS für den feinsten „spiritus vini" das Wort „*alcohol*"[2] vini (id est vini ardentis)"; als „alcool de vin" kommt der Name bereits 1615 in französischen Lehrbüchern vor).

**Um 1000 n. Chr.** In dem Pseudoepigraph „Kiṭāb Kimiyā" von dem arabischen Physiker-Philosophen AL-KINDI (9. Jahrh. in Bagdad) wird eine (Fälscher-) Chemie der Parfüme und die „Hochtreibung" beschrieben, d. h. die *Destillation* aus dem Wasserbade, mit Kürbis, Alembik und (ungekühlter) Vorlage, *ohne* Fraktionierung des Destillats.

**Im 10. Jahrh.** Erschließung des Bergsegens im Harzgebiet und in Sachsen.

**Im 12. Jahrh.** Bergbau auf Kohlen im Aachener Bezirk, auf Zinn im böhm. Erzgebirge, auf Silber in Freiberg/S., auf Kupfer, Blei und Silber in Mansfeld.

**Im 13. Jahrh.** Erstmalige Erwähnung der Gewinnung von *Mineralsäuren*[2] oder „scharfen Wässern" in dem lateinischen Werk „Liber de inventione veritatis" des unter dem

---

[1] Zur Alchemie vgl. a. K. CHR. SCHMIEDER: „Geschichte der Alchemie", 1832 (Neudruck unter FR. STRUNZ (1927/28); W. GANZENMÜLLER: „Die Alchemie im Mittelalter", Paderborn 1937. Im Gegensatz zu diesen Werken nehmen die folgenden eine kritisch-ablehnende Stellung ein: H. KOPP: „Die Alchemie in älterer und neuerer Zeit, ein Beitrag zur Kulturgeschichte", 2 Bände, Braunschweig 1886; E. O. v. LIPPMANN: „Alchemie", Berlin 1919; P. WALDEN: „Drei Jahrtausende Chemie", Berlin 1944; ders.: Naturwiss. **35**, 225—230 (1949).

[2] Die *arabischen* Alchemisten des 13. Jahrh. kennen und erwähnen nicht diese Entdeckungen der abendländischen Techniker.

Pseudonym GEBER schreibenden Autors: Durch trockene Destillation eines Gemisches von „1 Pfund Vitriol, einem halben Pfund Salpeter und einem viertel Pfund Alaun" gewinnt man eine Flüssigkeit, die „stark auflösende Wirkung" hat („aqua dissolutiva", Scheidewasser, Salpetersäure).

(Unter Vitriol ist verwittertes $FeSO_4.aq$, das in basisches $Fe_2O(SO_4)_2$ übergegangen ist, zu verstehen — bei der Destillation bildet sich $H_2SO_4$, die sich mit Salpeter zu $HNO_3$ und $K_2SO_4$ umsetzt). Die Flüssigkeit „...wird noch viel schärfer, wenn du damit ein viertel Pfund Salmiak ($NH_4Cl$, P. W.) auflöst. Die Flüssigkeit löst dann nämlich Gold, Silber und Schwefel auf". (Es bildet sich durch freigemachtes Chlor „Königswasser". P. W.). Der pseudonyme Verfasser „GEBER" vermeidet alle Hinweise auf die alchemistischen Autoritäten, gibt in klarer einfacher Schreibweise seine eigenen Erfahrungen wieder und dürfte aus dem Kreise der lateinischen Kleriker der süddeutschen *Klosterlaboratorien* stammen. Die neuen Prinzipien (Elemente) Sulfur und Mercurius werden von ihm erwähnt.

<table><tr><td>Im<br>14. Jahrh.</td><td>Einem Freiburger Mönch BERTHOLD SCHWARZ wird von der Chronik die „Erfindung des Pulvers" zugeschrieben. Auch hier dürfte es sich um eine Erfindung der Klosterlaboratorien[1] handeln, d. h. um die Anwendung der treibenden Kraft des Pulvers zu Pulvergeschützen und Steinbüchsen. Parallel damit entstand in Deutschland die Salpeterfabrikation; sie lieferte nachher den Salpeter zum Export. Es sei betont, daß die Entdeckungen des Alkohols, der Mineralsäuren, der Triebkraft des Schießpulvers usw. zeitgemäß als „alchemistische" bezeichnet und nachher als Großleistungen der Alchemisten-Goldmacher oder Araber gerühmt worden sind. Im Gegensatz hierzu haben wir sie als die experimentellen Zufallsentdeckungen von chemischen Praktikern und Technikern, namentlich der in den Klosterlaboratorien tätigen hingestellt. Die als $\chi\eta\mu\varepsilon\iota\alpha$ oder $\chi\eta\mu\iota\alpha$ seit ZOSIMOS bezeichnete „Kunst Gold und Silber zu machen" wurde noch im 14. Jahrh. von dem Araber ALAKFANI als solche definiert: „Al-Kimija ist die Kunst, aus unedlen Metallen Gold und Silber zu machen"[2].</td></tr></table>

<table><tr><td>15. Jahrh.</td><td>Salzsiedereien (seit altersher); Vitriolsiedereien (auf $CuSO_4$ und $FeSO_4$) bei Goslar und Blankenburg im Harz, Annaberg, Schneeberg usw.; Alaunsiedereien bei Saalfeld und Lobenstein i. Thür., bei Plauen, bei Meißen usw.; Glasfabrikation in Thür.; Weinsteinfabrikation und Pottaschegewinnung, Branntweinbrennerei (durch Zuzug der „welschen Weinbrenner"); Bergbau und Hüttenindustrie — dies alles teils in Weiterentwicklung, teils in Neubildung. Als der italienische Ingenieur VAN. BIRINGUCCIO (1480—1538) in den ersten Jahrzehnten des 16. Jahrhunderts eine Studienreise machte, besuchte er auch die deutschen Salzbergwerke, Metallhütten, Geschützfabriken u. ä. und rühmte Deutschland, „... wo diese Kunst vielleicht mehr geübt wird und blüht als an irgeneiner anderen Stelle in der Christenheit."</td></tr></table>

Mit der um 1440 von JOH. GUTENBERG in Mainz vollbrachten gewaltigen Geistestat — der Erfindung des Buchdrucks — erschienen erstmalig auch chemisch-tech-

---

[1] Die Erinnerung an die einstigen Klosterlaboranten und ihre Leistungen war noch zu Beginn des 17. Jahrh. im Volke so gefestigt, daß man z. B. für ein an neuen Tatsachen reiches Werk einen Benediktinermönch BASILIUS VALENTINUS als Verfasser erfand und ihn ins Jahr 1413 zurückdatierte.

[2] Neben dieser Herkunft und Sinngebung für Chemie gibt es noch eine Ableitung vom griech. „chyma"=Metallguß, also eine Bezugnahme auf griechische Metalltechnik (vgl. WIEGLEB, 1777; H. DIELS, 1920). Bei PARACELSUS kommt auch der Name „spagyrische Kunst" oder „Spagyrica" vor, den noch G. E. STAHL zitiert; die Bezeichnung leitet sich vom griech. spao (trennen) und ageiro (vereinigen) ab und entspricht sinnvoll der analytisch-synthetischen Grundhaltung der Chemie.

nische Werke, so die „Feuerwerksbücher" und das älteste Destillierbuch; MICHAEL SCHRICK „Nützliche Materi von mancherley ausgeprannten Wassern" (1477 und ff. in Augsburg).

Beim *Rückblick* auf das meist als eine Stagnationsperiode beurteilte Mittelalter möchten wir neben den erwähnten produktiven chemisch-technischen Leistungen noch die folgenden geistigen Errungenschaften hervorheben. Zuerst sei auf die Gründung der *Universitäten* hingewiesen: Beginnend mit der Gründung der Universität in Bologna (1119) folgten Paris (um 1200), Oxford (um 1214): der ersten deutschen Universität in Prag (1348) folgten im 14. und 15. Jahrh. über 10 weitere. In Italien entfaltete sich im X. Jahrh. die *medizinische Schule zu Salerno*, wo auch im XII. Jahrh. das Werk „Circa instans.." als Pharmakologie erschien.

An großen *Persönlichkeiten* seien genannt: Der Mystiker-Zisterzienser HUGO VON ST. VICTOR (gest. 1141), der als Philosoph die Grundsätze einer physikalischen Forschung entwickelt und eine kausale Denkweise mit dem alten Erhaltungsaxiom vertritt. Sein Zeitgenosse ist der gelehrte Theologe-Astronom GUILIAUME DE CONCHES (gest. um 1154), der — entgegen ARISTOTELES — eine korpuskular-theoretische Anschauung lehrt. Im XIII. Jahrhundert sind es die großen Mönche-Mystiker: ALBERTUS MAGNUS (gest. 1280), als Biologe und Schöpfer des chemischen Begriffes „affinitas" bekannt, ROGER BACON (gest. 1294), Physiker und Befür-worter einer „scientia experimentalis[1]", RAYMUNDUS LULLUS (gest. 1315), Schöpfer einer auf mechanischen Prinzipien beruhenden Erfindungskunst „ars magna". Im XIV. Jahrh. wird von dem Enzyklopädisten und Domherrn von Regensburg — KONRAD VON MEGENBERG (gest. 1374) — die erste deutschsprachige Natur-geschichte „Das Buch der Natur" verfaßt. Das XV. Jahrh. weist auf: Den „großen" Mathematiker-Astronomen REGIOMONTANUS (gest. 1476) sowie den Humanisten-Astronomen PEURBACH (gest. 1461) und den Philosophen-Theo-logen NIKOLAUS VON CUËS (gest. 1464, Bischof von Brixen), der aus dem „Wissen des Nichtwissens" auch zu den Problemen des unendlich Großen und des unend-lich Kleinen, d.h. zu den nicht mehr teilbaren Atomen gelangt: Sie sind die Bau-steine, mit denen der Schöpfer Dinge und Wesen nach seinen Plänen gebaut hat. Er lehrte, daß „*Gewicht und Waage* das Judicium jenes Herrn sind, der alles nach Zahl, Gewicht und Maß schuf und die Quellen und Gebirge wog und die Last der Erde aufhing", mit Hilfe der Waage müsse es daher in objektiver Weise möglich sein, alles stoffliche Geschehen zu verfolgen und zu analysieren.

Der Anbruch des 16. Jahrh. wird gekennzeichnet nicht allein durch die große Geistesflut des Humanismus und das Einströmen der antiken griechischen Philo-sophie — durch lateinische Übersetzung der griechischen Schriften sowie durch die kirchliche Reformation — sondern auch durch das eruptionsartige Ausbrechen des menschlichen Geistes aus den mystisch-metaphysischen Fesseln, hin zum un-mittelbaren Beschauen, Befragen, Abbilden und (nach PARACELSUS, Worten) „Vollenden der *Natur*". Zur Verdeutlichung sei an einige Namen und Leistungen von säkularer Bedeutung erinnert; sie sind zugleich geistiges Erbe und Verbin-dungsglied der Vergangenheit:

1512    HIERON. BRUNSCHWIG (1450—1533): Das „große" Buch „Liber de arte distillandi" (vgl. a. nachher).

1530    GEORG AGRICOLA (1494—1555): „Bermannus sive de re metallica".

1556    — . —      —    —    „De re metallica. Libri XII".

1540    VAN. BIRINGUCCIO (1480—1538): „De la pirotechnia, libri X".

---

[1] „Die Erfahrungswissenschaft ist die Herrin der spekulativen Wissenschaften. Sie erforscht die Geheimnisse der Natur durch ihre eigenen Kräfte" (ROG. BACON).

1543   VESALIUS (1514—1564): „De corporis humani fabrica".

1543   LEONH. FUCHS (1501—1566): „New Kreuterbuch".

1543   NIC. COPPERNICUS (1473—1543): „De revolutionibus orbium coelesticum".
Zu diesen Großen gesellen wir die Universalgeister: LEONARDO DA VINCI (1452 bis 1519), der als Maler, Naturforscher und Ingenieur den Typus des kühnen technischen Erfinders repräsentiert, sowie THEOPHR. BOMBASTUS VON HOHENHEIM, gen. PARACELSUS (1493—1541), der als chemischer Reformator und Erfinder die innere Medizin auf neue Grundlagen stellt. Wenn ein COPPERNICUS das Weltbild revolutioniert, ein VESALIUS die Anatomie des menschlichen Körpers und ein FUCHS die beschreibende Botanik begründet, so führt uns BRUNSCHWIG in die Kunst und Bedeutung der Destillation ein, während BIRINGUCCIO und AGRICOLA das Mineralreich und die alte Kunst der Metallgewinnung und -verarbeitung lehren. Sie alle sind Natur-*Forscher*, ihre Werke sind ein Hohes Lied der direkten Naturbefragung und dre fruchtbaren Ergebnisse derselben sowie ein Aufruf zur Nachfolge!

## III. Periode: Sechzehntes und siebzehntes Jahrhundert (1500 – 1697; Stahl's Phlogistontheorie).

### Beginn einer von Medizinern, Pharmazeuten und Praktikern vertretenen Experimentalforschung und Buchwissenschaft „Alchemia" oder „Chymia" oder „Jatrochemie".

16. Jahrhundert   THEOPHRASTUS BOMBAST VON HOHENHEIM, auch THEOPHRASTUS PARACELSUS genannt (1493—1541), Naturphilosoph, Theologe, Arzt und Reformator der Alchemie, die er in eine Jatrochemie oder Lehre von der Heilmittelbereitung umbildet (1530). Zu den 7 alten Metallen (Gold, Silber, Kupfer, Blei, Zinn, Eisen und Quecksilber) fügt er noch die metallischen Stoffe „Zinken" und „Kobolt" und „Wismat" (1525/26) hinzu, auch Arsen und Antimon „auf metallisch art praepariert"; er kennt die Mineralsäuren und gegen hundert Metallsalze, behandelt ausführlich die Antimonverbindungen und ihre Heilwirkungen. Dem Problem der *Zusammensetzung* der Metalle sucht er durch seine Lehre von den „*Tria prima*" zu genügen: Alle Stoffarten sind aus drei Grundelementen zusammengesetzt, und zwar aus dem (philosophischen) „Sulphur" (d. h. aus einer Öligkeit = „oleitet", als Prinzip der Brennbarkeit), aus „Mercur" (einem „liquor", als Prinzip der Flüchtigkeit), und drittens aus „Sal" (Salz, alkalihaltig, feuerbeständiges Prinzip), diese drei sind in verschiedenen Proportionen in den Stoffen vereinigt. An der „Behendigkeit" (d. h. Geschwindigkeit) der Auflösung der Metalle in Quecksilber und dessen „Vereinigung" oder „Amalgamierung" mit den Metallen exemplifiziert er erstmalig deren *Verwandtschaftsreihe*: Der Mercurius vivus vereinigt sich je „*nach dem und das metall auch seiner natur am nechsten verwant*" zuerst mit „feingolt, darnach ... feinsilber, zum dritten ... blei, zum vierten ... zin, zum fünften ... kupfer, letztlich ... eisen" (1525/26; SUDHOFF — Ausgabe der Paracelsus-Werke, II. Bd., S. 365).

Durch PARACELSUS *wird die experimentelle Chemie als Jatrochemie der weiteren Pflege durch die Ärzte und Apotheker anvertraut, und als ein Bestandteil der medizinischen Wissenschaften wird sie für die folgenden Jahrhunderte in den Medizinischen Fakultäten gelehrt, gepflegt und angewandt.*

Berg- und Hüttenwesen stehen in Deutschland in hoher Blüte. Gedruckte Anleitungen fördern die Verbreitung und gewerblich-technische Anwendung der chemischen Erfahrungen: z. B.: „Ein nutzlich *bergbüchleyn*", von ULRICH RÜLEIN

VON CALBE (Augsb., um 1505); ,,Probierbüchlein'' (um 1518); ,,Kunst- und recht Alchameibüchlin'' (Wormbs 1529) usw.

Um 1520 erscheinen also die *ersten gedruckten Werke über chemisch-metallurgische Prozesse*: ,,*Probierbüchlein*'', die vielfach nachgedruckt wurden[1]. Bemerkenswert ist hier u. a. die *Trennung des Silbers von Gold durch aqua fortis* (d.h.h. $HNO_3$), die *Fällung des gelösten Silbers durch salzhaltiges Wasser* (d.h. als AgCl) und die Abscheidung des reinen Silbers durch Bleifluß: ,,*Du wirst das Silber in derselben Menge wiederfinden wie es zuvor war*''. Auch die Fällung des gelösten Silbers durch Kupfer wird beschrieben. Die Praktiker operierten also schon um 1500 mit dem *Erhaltungsbegriff der Elemente* (Silber, Gold usw.) *und des Gewichts*.

1500 u. ff. An grundlegenden chemisch-praktischen Werken erschienen: ,,*Liber de arte distillandi* de compositis. Das kleine buch der waren Kunst zu distillieren....'' (1500, 1507, 1519 u. ff) des Straßburger Wundarztes HIER. BRUNSCHWIG.

1540 ,,*De la ,,Pirotechnia*'' (Venedig 1540) des italienischen Technikers und Artillerie-Ingenieurs VANNOCCIO BIRINGUCCIO (1480—1538), eine chemische Technologie, in welcher eine ironische Ablehnung der Alchemie und das folgende Urteil über die werdende Chemie steht: ,,.... *die chemische Forschung zeigt jeden Tag wunderschöne neue Erscheinungen* und außerdem liefert die Chemie Heilmittel, Farben, Wohlgerüche und unzählige Verbindungen. Viele Künste wären ohne sie nicht erfunden worden.'' (Dieses Urteil aus dem Anfang des 16. Jahrh. — erinnert es nicht an ein solches aus dem Anfang des 20. Jahrhunderts?) Dann ein ähnliches Werk:

1556 ,,*De Re metallica*'', ein Gesteins- und Bergwerksbuch des deutschen Bergwerksarztes GEORG AGRICOLA (BAUER, 1494—1555), erschienen in Basel 1556.

Die Werke des ,,ouvrier de terre'', des Autodidakten und französischen Kunsttöpfers BERNARD PALISSY (etwa 1500—1590) erschienen 1557—1580.

Sie alle fordern ein *unmittelbares* ,,Lesen des großen Buches der Natur''.

1597 Das erste eigentliche Lehrbuch der Chemie ,,*Alchemia*'' (1597 in Frankf. a. M.) gab der Schulmeister, Philosoph und Stadtphysikus ANDREAS LIBAVIUS (1550—1616) heraus. In seinem Lehrbuch und in dessen Ergänzungen hat LIBAVIUS wertvolle Angaben über die Gewinnung der Mineralsäuren (HCl, $HNO_3$, $H_2 SO_4$ — diese durch Verbrennung von Schwefel in Gegenwart von Salpeter) gemacht, er bereitete Pottasche aus Weinstein und Salpeter, stellte Ammonsulfat aus Schwefelsäure und Spiritus Urinae her, benutzte das Lötrohr, analysierte die Mineralwässer, erkannte Kupfer durch die Blaufärbung der Lösung bei Zusatz des Spir. Urinae ($NH_3$), entdeckte (1611) den ,,Spiritus fumans Libavii'' (unrein. $SnCl_4$) und forderte eine wissenschaftliche Forschung.

Um 1600 Durch CHRISTOPH SCHÜRER im Erzgebirge war die künstliche Blaufarbe ,,*Smalte*'' (= Schmelze aus Kobaltsilikat) erfunden worden: In Schneeberg wird das erste ,,Blaufarbwerk'' errichtet, die Smalte geht nach Delft für die Majolika-Fabrikation.

17. Jahrhundert Während die im Abendlande seit dem Beginn des zweiten Jahrtausends entstandenen *Universitäten* wesentlich der *Lehre* der Geisteswissenschaften, der Medizin und der aristotelischen Naturphilosophie dienten, erfolgte im 17. Jahrhundert im Zusammenhange mit der Entwicklung einer Experimentalforschung eine neuartige Form wissenschaftlicher Gemeinschaftsarbeit durch die Gründung der

---

[1] Diese Bergwerk- und Probierbüchlein sind praktische, in schlichter Sprache verfaßte Rezeptbücher, die *abseits der Alchemie* und von ihr kaum beeinflußt sich direkt an die ,,Müntzmeystern/Wardeynen/Goltwercken/Goltschlagern/Goltschmiden/Bergleutten unnd probieren Müntzregiereren'' (Ausgabe vom Jahr 1527) wenden. Wohl aus geschäftlichen Gründen hat zuerst (1530) eine Straßburger Firma den Buchtitel abgeändert und durch den Zusatz ,,Mit vil köstbarlichen Alchimeyschen Künsten'' begehrenswerter gemacht.

*Akademien*, die wesentlich der *Forschung* — durch Experimente und Beobachtungen, durch Austausch der Erfahrungen und durch gegenseitige Anregungen — dienen sollten. Mit dieser Kumulation von Naturfreunden, Ärzten, Pharmazeuten vollzog sich auch ein grundlegender Wandel in der Erscheinungsform der Forschungsergebnisse: Es entstanden nämlich unter verschiedenen Namen die Sitzungsberichte dieser Akademien: Als „Philosophical Transactions" seit 1665, oder als „Miscellanea curiosa" (der Kais. Leopold.-Akademie) seit 1670, oder als „Mémoires de l'Académie des Sciences" (Paris) seit 1699, usw.

Als die älteste abendländische Gründung kann wohl diejenige der „*Accademia de' Lincei*" in Rom im Jahre 1603 bezeichnet werden, zu weiterer Berühmtheit gelangte die in Florenz 1657 gegründete „Accademia del Cimento", die der Pflege des Experimentes diente. Im Jahre 1623 gründet der Rostocker Professor der Ethik und Mathematik, Joachim Jungius (1587—1657) eine der ersten europäischen Akademien, eine „*Societas ereunetica*" in Rostock, sie soll die „ars inveniendi" pflegen, und es liegt ihr ob: „Die Wahrheit aus der Vernunft und der Erfahrung zu erforschen . . . alle Künste und Wissenschaften, die sich auf die letzteren stützen von der Sophistik zu befreien . . . . *und durch glückliche Erfindungen zu vermehren*". So die Planung des Jungius, die in den Nöten des 30jährigen Krieges ohne einen geistigen Resonanzboden blieb. . . Anders verliefen die Anregungen, die nach Beendigung des Kriegslärms an verschiedenen Orten gegeben wurden. Es war ein Aufatmen des schöpferischen Geistes der europäischen Menschheit, das wie auf ein Signal gleichzeitig erfolgte, indem um die Mitte des 17. Jahrhunderts in Paris sich eine freie Vereinigung von Gelehrten bildete, die bei P. Mersenne zusammenkamen, dazu gehörten Roberval, Descartes, Gassendi, Pascal. Aus diesem privaten Kreise machte Colbert eine offizielle Institution, die im Jahre 1666 als die „*Académie Royale des Sciences*" hervortrat. Unabhängig hatte zur selben Zeit in Deutschland der gelehrte Bürgermeister und Stadtarzt von Schweinfurt, Joh. Lorenz Bausch im Jahre 1652 die „*Academia Caesarea Leopoldino-Carolina Naturae Curiosorum*" begründet. Als ein weiterer berühmter Krystallisationspunkt hatte sich in England im Jahre 1650 auf die Initiative des Deutschen Theod. Haak eine Vereinigung wissenschaftlich interessierter Männer gestaltet, die im Jahre 1662 offiziell als „*Royal Society*" für Naturwissenschaften und Mathematik hervortrat. Der große Philosoph Leibnitz seinerseits erstrebt ein Paneuropa des Geistes, indem er in Berlin eine Akademie der Wissenschaften im Jahre 1700 ins Leben ruft, eine solche für Peter den Grossen in St. Petersburg vorbereitet und eine weitere in Wien gründen will. Die russische Akademie wird 1725 eröffnet, während die Akademie in Wien erst nach mehr als einem Jahrhundert (d. h. im Jahre 1846) ins Dasein treten kann. Das 18. Jahrh. kann noch Akademiegründungen in Göttingen (1751), in München (1759), in Stockholm (1739), in Uppsala, in Dublin (1782) erleben.

Dieserart entstehen staatliche Institutionen, denen die Pflege der Naturwissenschaften, die Förderung der Entdeckungen und Erfindungen besonders anvertraut ist. An die ältesten Akademien schließen sich die ersten *Fachzeitschriften* mit den Berichten über die Arbeiten ihrer Mitglieder; die Akademien wirken auch durch *Preisausschreiben* über bestimmt formulierte Erfindungen oder über Verbesserungen von bereits vorhandenen Erfindungen. So übt z. B. die Pariser Akademie noch heute die Verteilung solcher (bereits zu Beginn des 19. Jahrhunderts sowie fortlaufend neugestifteten) Preise aus dem Gebiet der Mechanik, Physik, Navigation, Chemie, Botanik, Agrikultur, Medizin usw. für *nützliche Erfindungen und Entdeckungen* als Teilfunktionen ihrer fruchtbaren Tätigkeit aus.

Das 17. *Jahrhundert* steuert folgende bemerkenswerte *Werke* bei:

DAN. SENNERT: ,,Epitome scientiae naturalis" (Wittenb., 1618). ,,De chymicorum cum Aristotelicis et Galenicis consensu ac dissensu." (Wittenb., 1619).

JOACH. JUNGIUS: Dissertationen vom J. 1642. Vgl. ADOLF MEYER, ,,Zwei Disputationen über die Prinzipien der Naturkörper". Hamburg 1928.

,,Doxoscopiae physicae minores" (1630), gedruckt Hamburg 1662.

J. B. VAN HELMONT: ,,Ortus medicinae, id est initia physicae inaudita." Amsterdam 1648.

,,Triumph-Wagen Antimonii Fratris BASILII VALENTINI." Leipzig 1604[1].

JOH. RUD. GLAUBER: ,,Furni novi philosophici, oder Beschreibung einer New-erfundenen Destillierkunst." In fünf Teilen Amsterdam 1648—1650. Sie erschienen: Lateinisch in Amsterdam 1651 und 1658; englisch in London 1651 und 1653; französisch in Paris 1659 und 1674 (auch in Brüssel).

JOH. RUD. GLAUBER: ,,Opera omnia." In 7 Bänden, Amsterdam. (Sie erschien 1689 englisch).

ROB. BOYLE: ,,The Sceptical Chymist." Oxford 1661.

— ,,The Origin of Forms and Qualities according to the corpuscular philosophy" (1666, 1680 u. ff.).

— ,,New Experiments to make Fire and Flame stable and ponderable" (1672/73).

— ,,Works." Herausgeg. von TH. BIRCH, 5 Vol., London, 1744.

J. J. BECHER: ,,Acta Laboratorii Chymici Monacensis seu *Physica subterranea*." Frankf. a. M. 1669. (Neu herausgeg. von G. E. STAHL, Leipzig, 1703.)

JOH. KUNCKEL: ,,Ars vitraria Experimentalis oder Vollkommene Glasmacher-Kunst." Frankf. und Leipzig, 1679/89. (Neuauflage noch 1756.)

— ,,Laboratorium Chymicum." (Um 1690 verfaßt, posthumes Werk, erschien 1719.)

GEORG ERNST STAHL: ,,Zymotechnia Fundamentalis seu Fermentationis theoria generalis." Frankf. und Leipzig 1697 (deutsch 1734).

NIC. LEMERY: ,,Cours de Chymie." 1675 (1683 u. ff.).

JOHN MAYOW: ,,Tractatus quinque physico-medici." 1669/72.

OTTO VON GUERICKE: ,,Experimenta nova Magdeburgica de vacuo spatio." 1672. Das 17. Jahrhundert bringt neben einer ansehnlichen Zahl von *präparativ* neuerkannten chemischen Stoffen vermittels der erweiterten *Methoden* der *trockenen Destillation* sowie der *Umsetzung in Lösungen* — beides namentlich durch die Experimentaluntersuchungen von GLAUBER und BOYLE — auch ein verstärktes Interesse für *theoretische* Fragen. Während einerseits in langdauernden Völkerkriegen kostbares Menschenleben und Kulturgut vernichtet werden, läßt in der gleichen Zeitperiode die Natur menschliche Genien entstehen, die mit den Strahlen ihres *Geistes* die Gegenwart und Zukunft erhellen. Wir erinnern nur an die großen Naturphilosophen R. DESCARTES (1596—1650), ISAAC NEWTON (1643—1727) und LEIBNIZ (1646—1716). Wir erinnern auch an die Erfindungen der Mikroskope, Fernrohre, Barometer (TORRICELLI), Manometer (O. v. GUERICKE) usw., wodurch die menschlichen *Sinne* eine Erweiterung erfuhren. Von gelehrten Ärzten, die zugleich Chemiker und Naturphilosophen sind, wird antikes philosophisches Gedankengut erneuert, so z. B. von DANIEL SENNERT (1572—1637, Medizin-Professor in Wittenberg), der die Korpuskulartheorie des ASKLEPIADES (1. Jahrh. v. Chr.) erneuert und den physischen Atomen (Korpuskeln) vermöge ihrer Formen die Fähigkeit zum chemischen Zusammentritt zuschreibt. Ein anderer Erneuerer der DEMOKRITschen *Atomtheorie* ist der Philosoph, Mediziner, Botaniker und

---

[1] Der Herausgeber dieser Schrift und Kreator des ,,Mönches Basilius Valentinus vom Jahre 1413" war ein JOH. THÖLDE, sachlich und sprachlich stimmt sie mit PARACELSUS-Schriften überein (P. WALDEN, Scientia Pharmac. **13**, Heft II, 1942. Wien).

Mathematiker Joachim Jungius (1587—1657, Prof. in Rostock, Helmstedt, seit 1629 in Hamburg), der im J. 1642 den Begriff des *chemischen Elementes* — als des letzten analytisch erkennbaren stofflichen und synthetisch zum Wiederaufbau dienenden Bestandteils — gibt, die Paracelsischen ,,tria prima" ablehnt, die Atome (Korpuskeln) räumlich ausgedehnt und von verschiedener geometrischer Gestalt sein läßt, sie können eine verschiedene ,,Anordnung" haben und eine Verschiedenheit der Eigenschaften verursachen. Dann tritt der Privatgelehrte, Chemiker und Physiker Robert Boyle [1627—1691, Mitbegründer der (1662 entstandenen) Royal Society und (seit 1680) deren Präsident] als Erneuerer der Korpuskulartheorie auf, auch er lehnt die Paracelsischen ,,tria prima" sowie die peripatetischen Elemente ab, nimmt aber eine Transmutation der Metalle an und gibt eine ähnliche Definition des Begriffes ,,Element" wie Jungius (in dem ,,Sceptical Chymist", 1661). Eine Popularisierung der Korpuskulartheorie wird durch das weitverbreitete, in mehr als 18 Auflagen erschienene Lehrbuch ,,Cours de Chymie" von Nic. Lemery (1645—1715, Apotheker in Paris) erreicht. (Lemery führte das ,,Magisterium Bismuthi" = bas. Wismuthnitrat als Heilmittel ein.)

1600    Will. Gilbert (1540—1603, Königl. Leibarzt) untersucht den Magnetismus und prägt die Bezeichnung ,,Elektrizität".

1602    Vincentio Casciorola (ein Bologneser Schuster) entdeckt den Bologneser Leuchtspat ($BaSO_4$ + BaS), Bononischer Leuchtstein, Lapis solaris, Lithophosphorus genannt.

1608    Osw. Crollius (in seiner ,,Basilica chymica", 1608) erwähnt das aus Bernstein (durch Sublimation) erhältliche ,,Bernsteinsalz" (d. h. Bernsteinsäureanhydrid), ebenso das Kaliumsulfat, das Knallgold und das Hornsilber (AgCl).

1615    Fabricio Bartoletti scheidet aus süßer Milch ,,Manna seri Lactis", d. h. Milchzucker ab (Encyclopaedia dogmatica, Bologna, 1619).

Um 1620    Turquet de Mayerne gibt die Gewinnung der Benzoësäure durch Sublimation von Benzoëharz; er beschreibt die Explosion der aus Eisen und Schwefelsäure entstehenden Luftart (d. h. des Wasserstoffs).

1631    A. von Mynsicht stellt erstmalig das Komplexsalz Brechweinstein dar (Glauber kennzeichnet die Verbindung genauer).

Um 1630 u. f.    Angelus Sala entdeckt im Sauerampfer einen ,,Tartarus" (d. h. Monokalium *oxalat*), der sich vom echten Tartarus (d. h. Weinstein = Monokaliumtartrat) unterscheidet, weil ,,sich einer geschwinder als der andere dissolviren lasse". (Vgl. sein Buch ,,Tartarologia", S. 77. Rostock, 1632).

Angelus Sala erörtert die Alkoholbildung bei der Zuckerumwandlung durch *Fermentation*. (Vgl. Hydrelaeologia, S. 109. Rostock, 1633; Sacharologia, S. 99 u. ff. Rostock, 1637.) Sala (1576-1637) starb in Meckl.-Güstrow.

Sala ist auch ein Wegbereiter für die Erkenntnis der Salznatur durch *Analyse* (er nennt sie ,,Anatomie"), z. B. des Kupfervitriols ($CuSO_4$-$5H_2O$), der durch Destillation *zerlegt* wird in $^1/_3$ seines Gewichts an Wasser, dann in den ,,spiritus vitrioli" und die ,,substantia cuprea vitrioli" (d. h. CuO), doch durch *Synthese* aus diesen wieder zum Kupfervitriol zusammengesetzt wird. (,,De natura proprietatibus... Vitrioli fundamentalis dissertatio". Hamburg 1625.) Durch *Synthese* macht er auch das ,,Salarmoniacum" aus Ammoniak und Salzgeist, und für die Erkenntnis der Säuren benutzt er die *Farbumschläge* von Pflanzensäften (z. B. von grünem Wegerich, roten Rosen, blauen Violen und Kornblumen, auch durch ,,das blaue Papier selbst"). Erst nach mehr als drei Jahrzehnten (1667) wurden von R. Boyle ähnliche Indikatoren für Säuren vorgeschlagen. Sala ist ein Gegner der Metalltransmutation (vgl. Tartarologia, S. 67), und die Untersuchungen und Ansichten seiner großen Zeitgenossen SENNERT und J. B. VAN HELMONT sind ihm nicht bekannt, ebenso J. REY.

1630   JEAN REY: Essays über die Calcination der Metalle (vgl. OSTWALDS Klassiker Nr. 172). Dié Gewichtszunahme der Metallkalke wird auf die durch die Hitze „verdichtete" Luft zurückgeführt.

1634   PÈRE MERSENNE (1588—1648, Philosoph und Physiker) stellt als These hin: „La nature....ne perd rien d'un côté qu'elle ne le gagne de l'autre" (Questions physiques et mathématiques. 1634, quest. 36). Und EDM. MARIOTTE (1620—1684, bedeutender Physiker-Chemiker) formulierte in seinem Werk „Logique" unter den „Maximes ou règles naturelles ou *principes d'experiences*" den Satz: „La nature ne fait rien de rien, et la matière ne se perd point." Übrigens hatte bereits BACO VON VERULAM (1561—1626) in seinem Werk „Novum Organon" (1620) diesem Gesetz von der „Erhaltung des Gewichts" die bestimmte Fassung gegeben: „Nothing is produced from nothing, and nothing is reduced to nothing, but that the absolute *quantum* or sum total of matter remains unchanged, without increase or diminution."

1648   JOHANN BAPT. VAN HELMONT (1577—1644, praktischer Arzt, Naturphilosoph, Jatrochemiker, Theologe in Brüssel) war zugleich überzeugter Alchemist und Paracelsist, wie auch ein experimenteller Befürworter des Axioms von der *Erhaltung des Stoffes* — dem *Gewicht* und der *Natur* nach. Gerade die Edelmetalle Gold und Silber — wegen ihres wirtschaftlichen Wertes — hatten schon frühzeitig die Praktiker zu einer Prüfung der Gewichtsmenge dieser Metalle z. B. *vor* der Auflösung in Scheidewasser oder Königswasser und *nach* der Wiedergewinnung durch Fällung usw. veranlaßt. Schon BIRINGUCCIO (1540) stellt es als eine *bekannte* Tatsache hin, daß Scheidewasser ($HNO_3$) das gelöste Silber „jederzeit... ohne Verlust wiedergibt". Auch ANGELUS SALA vermerkt vom Golde, daß „gleich wie das Saltz aus dem Wasser in seinen vorigen Standt kan gebracht werden / als kan man auch das Gold von dem bemeldten Liquore (d. h. Königswasser) absondern / und in seine vorige metallische Form wiederumb geben" (1634). Und seinerseits zeigt VAN HELMONT, wie Sand ($SiO_2$), Silber, Gold und Blei bei den chemischen Vorgängen scheinbar zerstört werden und doch jedes an „*Substanz nichts verleuret*" (vgl. Ortus medicinae, 1648). Selbständiger ist VAN HELMONT auf dem Gebiete der Untersuchung *luftförmiger Körper*. Er schafft die Bezeichnung *Gas* (in Nachbildung des Paracelsischen „Chaos") und differenziert die als „verdorbene" Luft angesehenen Luftarten, z. B. Schwefligsäure (Vitriolgeist), Salzgeist, brennbare Luft usw.; insbesondere war es die als „wilder Geist", „spiritus (oder gas) sylvester" oder fixe Luft (d. h. die von LAVOISIER als Kohlensäure) bezeichnete Luftart, deren Entstehen aus Kalkstein oder Pottasche und Säuren, oder aus brennenden Kohlen, oder bei der Wein- und Biergärung, oder im Magen, sowie in manchen Erdhöhlen er nachwies.

Um 1650   OTTO VON GUERICKE (1602—1681, der berühmte Bürgermeister von Magdeburg und geniale Physiker und Erfinder der Luftpumpe (1650), des Manometers (1651), der Reibungselektrisiermaschine, demonstriert 1654 auf dem Reichstage zu Regensburg seine „Magdeburger Halbkugeln", durch die er die *physikalische* Luftdruckwirkung gegenüber dem evakuierten Raum sinnfällig macht. Die *chemische* Wirkung des Vakuums ergibt sich, als eine brennende Kerze im luftleeren Raum nicht zu brennen vermag (die brennende Kerze nimmt etwas aus der Luft fort), und die *biologische* Rolle der Luft offenbart sich, insofern Tiere im luftleeren Raum nicht leben können. Das antike Element „Luft" ist also nicht bloß ein *philosophischer Begriff*, sondern ein greifbarer und lebenswichtiger *chemischer Stoff*. Die *eine*, als *End*produkt der Verbrennung und Atmung faßbare Luftart hatte

VAN HELMONT in seinem „wilden Geist“ festgestellt, übrig blieb der Fragen-
komplex: *Was* ist das Wesen der Verbrennung und welcher Anteil kommt dabei
der Luft zu ? Oder, unter Bezugnahme auf JEAN REYS Versuche, was ist das für
ein Stoff, der aus der Luft an den Metallkalken „haften“ bleibt ?

Die vorhin erwähnten Forscher — ein SENNERT, J. REY, JUNGIUS, auch ein SALA,
VAN HELMONT, VON GUERICKE — hatten ihre Untersuchungen wesentlich vom
*Standpunkt* der *reinen Wissenschaft*, bzw. der neuen chemischen Erkenntnis aus-
geführt. Anders steht es bei den umfangreichen und originellen Forschungen,
die ein J. R. GLAUBER als hervorragender *angewandter Chemiker* für technische
Zwecke unternimmt.

1648–1651    Der Autodidakt und wandernde Spiegelmacher JOH. RUDOLF GLAUBER (1604 bis
1670) tritt plötzlich in Gießen als Leiter der „Fürstl. Hof-Apotheken“ auf und
läßt von 1648—1650 ein epochebildendes Werk erscheinen: „Furni novi philosophici, oder Beschreibung einer New-erfundenen Destillir-Kunst“ (Amsterdam,
5 Teile). Durch *trockene Destillation organischer Naturstoffe*, durch Behandeln
der Destillate mit starker Salzsäure sowie durch Fraktionierung der Destillate
erhält er: Aus Holz den Holzessig, aus fetten Ölen — Acrolëin, aus Steinkohlen
neben gelbrotem „Öl“ (Phenolen), das Wunden heilt, einen flüchtigen subtilen
„Spiritus“ (Benzol) — aus Zink — und Bleiacetat ebenfalls einen flüchtigen
„Spiritus“ (Aceton). (Vgl. Furni, Bd. I und II, 1648/49)[1]. Er ist der Entdecker
des Glaubersalzes (sal mirabile GLAUBERI, d. h. $Na_2SO_4$), der konzentrierten
Mineralsäuren „Acidum salis fumans GLAUBERI“ (HCl) und „Spiritus nitri fumans“
(rauch. $HNO_3$). Er kennt die *Salzbildungsreaktionen* aus *Säure* und *Metall* oder
*Base* (Pottasche, Ammoniak, Metallkalke) und die Chloride, Nitrate, Sulfate von
Kupfer, Zink, Eisen usw.; die *Affinitätsverhältnisse*: Durch Verdrängen der
„schwächeren“ (d. h. flüchtigen) Säure mittels Schwefelsäure, oder der Metalle
auf Grund ihrer Löslichkeit in Salpetersäure, sowie die *Reduktion* von $KNO_3$
durch Kohle zu Pottasche, der Salpetersäure durch $As_2O_3$ zu Salpetrigsäure, die
*Oxydation* von Braunstein durch $KNO_3$ zum mineral. Chamäleon ($KMnO_4$) —
dies alles hat er erforscht. Er erhält aus Alkohol (den er durch calc. Weinstein
= $K_2CO_3$ entwässert) Äthylchlorid $C_2H_5$ Cl oder „Salzäther“ mittels Salzsäure
oder Zinkchlorid (1661); er beschreibt erstmalig den krystallisierten (Trauben-)
*Zucker*[1] aus Rosinen, Honig, eingedicktem Most, er empfiehlt Malzextrakt gegen
Skorbut der Seefahrenden (1657). Daß die entwässerten ätherischen Öle durch
konz. Salpetersäure unter Entzündung oxydiert werden, stellt er 1661 fest. Auch
liefert er neue Beiträge zur *chemischen Analyse* auf nassem Wege, indem er Fäl-
lungen der Metallösungen durch Ammoniak oder Pottaschelösungen ausführt
und die *Färbungen* oder Niederschläge vermerkt, oder die Löslichkeit der Silber-
fällung (als AgCl), bzw. die Blaufärbung der Kupferlösungen durch Ammoniak
(Salmiakspiritus) hervorhebt.

1660    NIC. LEFÈBRE (LE FEBURE) macht in seinem zweibändigen „Traicté de la Chymie“
(Paris) Angaben über thermometrische Messungen, die Gewichtszunahme des
Antimons beim Erhitzen (mittels der durch einen Hohlspiegel konzentrierten
Sonnenstrahlen), über das Senföl beim Destillieren von Senf sowie über die grund-
legende Bedeutung der Lehren und Ergebnisse von PARACELSUS, VAN HELMONT
und GLAUBER. Die Gewichtszunahme führt er auf das angezogene „himmlische
Feuer“ zurück.

---

[1] Wiederentdeckt wurden z. B.: Acrolëin durch BRANDES (1838) und REDTENBACHER (1842),
Benzol durch FARADAY (1825), Phenol durch F. F. RUNGE (1834) und die antiseptische
Wirkung durch LISTER (1867), Aceton durch LIEBIG (1831); Traubenzucker wird von LOWITZ
(1792) und PROUST (1802) wiederentdeckt.

**1661 u. ff.** Entwicklungsgeschichtlich und chronologisch tritt nun ROB. BOYLE (1627—1691) mit seinen Kritiken und Untersuchungen hervor; er ist als Sohn des EARL OF CORK materiell unabhängig und durch Studien in Genf gut vorbereitet, seine *chemischen* und *physikalischen* Forschungen sind Grundlagenforschungen. Er findet ein experimentell und theoretisch bearbeitetes Feld vor sich und unternimmt eine *kritische Prüfung* und *präparative Erweiterung* desselben. Den Auftakt dazu bildet sein Werk „The Sceptical Chymist" (1661). Gleich seinem Vorgänger JUNGIUS lehnt er die antike Elementenlehre und die Paracelsischen „Tria prima" als wirkliche Elemente ab und ersetzt sie durch einen neuen Begriff (s. o.). Neben diesem Problem von den stofflich verschiedenen Bestandteilen der Körper und dem *korpuskularen* Zustand (1661, 1666, 1675 u. f.) der Materie (vgl. SENNERT, JUNGIUS usw.) sind es die schon von GLAUBER bearbeiteten Probleme der trockenen Destillation, der Zusammensetzung und Umsetzung der Salze sowie der Erkennung der Stoffe („Analyse" sagt BOYLE) auf nassem Wege. Als *neues* Destillationsprodukt des Holzes erhält er (1661) den „Holzgeist" (Methylalkohol); er erweitert (1667) die Zahl der als Indikatoren auf Säuren (und Basen) benutzten Pflanzenfarben (vgl. SALA) sowie die Zahl der Salzreaktionen, wobei er — gleich wie die Praktiker (BIRINGUCCIO, AGRICOLA u. a.) und Jatrochemiker (SALA, VAN HELMONT, GLAUBER, TACHENIUS u. a.) — stillschweigend die Erhaltung der Stoffnatur — als Elemente sowie als bestimmte Verbindungen — annahm, da dieselben trotz des scheinbaren Zerstörtseins immer auf bestimmte Reaktionen ansprachen (z. B. Silbersalze auf Kochsalz, Kupferverbindungen auf Salmiakspiritus). BOYLE hat auch das von VAN HELMONT und OTTO V. GUERICKE bearbeitete Problem der *Luftarten* seinen Untersuchungen zugeführt: *Physikalisch* ist hier als originelle Leistung die von dem BOYLE-Assistenten RICH. TOWNLEY, auch R. HOOKE, aus BOYLES Messungen abgelesene Gesetzmäßigkeit p. v = konst. zu verzeichnen (um 1662), die unabhängig von E. MARIOTTE (1620—1684, Philosoph und Physiker) nachentdeckt (1676) und als BOYLE-MARIOTTEsches Gesetz bekannt wurde. *Chemisch* haben BOYLES Gasuntersuchungen methodisch und sachlich kaum etwas Wesentliches ergeben; durch einige Verbesserungen der GUERICKE-Luftpumpe erhielt er ein „Vacuum Boylianum", in welchem — ähnlich wie in der GUERICKE-Luftleere — Verbrennungs- und Atmungsversuche ausgeführt wurden (1672 u. f.). Weder eine Flamme, noch ein Tier konnten im Vakuum fortexistieren. Dem Problem der Verbrennung an der Luft, wie es schon JEAN REY wägend untersucht hatte, widmete auch BOYLE messende Versuche, indem er Metalle im Feuer calcinierte (1672—1673 u. f.). Obgleich die Anteilnahme der Luft an der Verbrennung (Kalkbildung) auch durch ihn selbst festgestellt worden war, erschien es BOYLE unzulässig, die Luft als wägbar und für die Gewichtszunahme der Metallkalke verantwortlich zu machen: Dafür erfand er „*wägbare Feuerpartikeln*", die nun dem Metall anhaften und es zum Metallkalk machen sollten!
R. BOYLE stellte durch seine materielle und gesellschaftliche Unabhängigkeit, durch seine sachkundigen auswärtigen Korrespondenten und die Roy. Society als geistigen Resonanzboden einen einzigartigen Typus eines Naturforschers und eines Forschungszentrums dar. (Er hatte z. B. in London neben dem gutausgestatteten Privatlaboratorium noch ein großes Handelslaboratorium, in welchem chemische Präparate hergestellt und verkauft wurden.)

**Um 1650** In Nordhausen am Harz wird die Fabrikation des Nordhäuser Vitriol-Öls (aus Eisenvitriol) und des Korn-Branntweins begründet.

**ca. 1665** Der Hamburger Arzt ANDR. CASSIUS (gest. 1673) entdeckt durch Reduktion der Goldchloridlösung mit Zinnsalzlösung den „Goldpurpur".

**1669** JOH. JOACH. BECHER (1635—1682, Medizinprofessor in Mainz, nachher „Kays. Commercien-Rath", chemischer Projektenmacher, Sozialpolitiker usw.) lehrt die

Alkoholgewinnung aus Kartoffeln; er erhält aus Alkohol und Schwefelsäure (bei der Äthergewinnung) das Zersetzungsprodukt *Äthylen* $C_2H_4$ (1669); bei der Steinkohlendestillation gewinnt er *Leuchtgas* („Philosophisches Licht") und Koks, sowie Teer, der dem „Schwedischen in allem gleich" (1680 in England vor BOYLE demonstriert). BECHER als Theoretiker ist der Schöpfer der Hypothese von den 3 „Erden", der „prima terra" als dem Prinzip des Feuerbeständigen, der „terra pinguis" oder dem Prinzip der Brennbarkeit, das z. B. bei der Metallcalcination entweicht, und der „tertia terra", die den Metallen ihre Eigenschaften verleiht (1669).

Um 1665   SCHWANHARDT in Nürnberg verwendet Flußspat und Vitriolöl zum Glasätzen.

1665   ROBERT HOOKE (1635—1703, Mitarbeiter und Konstrukteur von ROB. BOYLE) veröffentlicht das Werk „Micrographia", in welchem er experimentell nachweist, daß in der Luft — noch mehr im Salpeter — ein Bestandteil enthalten ist, der bei erhöhter Temperatur die verbrennlichen Stoffe aufzulösen vermag. (HOOKE führte für BOYLE die Verbesserung der GUERICKE-Pumpe aus und nahm auch teil an den Luftdruckmessungen.) BOYLES „Feuerpartikeln" trugen unbewiesen den Sieg davon.

1669/74   JOHN MAYOW stellt Verbrennungsversuche an: Verbrennung und Atmung bedürfen einer Luftart, die auch im Salpeter vorkommt und „Spiritus nitro-aëreus oder vitalis" genannt wird; er erhält (aus Salpetersäure und Eisen) Stickoxyd, das an der Luft rot wird, und macht Versuche zur Dichtebestimmung der Luftarten. (MAYOW, 1645—1679, ist ein englischer Arzt, sein großer Landsmann BOYLE lehnt diese Versuche ab. Seine Dissertation „Tracatus duo...." bleibt unbeachtet.)

1675   N. LEMERY in seinem „Cours de Chymie" behandelt eingehend die Verkalkung und Gewichtszunahme der Metalle Antimon und Blei; den Quecksilberkalk oder das rote Präzipitat (HgO) erhält er durch Auflösen einer gewogenen Quecksilbermenge in Salpetersäure, Eindampfen und Erhitzen des festen Mercurinitrats: Die (recht genau der Theorie Hg:HgO entsprechende) Gewichtszunahme führt er auf den zurückgebliebenen „Esprit de nitre" zurück. Die *letzte* Ausgabe von LEMERYS „Cours..." erschien 1756 in Paris, von BARON besorgt, und 1768 wurde LAVOISIER der Nachfolger BARONS in der Pariser Akademie, er dürfte also wohl auch LEMERY-BARONS „Cours de Chymie" gekannt haben. LEMERYS Lehrbuch ist ein typisches Zeugnis für die konservative Haltung auch der Apotheker jener Epoche. Der vormalige Hof- und Universitätsapotheker in Erlangen, ERNST WILH. MARTIUS (1756—1849) berichtet in den „Erinnerungen aus meinem neunzigjährigen Leben" (Leipzig 1847) von den „Apothekern aus der Mitte des vorigen (d. h. des 18.) Jahrhunderts", die noch mit den Tria prima des PARACELSUS — Salz, Schwefel und Mercurius — operierten, „....ihr Katechismus war NICOLAUS LEMERY (1675! P. W.), der bekanntlich zuerst die Alkalien in mineralisches, vegetabilisches und flüchtiges Laugensalz getheilt hat" (S. 261).

1670/77   Der Hamburger Alchemist HENNING BRAND entdeckt (um 1670) bei der Trockendestillation des Harns den „Phosphorus igneus" (nach der Bezeichnung von LEIBNIZ); KUNCKEL (1676/77) und BOYLE (vgl. dessen „The Aërial Noctiluca", 1680) sind Wiederentdecker des Phosphors.

1677 u. ff.   JOHANN KUNCKEL (seit 1693 in Schweden geadelt: „VON LÖWENSTERN", lebte 1630—1703, Autodidakt, Alchemist und fürstl. „Geheimer Kammerdiener"): Erfindet und fabriziert (um 1677) auf der Pfaueninsel bei Potsdam das Goldrubinglas. Er lehnt die „tria prima" des PARACELSUS ab (1677), entdeckt (1681) den Salpeteräther (aus Alkohol und Salpetersäure) und schildert die Entstehung des Knallquecksilbers aus einer Lösung von Quecksilber in Aquafort beim Zusatz von Alkohol (1690)[1]. Durch Wägungsversuche an zimmerwarmen und glühenden Eisenproben widerlegt er BOYLES Ansicht von den wägbaren Feuerkorpuskeln: „Es hat die Luft (!), Hitze und Kälte kein pondus" (um 1690; vgl. Labor. Chym. 1722, S. 31, 60). Seine „Glasmacherkunst" diente noch 1822 einem GOETHE als Reiselektüre, deren „Gehalt er aufs Neue bewundert".

1683    An der Universität zu Altdorf wird ein chemisches Unterrichtslaboratorium erbaut.

1697 u. ff.   GEORG ERNST STAHL (1660—1734, Medizin- und Chemieprofessor in Halle) stellt für die Verbrennungs-, Calcinations- und Fäulniserscheinungen die *Phlogistontheorie* auf, indem er BECHERS „Terra pinguis" in das „Phlogiston" umdeutet; STAHL gibt auch erstmalig eine Theorie der *Gärungserscheinungen*, wobei das Ferment (im Sinne der modernen Katalysatoren) den Gärungsvorgang „beschleunigt"; STAHL liefert neue Beiträge zu der *Verwandtschaftsreihe der Metalle*, deren Auflösungsgeschwindigkeit in Säuren sich nach der Geschwindigkeit der *Dephlogistierung* (d. h. der Metalloxydbildung) ordnet, also $Zn>Fe>Cu>Pb$ $(Sn)>Hg>Ag$; die „stärkere" Säure verdrängt die schwächere; er lehrt die Verstärkung des Essigs durch Ausfrierenlassen des Wassers. Die erkenntnistheoretische Bedeutung der (oft zu Unrecht geschmähten) Phlogistontheorie ist von autoritativer Seite hervorgehoben worden. Es war ein IM. KANT, der in seiner „Kritik der reinen Vernunft" (1781) STAHL besonders nennt, weil er „Metalle in Kalk und diesen wiederum in Metall verwandelte — indem er ihnen etwas entzog und wiedergab, so ging allen Naturforschern ein Licht auf". Bei seiner Verknüpfung der chemischen Verwandtschaft mit der Dephlogistierung mag STAHL unterbewußt an die Erhaltung der Energie gedacht haben, und bedeutungsvoll ist die Bemerkung des Entdeckers dieses Gesetzes,. JUL. ROB. MAYER, daß mit dem Phlogiston „die Phlogistiker.... einen großen Schritt vorwärts taten" (Ann. 42, 234, 1842). Nach WILH. OSTWALD hat STAHL „.... zum ersten Male ein System geschaffen..., das einen großen Teil der damals wichtigsten Stoffe zusammenfaßte und ordnete".... „Diese Theorie hat die überaus wichtigen Begriffe der *Oxydation* und *Reduktion* in ihrer gegenseitigen Beziehung zum ersten Male klargestellt und dadurch dauernd für die Wissenschaft erobert." (Werdegang einer Wissenschaft, S. 18 u. f. Leipzig 1908.)

# IV. Periode: Das achtzehnte Jahrhundert.

## Revolutionierung und Rationalisierung
## der chemischen Denk- und Arbeitsweise.

Verstärkte Theorienbildung:: STAHLS Phlogiston; Tabellierung der Verwandtschaften; WENZELS Massenwirkungsgesetz; LAVOISIERS Oxydationstheorie und Unzerstörbarkeit des Stoffes; RICHTERS Neutralitätsgesetz und Äquivalentgewichte; Maß, Zahl und Gewicht werden Prüfstein der chemischen Forschung; Widerlegung der vier peripatetischen Elemente und Entdeckung neuer chemischer Elemente und Gasarten.

### Neue Richtung der chemischen Literatur:

1702    GEORG ERNST STAHL (1660—1734): „Specimen Becherianum" usw., ein „Opus sine pari", in welchem STAHL die BECHERSchen Ideen von der Ursache der Brennbarkeit zu seiner Phlogistontheorie weiter ausbaut.

---

[1] Die Wiederentdeckung von Knallquecksilber und -silber erfolgt zuerst durch E. HOWARD (1800), dann durch BRUGNATELLI (1802) — berühmt wurden sie durch JUSTUS LIEBIG (seit 1822).

1718    ST. FRANC. GEOFFROY (1672—1731): „Table de différents Rapports observés entre différantes substances", — eine Systematisierung der bekannten Affinitätsuntersuchungen.

1722    JOH. KUNCKEL V. LÖWENSTERN; „Laboratorium chymicum". (Hamb. u. Leipzig), — durch seine allgemein verständliche Tatsachenbeschreibung und kritische Einstellung zu „Autoritäten" diente das Werk den vielen Autodidakten — auch einem SCHEELE — als Lehrmeister.

1723    GEORG ERNST STAHL: „Fundamenta chymiae Dogmaticae et experimentalis..." (Nürnberg). Dieses chemische Hauptwerk STAHLS bringt seine Ansichten in einem schwer verständlichen Latein, das des Verfassers großes positives Wissen unter weitläufigen Betrachtungen zurücktreten läßt. Ganz anders steht es beim nächstfolgenden Autor:

1732    HERM. BOERHAAVE: „Elementa chemiae." (Leiden); die Bedeutung dieses zweibändigen Werkes als eines klassischen, durch Klarheit und Fülle ausgezeichneten Lehrbuches wird durch die zahlreichen, unbefugten wie genehmigten Übersetzungen und Neuausgaben (eine deutsche erschien noch 1782) veranschaulicht; auch der junge GOETHE wurde (1769/70) von dem Werk „gewaltig angezogen". BOERHAAVE verhält sich indifferent zu STAHLS Phlogiston, ist aber urteilsfrei, wenn er hervorhebt, daß „....verdienen nachgesehen zu werden GLAUBERUS, BOYLE, BECHERUS, STAHLIUS, welches Männer von durchdringendem Verstande sind, die Dunkelheiten in der Chymie klar zu machen". Er unterscheidet zwischen *chemischen Verbindungen* und *mechanischen Gemengen*, und den *Lösungen* widmet er eine eingehende Behandlung. BOERHAAVE, 1664—1734, war Professor in Leiden.

1749/51    PIERRE JOS. MACQUER (1718—1784): „Elémens de Chymie Théorique" (1749), und „Elémens de Chymie Pratique" (1751). Durch diese Lehrbücher hat MACQUER überaus verdienstvoll für die Verbreitung der Chemie gewirkt. Über die vorangegangene Entwicklung der wissenschaftlichen Chemie urteilte MACQUER (1749), der Zeitgenosse LAVOISIERS folgendermaßen, indem er an den Ausgang der scholastischen Epoche anknüpfte: „...Die Wissenschaft wurde gemeinsam, die Chymie gewann schnellen Fortgang... sie nahm eine neue Gestalt an, und verdiente von der Zeit an den Namen einer Wissenschaft mit Wahrheit, indem sie ihre Regeln und Lehrsätze hatte, welche auf gründliche Erfahrungen und bündige Vernunftschlüsse gebaut waren." MACQUER war ein überzeugter Phlogistiker, ein kritischer Geist und scharfer Beobachter.

1755    JOS. BLACK (1728—1799, Mediziner und Chemieprofessor in Edinburgh): „Experiments upon Magnesia alba and other Alcaline Substances." (Edinb.) Nicht allein als ein Beispiel quantitativer chemischer Forschung, sondern ebenso als ein Muster strenger Denkmethoden in der chemischen Versuchsanordnung, verdient dieses Werk seine Beachtung und Stellung in der Chemiegeschichte. Auch BLACK war ein Anhänger der Phlogistontheorie STAHLS; er definierte die latente und spezifische Wärme (um 1760).

1761-1767    ANDR. SIEGM. MARGGRAF: Chymische Schriften. (I. Teil herausgegeben von JOH. GOTTLIEB LEHMANN. 1761. II. Teil 1767.) Berlin.

1774-1780    JOS. PRIESTLEY: „Experiments and Observations on different Kinds of Air". (5 Bände 1774—1780, ein 6. Band erschien 1786.) Der geniale HUMPHRY DAVY empfiehlt diese 6 Bände als die beste Anleitung zu Entdeckungen.

1777    CARL WILH. SCHEELE: „Chemische Abhandlung von der Luft und dem Feuer." (Die Veröffentlichung dieser wohl schon 1774 abgeschlossenen Untersuchungen verzögerte sich bei der Drucklegung in Uppsala und Leipzig.) Der große LAVOISIER sprach SCHEELE „das außerordentliche Verdienst zu ... wegen der Vielfältigkeit seiner interessanten Versuche sowie wegen der Einfachheit seiner Apparate und der Genauigkeit der erhaltenen Resultate".

1777  CARL FRIEDR. WENZEL: „Die Lehre von der chemischen Verwandtschaft der Körper." (Dresden, 1777.) Das Werk blieb unbeachtet.

1784/85  HENRY CAVENDISH: „Experiments on Air." Diese durch ihre Exaktheit und Methodik ausgezeichneten Untersuchungen über die Zusammensetzung der Luft und des Wassers waren schon 7 Jahre früher begonnen worden.

1779–1788  TORBERN BERGMAN: „Opuscula physica et chimica." 5 Bände 1779—1788. Darin Beiträge zur Wahlverwandtschaft Band III, 291 (1783).

(1770)–1787  ANT. LAUR. LAVOISIER: „Oeuvres de LAVOISIER . . . .", in 6 Bänden, Paris 1862 u. ff.

1784 u. ff.  LEOP. VON CRELL: Begründung der „Annalen der Chemie", nachdem seine erste chemische Zeitschrift „Chemisches Journal" (1778) bereits 1781 einging.

1787  GUYTON DE MORVEAU, mit LAVOISIER, BERTHOLLET et FOURCROY: „Méthode de nomenclature chimique." Paris 1787.

1789  ANT. LAUR. LAVOISIER: „Traité élémentaire de Chimie, présenté dans un ordre nouveau et d'après les découvertes modernes." Paris 1789.

1789  „Annales de Chimie", begründet von LAVOISIER, GUYTON DE MORVEAU, BERTHOLLET und FOURCROY.

1791–1802  JER. BENJ. RICHTER: Über die neueren Gegenstände der Chymie. 1. bis 11. Stück. Breslau.

1792/93  JER. BENJ. RICHTER: Anfangsgründe der Stöchyometrie oder Meßkunst chymischer Elemente. 3 Bände, Breslau und Hirschberg.

1798  JOH. WILH. RITTER (1776—1810): „Beweis, daß ein beständiger Galvanismus den Lebensprozeß im Tierreich begleitet." Weimar 1798.

### Bemerkenswerte Entdeckungen:

1700  Der Berliner Hofalchemist JOH. KONR. DIPPEL stellt durch trockene Destillation der Knochen das „oleum animale foetidum dar[1]".

1702  WILH. HOMBERG: Borsäure aus Borax abgeschieden.

Um 1704  Der Berliner Fabrikant von Cochenille-Lack DIESBACH erfindet zufällig Berlinerblau, als er für seine Lackbereitung das von DIPPEL zur Reinigung seines Öls benutzte (cyanhaltige) „fixe Alkali" verwendet.

1708/09  Porzellan, braunes und weißes aus der Zusammenarbeit von E. W. v. TSCHIRNHAUS und JOH. FR. BÖTTGER in Meißen erfunden (vgl. a. Hist. Acad. Roy. Paris 1709; Amsterd. Ausg. 1911, p. 153).

1708  FRIEDR. HOFFMANN (1660—1742), Medizinprofessor in Halle) erkennt die Magnesia (MgO) als eigene Erde. Gemisch von Äther und Alkohol als „Hoffmannstropfen" (1718); die Metallgewinnung aus Kalken wird auf die *Entziehung* eines bei der Kalkbildung aufgenommenen Stoffes zurückgeführt (1736).

1723  G. E. STAHL lehrt die Darstellung der Essigsäure durch Umsetzung der festen Acetate mit Schwefelsäure und Destillation der freigemachten Essigsäure: Diese ist brennbar.

1727  STEPHEN HALES (1677—1761, Landgeistlicher) erfindet die „pneumatische Wanne" für Luftarten-Untersuchungen.

1729 u. ff.  AUG. SIEGM. FROBENIUS in London fabriziert Äthyläther (Liquor s. Aether FROBENII, Philos. Trans. t. **36**; **38**; **41**). Schon PARACELSUS (1525) gab den

---

[1] Die chemische Untersuchung desselben nahm erst 1826 O. UNVERDORBEN auf.

Ansatz; Valerius Cordus (1540/46) beschreibt ein „fettiges Öl" oder „Oleum vitrioli dulce" (wohl ein Schwefelsäure-Ester ?), Osw. Crollius (1608) bezieht sich nur auf Paracelsus und gewinnt ein „auf Wasserschwimmendes Oleum".

1733　G. Brandt in Schweden spricht das metall. Arsen als einen Grundstoff an [Arch. Akad. Upps. **3,** 39 (1733)]. Vgl. a. Paracelsus.

1738　J. Daniel Bernoulli entwickelt eine kinetische Gastheorie.

1740 u. ff.　Andr. Sigism. Marggraf (1709—1782, Vorsteher des Laboratoriums der Hofapotheke u. Mitgl. der „Königl. Societät der Wissensch." in Berlin): Verbessert die Phosphordarstellung aus Harn und weist bei der Verbrennung des Phosphors an den „zarten Flores" ($P_2O_5$, P. W.) eine Gewichtszunahme nach (Miscell. Berolin., t. V, p. 54. 1740). Vgl. a. Lavoisier 1777.

1742　G. Brandt stellt für Kobalt und seine Salze die Eigennatur fest.

1742　A. Schwab in Schweden isoliert Zink aus Galmei, während 1746 von Marggraf die Zinkdarstellung unter Luftabschluß — aus Galmei und Kohle — durch Destillation entdeckt wird.

1747　Andr. Sigism. Marggraf entdeckt in der Runkelrübe den Rohrzucker und verwendet dabei das Mikroskop zur Identifizierung der Zucker.

1749　A. S. Marggraf: Ameisensäure (von John Wray 1670 beobachtet) wird durch Destillation von Ameisen in konzentrierter Form gewonnen.

1749　Macquer bereitet aus Berlinerblau mittels Kalilauge das gelbe Blutlaugensalz.

1748/50　Platin wird 1748 von A. de Ulloa in Südamerika als lästiger Begleitstoff von Au und Ag beobachtet; C. Wood und W. Watson charakterisieren es als ein neues Metall (Philos. Trans. 1750, 534, u. ff.).

Um 1750　Die technische Darstellung der Schwefelsäure wird durch Wards Vorschlag (Verbrennen von Schwefel unter Zusatz von Salpeter mit feuchter Luft) und J. Roebucks Bleikammern (in Birmingham) in größerem Maßstab aufgenommen und in England begründet.

1751　Fr. Cronstedt (in Stockholm) charakterisiert Nickel als neues Metall [Schwed. Akad. d. Wiss., 293 (1751)]. Darstellung aus $Ni(CO)_4$ von Mond, Langer und Quincke [Chem. News **62,** 97 (1890)].

1754　A. S. Marggraf erkennt Tonerde als eigene Erde und stellt Alaun synthetisch dar.

1757　A. S. Marggraf: Die Trennung des Kaliums von Natrium mittels Platinchlorid wird erstmalig ausgeführt; die verschiedene *Flammen*färbung der Kalium- und Natriumsalze hatte er 1754 entdeckt, das Kalivorkommen in den Pflanzen wies er 1764 nach.

1759　Rouelle stellt Glaubers „Salznaphtha" $C_2H_5Cl$ rein dar (Journ. d. Savants **1759,** 405, 549).

1760　Cadet erhält aus Kaliumacetat und Arsenigsäure durch Destillation „Cadets Öl", d. h. Kakodyl (Mém. d. Mathém. **3,** 633, 1760).

1762　Erik Laxmann in Finnland verwendet Glaubersalz (statt Soda) zur Glasfabrikation.

1766　Cavendish: Wasserstoff oder „brennbare Luft" chemisch und physikalisch gekennzeichnet.

1771　wird erstmalig von P. Woulfe, 1788 von Hausmann durch Oxydation von Indigo mit $HNO_3$ Pikrinsäure erhalten.

1771　C. W. Scheele: Fluorwasserstoff (Flußspatsäure) und $SiF_4$ erstmalig isoliert (vgl. a. 1886).

1769-1773   C. W. Scheele bereitet sich „Feuerluft" oder „Vitriolluft" durch Destillation von Mercurius ruber (HgO), oder von Salpeter mit Sand oder Glaspulver, oder aus Magnesia nigra ($MnO_2$) und acidum vitrioli, diese Methoden werden schon 1769/70 angewandt; die neue Luft wird auch „Salpeterluft" genannt und geprüft: „Eine glühende Kohle in der vitriolluft wird helle"; er nennt (1772/73) die neue Luft auch „... luft purissima oder principium salinum" und fragt sich: „*Sollte wohl der merc. praecipitatus ruber oder kalk principium salinum angenommen haben?*" Er bejaht dies! (Vgl. C. W. Oseen, Carl Wilh. Scheele. Manuskript 1756—1777. Stockholm, 1942, S. 107, 109, 113, 121).

1772   Priestley beobachtet Methanbildung bei Gärungsvorgängen (Philos. Trans. 72). (Volta analysiert im J. 1778 Sumpfgas.)

1772   Dan. Rutherford erkennt die „mephitische" oder „phlogistierte" Luft (= Stickstoff, Azote) als eine neue Luftart, gleichzeitig mit Cavendish.

1773   Rouelle beobachtet den Harnstoff im Harn, doch schon 1729 hatte Boerhaave den krystallisierten Harnstoff erhalten.

1773   Priestley verwendet die *Quecksilberwanne* zur Isolierung wasserlöslicher Gase (auch Cavendish hatte sie selbständig erfunden und benutzt).

1773   Priestley erhält Stickoxydul durch Reduktion von Stickoxyd, bzw. Salpetersäure.

1774   Priestley macht die Entdeckung der „dephlogistierten Luft" = Sauerstoff bekannt, er erhitzt HgO durch Brenngläser.

1774   Scheele: Aus Braunstein und Salzsäure wird „dephlogistierte Salzsäure" ererhalten, die 1810 durch H. Davy als Element „Chlor" erwiesen wird.

1774   C. W. Scheele: „Schwerspaterde" (= Barythydrat) als neue Erdart erkannt.

1775   C. W. Scheele: Metalle (z. B. Eisen und Kupfer) geben verschiedene „Phlogistierungsgrade" (= Oxydationsstufen), ähnlich hatte er bereits 1768 die Salpetersäure von der salpetrigen unterschieden.

1774/75   Priestley isoliert die Gase: Ammoniak, Fluorsilicium, Schwefeldioxyd.

1775   Conradi beobachtet Cholesterin in der Galle (von Gren 1788 bestätigt).

1769/1775 bis 1786   Scheele entdeckt die nachstehenden organischen Stoffe: Weinsäure aus Weinstein (1769); Benzoësäure „auf nassem Wege" (1775); Oxalsäure durch Oxydation von Zucker (1776) und Oxydation von Glyzerin (1784); Harnsäure aus Harnsteinen (1776); Milchsäure aus saurer Milch (1780); Berlinerblausäure (= Blausäure = l'acide prussique = Cyanwasserstoff) als das „färbende Prinzip" von Berlinerblau oder aus dem gelben Blutlaugensalz durch Schwefelsäure (1782); Ölsüß (= Glyzerin) aus Öl und Bleioxyd (1783); Zitronensäure aus Zitronensaft (1784); Oxalsäure im Rhabarber (1784); Äpfelsäure aus Apfelsaft (1785); Gallussäure aus Galläpfeln (1786).
Ferner: Synthese der Blausäure aus C,$CO_2$ und $NH_3$ (1782); Entdeckung der Gasadsorption durch Holzkohle (1773); Schwärzung von AgCl durch violettes Licht (1777); katalytische Veresterung von Essigsäure und Benzoësäure mit Alkohol durch „wenig" Mineralsäure (1781/82).

1779   C. W. Scheele: Entdeckung der Molybdänsäure. (Metallisches Molybdän wird 1782 von Pet. Jac. Hjelm dargestellt (Crells Ann. 1790 I, 39).

1780   Barthol. Trommsdorff: Die aus Storax gewonnene Säure als neu erkannt und „Zimmtsäure" benannt.

1781   C. W. Scheele: Entdeckung der „Tungsteinsäure" (= Scheelsäure nach A. G. Werner), d. h. Wolframsäure (Wolframmetall wurde 1783 von J. J. und F. d'Elhujar isoliert).

1783 H. CAVENDISH: Erste genaue Volum-Analyse der Luft: 20,83 Vol. % Sauerstoff und 79,17 Vol. % Stickstoff.

1784 H. CAVENDISH: Wasserstoff 2,02 Vol. + Sauerstoff 1 Vol. vereinigen sich durch den elektr. Funken zu Wasser. (LAVOISIER hatte 1781 durch Verbrennung von Wasserstoff zu Wasser 15 Gew. % Wasserstoff ermittelt.)

1784 SAM. HAHNEMANN: Die Verwandtschaft der Salze zueinander wird wesentlich von der *Löslichkeit* (bei erniedrigter Temperatur) der Umsetzungsprodukte beeinflußt (vgl. seine Übersetzung von DEMACHY: Laborant im Großen. II. Teil, S. V, 1784).

1785 KOSEGARTEN: Oxydation des Camphers durch $HNO_3$ zu Camphersäure (Dissert., Göttingen, 1785).

1785 TOB. LOWITZ: Adsorption gelöster Farbstoffe und antiseptische Wirkung von Holzkohle (CRELLS Ann. (1785), I, 211, 233, 293).

1785 S. E. HERMBSTÄDT: Isolierung der Chinasäure aus der Chinarinde [CRELLS Ann. I, 115 (1785)].

1785 H. CAVENDISH: Stickstoff und Sauerstoff geben durch elektrische Funken Salpetersäure (es verbleibt ein Rest von 1/120 des Stickstoffs (Philos. Trans. 1785, 75, 372). Vgl. 1894, Argon.

1786 BRUGNATELLI: Durch Salpetersäure-Oxydation von Kork wird Korksäure entdeckt [CRELLS Ann. I, 145 (1786)].

1789 CL. L. BERTHOLLET: Entdeckung der Bleichwirkung durch Chlor [Ann. chim. 2, 151 (1789); 6, 204 (1790)].

1789 M. H. KLAPROTH: Entdeckung der Zirkonerde. (Metall. Zirkon erhält 1824 BERZELIUS.)

1789 A. FRANÇOIS de FOURCROY: „Eiweißstoffe" werden als eine besondere Körperklasse aufgestellt (Ann. chim. 3, 252).

1789 WILH. AUSTIN: Der „Status-nascendi"-Begriff wird zur Erklärung von erhöhter Wirkung zwischen Gasen angewandt [Ann. chim. 2, 260 (1789)].

1789 Erstmalige Ernennung eines *selbständigen* Professors der Chemie in der *Philosophischen* Fakultät an der Jenaer Universität, unter dem Weimarer Minister J. W. GOETHE [vgl. P. WALDEN, Naturwiss. Rundschau II, 536—543 (1949)].

1772–1789 *Begründung der auf „Erhaltung des Gewichts" basierten chemischen Arbeitsmethodik und Zurückführung der Verbrennungs-(Calcinations-)Vorgänge auf Oxydationsvorgänge* durch A. L. LAVOISIER, in chronologischer Aufeinanderfolge: ANTOINE LAUR. LAVOISIER (1743—1794, Privatgelehrter, Generalpächter usw.) war mehr ein exakter Experimentalphysiker als ein präparativer Chemiker, zugleich aber ein geschulter Philosoph, der sich des antiken Axioms bewußt war: Nichts wird erschaffen, nichts wird zerstört, weder in den Operationen der Kunst, noch in denen der Natur. Die konsequente Anwendung dieses Axioms wurde der Ariadnefaden, der ihn aus dem chemischen Labyrinth siegreich hinausführte.

1770 LAVOISIER: Über die vermeintliche Umwandlung von Wasser in Erde, auf Grund von Wägungsversuchen entschieden. SCHEELE wies dasselbe analytisch nach.

1772 LAVOISIER: Phosphor und Schwefel nehmen bei der Verbrennung (an der Luft) an Gewicht zu: „Diese Gewichtszunahme ist die Folge einer reichlichen Luftmenge, ... die gebunden wird ... Und ich bin überzeugt, daß die Gewichtszunahme bei den metallischen Kalken auf die gleiche Ursache zurückzuführen ist." (Vgl. das gleiche Ergebnis bei J. REY, 1630).

1774   LAVOISIER: Calcination von Zinn im zugeschmolzenen Glasgefäß: *Keine* Gewichtsveränderung (BOYLE hatte Gewichtszunahme durch „Feuerpartikeln" beobachtet), wohl aber — beim Öffnen des Gefäßes Luft*abnahme* um $^1/_5$ des Volumens.

1775   LAVOISIER: „Über die Natur des Prinzips, welches sich mit den Metallen bei deren Verkalkung verbindet und deren Gewicht erhöht." (Vgl. 1774, PRIESTLEYS O-Entdeckung.)

1777   LAVOISIER: Quantitative Bestimmung des Verbrennungsproduktes ($P_2O_5$) von Phosphor. (Vgl. a. MARGGRAF 1740.)

1780   LAVOISIER und LAPLACE: Konstruktion des Eiskalorimeters für Wärmemengenmessungen.

1781   LAVOISIER: Quantitative Bestimmung des Verbrennungsproduktes ($CO_2$) von Kohlenstoff.

1781/82   LAVOISIER: Quantitative Verbrennung von Wasserstoff zu Wasser.

1784   LAVOISIER (mit MEUSNIER): Zerlegung des Wassers im hocherhitzten Eisenrohr.

1784   LAVOISIER und LAPLACE: Wasserbildung bei der Verbrennung von Wasserstoff in Sauerstoff.

1788   LAVOISIER: Verbrennung (Elementaranalyse) von Ölen (Weingeist war vorher verbrannt worden).

1786/87   LAVOISIER: Nachweis von Alkohol und Kohlensäure bei der Zuckergärung.

1787   GUYTON DE MORVEAU, LAVOISIER, BERTHOLLET und FOURCROY: Erste systematische chemische Nomenklatur vorgeschlagen.

1789   LAVOISIER: „Traité élémentaire de Chimie . . .", darin auch die axiomatische Formulierung des „Gesetzes von der Erhaltung des Gewichts, bzw. Unzerstörbarkeit des Stoffes". (Vgl. a. 1634).

1789   LAVOISIER, BERTHOLLET, GUYTON DE MORVEAU und FOURCROY: Begründung der „Annales de Chimie" (seit 1816 umbenannt in „Annales de Chimie et de Physique").

1782   F. MÜLLER VON REICHENSTEIN vermutet ein neues Element, dieses untersucht

1798   und benennt M. H. KLAPROTH das Tellur (CRELLS Ann. 1798, I, 91).

1789   M. H. KLAPROTH: Isolierung von Uranoxydul (CRELLS Ann. 1789, II, 387). Metallisches Uran wurde erst 1841 von EUGÈNE MELCH. PÉLIGOT dargestellt [Ann. chim. phys. (3) **5**, 5; C. r. **12**, 735 (1841)].

1789   T. LOWITZ: Die Bildung von krystallisiertem Bisulfat erstmalig erkannt.

1789   TOB. LOWITZ erhält Essigsäure erstmalig rein und krystallisiert (Eisessig) durch Destillation von wasserfr. Acetat mit $KHSO_4$ [CRELLS Chem. Ann. II, 584 (1789); I, 201 (1790), I, 319 (1793)].

1790/94   TOB. LOWITZ: Überschmelzung, Übersättigung und Impfung von Lösungen (a. a. O.).

1791   NIC. LEBLANC erfindet die künstliche Soda-Darstellung aus $Na_2SO_4$ (bzw. Kochsalz u. Schwefelsäure) durch Reduktion mittels Kohle.

1791   GREGOR isoliert *Titanoxyde* (CRELLS Ann. **1791**, I, 40, 103). KLAPROTH entdeckt sie unabhängig 1792 u. ff. und untersucht sie genauer; die erste Darstellung des Metalls führte BERZELIUS aus (Pogg. Ann. **1825**, 3).

1792   T. LOWITZ erhält aus Honig den krystall. Traubenzucker neben Fruchtzucker (CRELLS Ann. 1792, I, 218).

1792   WILH. MURDOCK verwendet Steinkohlengas zur Beleuchtung von Fabrikräumen.

1792/93   HOPE, KLAPROTH: Strontianerde (SrO) entdeckt. (CRELLS Ann. **1793**, II, 189 u. ff.) Metallisch durch Elektrolyse [BUNSEN, Pogg. Ann. **92**, 648 (1854)].

1792–93  T. Lowitz erzielt mit kryst. Kalihydrat ($KOH + 2H_2O$) und Calciumchlorid ($CaCl_2 + 6H_2O$) mit Schnee die *tiefsten* Temperaturen ($-50$ C⁰).

1793  Lowitz stellt aus Essigsäure und Chlor *substituierte* Chloressigsäuren dar (Crells Ann. 1793, I, 223).

1795  Deimann, Troostwyk u. a. erhalten aus Aethylen und Chlor das „Öl der holl. Chemiker", d. h. das *Additionsprodukt* $C_2H_4Cl_2$ (Gilb. Ann. **2**, 201, 1795).

1795  J. B. Trommsdorff eröffnet in Erfurt eine pharmazeutisch-chemische Lehranstalt.

1794  J. Gadolin
1797  A. G. Ekeberg } Isolierung von Yttriumoxyd.

[Crells Ann. 1796, I, 313 (Gadolin), 1798 II, 422; (Ekeb.); 1828 bereitet Wöhler Yttriummetall].

1797/98  Vauquelin: Entdeckung der Glycinerde = Berylliumoxyd (Crells Ann. 1798 II, das 422; metall. Beryllium bereitet 1828 Wöhler).

1797/98  Vauquelin, gleichzeitig Klaproth: Chromsäure und Chromoxyd werden entdeckt (Crells Ann. 1798 I, 80, 183, 276 (Klapr.), 286 (Vauqu.); Ann. Chim. **25**, 21, 194 (1798)]; Bunsen stellt 1854 durch Elektrolyse metall. Chrom dar [Pogg. Ann. **91**, 619 (1854)].

1796/99  W. A. Lampadius: „Schwefelalkohol" (= Schwefelkohlenstoff) zufällig beim Glühen von $FeS_2$ und Kohle erhalten (Gilb. Ann. **17**, 113).

1796  T. Lowitz: Darstellung und physikal. Kennzeichnung von absolutem Äther und Alkohol (Crells Ann. 1796, I, 143 195).

1798  Joh. Wilh. Ritter gibt die wissensch. Grundlagen einer Elektrochemie.

1798  Ant. François de Fourcroy (mit Vauquelin) gibt für die Ätherbildung mittels Schwefelsäure eine Theorie (Ann. Chim. **23**, 203).

1798/99  Tennant (in Glasgow) stellt Chlorkalk her und begründet die Chlorbleiche.

1798 u. ff.  Berthollet beginnt seine Untersuchungen über die „Gesetze der Verwandtschaft" und *verneint* die konstante Zusammensetzung der chemischen Verbindungen (vgl. 1803).

1799  Klaproth isoliert aus dem Mineral Honigstein die Honigsteinsäure (acid. melliticum: Crells Ann. 1800, I, 1).

1799  Volta erfindet seine elektrische „*Säule*".

1799 u. ff.  Jos. Louis Proust: Experimentelle Untersuchungen über die konstanten Verbindungsgewichte [Ann. Chim. **32**, 30 (1799); Journ. Phys. **51**, 174; **54**, 89; **59**, 260, 321; **63**, 364, 438 (1807)].

1799 u. ff.  Franz Karl Achard: Erste Fabrikanlagen zur Rübenzuckerfabrikation — die erste kleine Anlage (1786) bei Berlin brannte ab, die (1799) dann in Cunern (Bez. Breslau) errichtete begann allmählich (seit 1801) die fabrikmäßige Gewinnung. (Gegenwärtig wird der viele Millionen t betragende Welt-Zuckerbedarf zu etwa 38% durch Rübenzucker gedeckt!) Vgl. a. das grundlegende Werk von E. O. v. Lippmann: „Geschichte des Zuckers seit den ältesten Zeiten bis zum Beginn der Rübenzuckerfabrikation", 2. Aufl. Berlin 1929.

**Die Hauptergebnisse der chemischen Forschung des 18. Jahrhunderts seien hier kurz zusammengefaßt.**

Als ein glanzvoller *Abschluß* der vorangegangenen chemischen Entdeckungstätigkeit und ein vielsagender *Auftakt* zur Neugestaltung der Chemie im XIX. Jahrh. ist die Erschließung der *Welt der Gase* und deren chemische Konkretisierung (Wasserstoff, Stickstoff, Sauerstoff, Chlor) zu werten. Der lange Entwicklungs-

weg führte über die festen und flüssigen Stoffe zu den luft- oder gasförmigen, die
zu einer verfeinerten Erkenntnis der Materie (Atom- und Molekulartheorie) hin-
führten: Ähnlich sollte um die Wende des XIX. Jahrhunderts eine weitere Ver-
feinerung der Auffassung der Materie — die ,,strahlende Materie", bzw. ,,Radio-
aktivität" — das XX. Jahrhundert einleiten. Die große chemische Revolution
im Ausgang des XVIII. Jahrhunderts wurde von dem Genie von vier Phlogistikern
ausgelöst.

Jos. BLACK (1728—1799, Prof. der Chemie und Physik in Glasgow und Edinburgh)
lehrte das ,,gas sylvester" — die Kohlensäure — durch Zufügung und durch
Entfernung aus ihren Salzen zu *wägen* bzw. zu bestimmen; er schenkte der Physik
die Begriffe der spezifischen und der latenten Wärme beim Schmelzen oder
Verdampfen (1762)[1].

HENRY CAVENDISH (1731—1810, ein reicher Privatgelehrter in London) war
gleich erfolgreich als chemischer Entdecker in der Gaschemie, wie als exakter
Forscher in der Physik — in der Elektrizitätslehre hat er über die Anziehung
elektrisch geladener Körper gearbeitet (1773), und er hat Versuche zur Ermittelung
der Gravitationskonstante gemacht (1798)[1].

JOSEPH PRIESTLEY (1733—1804, Privatgelehrter — Sprachlehrer, Theologe,
Philosoph, Chemiker, Physiker) folgte bei seinen Entdeckungen dem glücklichen
Zufall und seiner Intuition; seine Bekanntschaft mit BENJ. FRANKLIN führte ihn
zum Studium der Elektrizität, er entdeckte die Verteilung der elektrischen
Ladung eines Leiters auf dessen Oberfläche[1].

CARL WILH. SCHEELE (1742—1786, Apotheker und Autodidakt in Schweden)
führte seine wissenschaftlichen Untersuchungen mit den bescheidensten experimentellen Mitteln aus; seine Gasentdeckungen führte er als Laborant in einer
Apotheke in Uppsala aus, während seine bahnbrechenden Isolierungen der
organischen Säuren in die Zeit seiner Tätigkeit (1775—1786) als Apotheker in
dem Landstädtchen Köping fallen[2].

LAVOISIER[3] hat das historische Verdienst, die Bedeutung der Entdeckungen eines
PRIESTLEY und SCHEELE für das *Verbrennungsproblem* sofort erkannt, eperimentell
mit der *Wage* geprüft und quantitativ bestätigt zu haben. Damit schloß er die
Reihe seiner bedeutenden Vorgänger, die das Verbrennungsphänomen auf eine
*Stoffaufnahme* zurückführten: J. REY (1630), MAYOW (1668), FRIEDR. HOFFMANN
(1736), MICH. LOMONOSSOW (1750), BAYEN (1774) u. a. ab.

Erkenntnistheoretisch-psychologisch interessant ist dabei die Tatsache, daß keiner
der großen Phlogistiker durch LAVOISIERS Versuche von einem etwaigen Irrtum
der Phlogistontheorie überzeugt wurde, und zwar weder BLACK (gest. 1799),
MACQUER (gest. 1784), SCHEELE (gest. 1786), noch PRIESTLEY (gest. 1804) und
CAVENDISH (gest. 1810). Die Gewichtzunahme der Metallkalke erklärte nicht das
*ganze* Phänomen, z. B. das Auftreten von Licht und Wärme; man ersann ein
,,negatives" Gewicht (etwa ähnlich der modernen Umwandlung von Materie in
Energie?); man sah die Wärme als Stoff an; man verwechselte das Gewicht mit
dem spezifischen Gewicht usw. Auch einem Denker wie IM. KANT bot das Pro-

---

[1] Vgl. TH. THOMSON: History of Chemistry: 2 vol., London 1830—1831. T. E. THORPE:
Essays in historical Chemistry. 1894.

[2] O. ZEKERT: CARL WILH. SCHEELE I.—VII. Teil, 1931—1933; Wien. — C. W. OSEEN: CARL
WILH. SCHEELE. Manuskript 1756. 1777. Stockholm 1942. P. WALDEN: Z. anorg. Chem.
**250**, 230—235 (1943).

[3] GRIMAUX: LAVOISIER 1743—1794. Paris 1888. LE CHATELIER: Traité élémentaire de
Chimie de LAVOISIER. Paris 1937. M. DAUMAS: Apareils d'Expérimentation de LAVOISIER
[Chymia, vol. **3**, 45—63 (1950)].

blem keinen Widerspruch, indem er sich begeistert für die Phlogistontheorie
aussprach (1787). Übrigens stellte das Phlogiston seinem Wesen nach etwas
Metaphysisches dar, während der grobsinnfällige Sauerstoff für die Phantasie
keinen Raum ließ.

Ein wesentliches Moment war bei den klassischen quantitativen Untersuchungen
LAVOISIERS ungeklärt geblieben, nämlich: *Welche Grenzen* gibt es für die Sauer-
stoffaufnahme, und falls es solche gibt: *Wodurch* werden sie bedingt? LAVOISIERS
Versuche waren dazu nicht zahlreich und nicht mannigfaltig genug. Unabhängig
hatten nun Praktiker-Phlogistiker das Problem auf *analytischem Wege* in Angriff
genommen und an der Hand der vorhandenen „Salze" einer Klärung entgegen-
geführt. Zuerst ist an C. F. WENZEL (1740—1793) zu erinnern: Dieser war ein
praktischer Chemiker in Freiberg (i. Sachs.) und Meißen, dann sei besonders
JEREM. BENJ. RICHTER (1762—1807) genannt, der als „Arkanist" und Berg-
sekretär in Berlin ein bescheidenes Dasein führte[1]. Beiden Zeitgenossen des
großen Physikochemikers LAVOISIER gesellte sich als vierter der Wissenschaftler
und Chemieprofessor in Uppsala, TORBERN BERGMAN (1735—1784) bei. Auch
dieser unternahm eine *Verknüpfung der Chemie mit der Physik und Mathematik:*
lehrte er doch, daß — „um ein gründlicher Chemiker sein zu können — man auch
ein gründlicher Physiker sein müsse". WENZEL ist der Entdecker des „*Gesetzes
der Massenwirkung*" (1777); J. B. RICHTER macht die Massen oder quantitativen
Verhältnisse der Bestandteile chemischer Verbindungen zum Gegenstand seiner
ausgedehnten Untersuchungen und wird Schöpfer der „*Stöchyometrie* oder
*chemischen Meßkunst*" (1792 u. ff.). T. BERGMAN widmet sich der Messung der
chemischen Verwandtschaft (= Affinität, bzw. „rapport" nach GEOFFROY), der
„attractio electiva" (= Wahlverwandtschaft) und entwickelt parallel die *qualitative und quantitative chemische Analyse* (1780 u. ff.). LAVOISIER ist der Begründer
des „Gesetzes von der *Erhaltung des Stoffes oder Gewichtes*".

Das Schicksal gönnte nicht diesen vier hervorragenden Bahnbrechern einer
messenden physikalisch-chemischen Forschungsrichtung — den Zeitgenossen
T. BERGMAN, A. LAVOISIER, C. F. WENZEL und JER. BENJ. RICHTER — ihr
großes Werk zu vollenden: *Sie starben alle vorzeitig* im Alter von etwa 50 Jahren.
Die *analytische Chemie* „auf nassem Wege" erfuhr eine Ergänzung durch die Entdeckung der *Flammenfärbungen*, z. B. die Grünfärbung der Weingeistflamme
durch Borsäure (GEOFFROY um 1730) und Kupfersalze (BOURDELIN 1756), die
Violettfärbung durch Kalisalze und Gelbfärbung durch Natronsalze (MARGGRAF
1754). Die *Lötröhranalyse*, bereits um 1600 von A. LIBAVIUS verwendet, wurde
von A. SWAB (1738), A. F. CRONSTEDT (1751 u. ff.), T. BERGMAN (1777), GAHN
u. a. in Schweden ausgebaut [u. nachher auch von J. J. BERZELIUS in Buchform
(1820) verbreitet]. Im allgemeinen vollzog sich eine Stabilisierung der *quantitativen* Untersuchungsmethode sowohl in den Laboratorien der Hütten als auch in
den Forschungsstätten der Chemiker, vorbildlich war hierin MARTIN HEINRICH
KLAPROTH (1743—1817), dessen fünfbändiges Werk „Beiträge zur chemischen
Kenntnis der Mineralkörper" (1795—1810) ein historisches Denkmal der exakten
Mineralanalyse bildet.

Als sichtbarer Erfolg dieser Neuorientierung ergab sich, daß *allein im Zeitraum
von 1750—1798* etwa *zwanzig (20) neue Elementarstoffe* unterschieden wurden,
also mehr als in den vorangegangenen *Jahrtausenden*, die neben den 7 alten Metallen noch die 7 fraglichen Stoffarten Kobalt, Zink, Wismut, Schwefel, Antimon.

---

[1] Weder WENZEL noch RICHTER fanden zu ihrer Zeit Verständnis und Anhänger. Vgl.
a. C. LÖWIG: JEREMIAS BENJ. RICHTER, der Entdecker der chemischen Proportionen. Breslau
1874. G. LOCKEMANN: JEREM. BENJ. RICHTER [Technik-Geschichte, **30,** 107—115 (1941)].

Arsen und Phosphor aufwiesen. Dabei entfielen allein auf C. W. SCHEELE 7 Stoffe: Fluor (1771), Sauerstoff (etwa 1773), Chlor (1774), Barium (1774), Kohlenstoff (1779), Molybdän (1779), Wolfram (1781), während seinerseits KLAPROTH die Elemente Zirkon (1789), Uran (1789), Titan (1792) u. ff., Tellur (1798) und Cer (1803) entdeckte sowie die neuen Elemente Beryllium und Chrom berichtigte.

Zu der neuen ,,*antiphlogistischen*" *Chemie* und dem Anteil LAVOISIERS an derselben bemerkte der große BERZELIUS (1823) folgendes: ,,Das wissenschaftliche Studium der Chemie war damals leicht genug, denn die antiphlogistische Chemie verwarf anfänglich alles, was sie nicht hinreichend erklären konnte, und was sie erklärte, hielt sie nicht selten für einfacher als es war". Das Urteil LIEBIGS über LAVOISIERS Leistungen lautete:

,,Der Ursprung einer jeden richtigen Entdeckung, einer jeder gesonderten Beobachtung, welche *bis zu* LAVOISIERS *Zeit* in irgendeinem Teil Europas gemacht worden war, war verwischt, die neuen Namen und geänderten Vorstellungen zerrissen allen Zusammenhang mit der Vergangenheit . . . . . . er hat keinen neuen Körper, keine neue Naturerscheinung entdeckt, alle durch ihn festgestellten waren *die notwendigen Folgen von Arbeiten, die den seinigen vorangegangen waren*; *sein unsterbliches Verdienst* war es, den Körper der Wissenschaft mit einem neuen Sinn begabt zu haben" (1851). Und der berufene Kritiker der neuzeitlichen Chemie, WILH. OSTWALD urteilte folgendermaßen: ,,Unmäßige Lobeserhebungen sind verschwenderisch über LAVOISIER ausgestreut worden, daß er die *Waage* in der Chemie zur Anwendung gebracht hätte. Er war nicht einmal der erste hierzu, und bezüglich seiner Sauerstofftheorie hat er in MAYOW (1669) einen Vorgänger, der die Grundzüge seiner Auffassung mehr als hundert Jahre früher mit aller Sicherheit ausgesprochen hat". (1907). Ein weiteres Problem seit PARACELSUS, A. SALA, GLAUBER, TACHENIUS — war der Begriff und das chemische Objekt ,,*Salz*". Nach PARACELSUS war es das ,,Prinzip" der Feuerbeständigkeit, Wasserlöslichkeit, während die anderen die Zusammensetzung, die *stoffliche Natur*" der verschiedenen Salze zu klären suchten, bzw. die ,,Salze" aus Säure und Base *entstehen* ließen. Durch G. Fr. ROUELLE (1703—1770, Chemielehrer in Paris, sein Schüler war LAVOISIER) wurde abermals die Frage der Bildung der Salze aus Säuren und Basen gestellt und zugleich die quantitative Unterscheidung zwischen *neutralen* (sels neutres parfaits), *sauren* und *basischen* Salzen gemacht. (Mém. de l'Acad., 1745), als Basen kamen die Alkalien und Ammoniak in Betracht. Für die Metallsalze (insbesondere Vitriole) vertrat T. BERGMAN die Ansicht, daß sie aus der Verbindung der Metall*kalke* (d. h. der Oxyde) mit den Säuren entstehen. Über die Natur der Säuren stellte LAVOISIER den Satz auf, ,,*daß die Bildung der Säuren* sich vollziehe durch die *Oxidation* jeder beliebigen (! P. W.) Substanz"[1] (1789), z. B. $CO_2$, $P_2O_5$, $SO_2$. Es sind wohl die salzartigen Verbindungen, auf die sich die These SCHEELE's vom Jahre 1777 bezieht, wenn er als Ziel der Chemie bezeichnete: ,,Die Körper geschickt *in ihre Bestandteile* zu zerlegen, deren *Eigenschaften* zu entdecken und sie auf verschiedene Art *zusammenzusetzen*". Durch die *Synthese* war die Zahl der Salze erheblich vermehrt worden, und dank den Entdeckungen neuer Basen und neuer (namentlich organischer) Säuren nahm sie weiter zu. Eine besondere Rolle spielten die neutralen oder ,,*Mittelsalze*" in den vorhin erwähnten denkwürdigen Untersuchungen J. B. RICHTERS, aus denen mit Hilfe des ,,*Neutralitätsgesetzes*" die Zusammensetzung der Salze *mengenmäßig* nach Äquivalenten erschlossen werden konnte. Vordem ließ also PARACELSUS gedanklich *das* Salz in unbestimmbaren Verhältnissen einen Bestandteil aller Stoffe sein: Nunmehr

---

[1] ,,. . . par l'oxydation d'une substance quelconque", — also auch Wasserstoff?

lehrte RICHTER experimentell für die *vielen* Salze die in bestimmten Verhältnissen
auftretenden Bestandteile erkennen.

Zu der besprochenen Weiterentwicklung der von der Vergangenheit übernommenen
Probleme kam im 18. Jahrhundert als ein neues Studium dasjenige der von
*lebenden Organismen erzeugten* und durch chemische Verfahren isolierten *Stoffe*.
Daß die animalischen und vegetabilischen Stoffe wesensmäßig gleich zusammengesetzt seien, wie die mineralischen, nahm J. J. BECHER (1669) an, nur sollten
sie eine verwickelte Zusammenfügung haben. Nach STAHLS Phlogistentheorie
waren die *verbrennlichen* organischen Stoffe eo ipso phlogistonreich, sie hinter-
ließen Kohle, die ja wegen ihres Phlogistongehaltes zur Reduktion der Metallkalke diente, ebenso wirkten auch tierische und pflanzliche Fette und Öle, Harze
usw. GEOFFROY (1718) beobachtete als ein Verbrennungsprodukt des gereinigten
Alkohols Wasser, und BOERHAAVE (1732) stellte gewichtsanalytisch die Tatsache
fest, daß das beim Verbrennen des Alkohols entstandene Wasser sogar *mehr wog*
als der Alkohol; daß Öle bei der Verbrennung sowohl Wasser als auch Kohlensäure liefern, stellte PRIESTLEY (1777) fest. So viel war jedenfalls klar, daß Wasser
und Kohlensäure zwei greifbare Oxydationsprodukte der genannten Substanzen
sind. Konnte man diese Erkenntnis nicht zur *Grundlage einer Analyse der orga-*
*nischen Stoffe* machen? Nun hatte ja LAVOISIER mit Hilfe seiner Präzisionswaage
durch Verbrennen gewogener Wasserstoffmengen zu Wasser die prozentische
Zusammensetzung des Wassers (1781), und durch Verbrennen des Kohlenstoffs
zu Kohlensäure die quantitative Zusammensetzung der Kohlensäure (1781/85)
bestimmt: Es war auch LAVOISIER, der alsbald und erstmalig in geeigneter Anordnung, mit Hilfe von Kaliumchlorat oder Quecksilberoxyd, an Alkohol und
Olivenöl (1784 ff.) *organische Verbrennungsanalysen* ausführte, wobei er die ge-
bildeten Verbrennungsprodukte Wasser und Kohlensäure getrennt wog. Das
LAVOISIERsche Prinzip der organischen „Elementaranalyse" lag auch allen ferneren
Verfahren — von CHEVREUL, BERZELIUS (1814), GAY-LUSSAC (1810 ff.) bis zu
LIEBIG (1832) zugrunde, es handelt sich nur um Verbesserungen der Apparatur.
Die von LAVOISIER, GUYTON DE MORVEAU u. a. im J. 1787 vorgeschlagene *Nomen-*
*klatur* bezog sich sinngemäß auf die anorganischen Verbindungen, insbesondere
die vielen *Salze* mit ihren Trivial- und Decknamen (den Höhepunkt der Namen-
gebung erreichten wohl die Alchemisten, hatte doch z. B. Salmiak oder Chlorammonium gegen 30 verschiedene Bezeichnungen!). Der Name gab die qualitative
Zusammensetzung des Salzes an, im Sinne der beiden Komponenten Säure und
Metall (oder Metalloxyd). Diese rationelle (dualistische) Kennzeichnung konnte
nicht vom anorganischen Stoffgebiet auf die nunmehr sich immer reichlicher
erschließenden organischen Körper mit teilweise neutralem Chrakter übertragen
werden. Hatte doch LAVOISIER selbst gezeigt, daß die aus dem organischen Reich
stammenden Stoffe, die etwa seit 1780 von TORB. BERGMAN als *organische Körper*
neben den anorganischen unterschieden wurden, *nur aus Kohlenstoff, Wasserstoff*
*und Sauerstoff* bestehen, zuweilen auch Stickstoff, Schwefel, gelegentlich auch
Phosphor enthalten. Der Sauerstoff wurde das „principe acidifiant", und der
Begriff des „*Radikals*" als der „versäuerbaren Grundlage" wurde geschaffen,
so z. B. wurde der Wasserstoff „hydrogène = radical de l'eau", oder der *Zucker*,
der bei der Gärung Alkohol und Kohlensäure (diese entsteht aus Oxalsäure) gibt'
heißt „le véritable radical oxalique".

Zur chemischen Arbeitsmethodik wurden neue Beiträge geleistet bzw. neue
Apparate entdeckt: Für die *Temperaturmessung* durch Thermometer — FAHREN-
HEIT 1715, RÉAUMUR 1733, CELSIUS 1742 — für *Gasuntersuchungen* durch die
pneumatische Wanne — STEPH. HALES 1727 und mit Quecksilber als Absperr-

flüssigkeit — Cavendish 1766 u. ff.; für fraktion. Destillation mit Rückflußkühler — Chr. Ehrenfr. Weigel 1741; für die Verbindungen von Gasen durch
elektrische Funken — H. Cavendish 1784 u. ff. Die spezifische (katalytische)
Oberflächenwirkung wird erstmalig durch Deimann, Troostwyk u. a. 1795 beim
Durchleiten von Alkoholdampf durch Tonröhren (Zerfall in $C_2H_4$ und $H_2O$) und
durch Glasröhren (kein Zerfall) beobachtet. Die katalytische Wirkung von
Mineralsäurespuren auf die Esterbildung entdeckt Scheele 1781/82, er entdeckt
auch die Adsorption von Gasen durch Holzkohle (1773), während Tob. Lowitz
die durch Adsorption bewirkte Entfärbung von Lösungen und die Entfuselung
von Branntwein durch feinverteilte Holzkohle auffand [1785/88; vgl. Crells
Ann. II, 131 (1788), u. 1796, 195].

# V. Periode: Neunzehntes Jahrhundert.
## Aufbau der klassischen Chemie.

Systematisierung der chemischen Stoffe; organisierte Experimentalforschung:
elementare Zusammensetzung (Analyse), atomistischer Aufbau (Konstitution)
und künstliche Darstellung (Synthese) der chemischen Stoffe — ihre physikalischen
Eigenschaften und chemischen Umwandlungen (allgemeine oder physikalische
Chemie) sowie ihre Einbeziehung in die materielle Kultur (chemische Technik)

### A. Anorganische und allgemeine Chemie.

Am 20. März 1800 richtete Volta seinen Bericht über die Entdeckung eines neuen
„elektrischen Gerätes" an den Präsidenten der Roy. Soc. in London und schenkte
damit der Menschheit die erste dauernde Elektrizitätsquelle, der Chemie aber
diejenige Energieform, welche zu einer Elektrochemie führen und das alte Rätsel
der chemischen Verwandtschaft begrifflich umgestalten bzw. — im 20. Jahrh. —
in die Elektronen ausmünden lassen sollte.

Um 1800   Der elektrische Strom zerlegt Wasser in Wasserstoff und Sauerstoff, die sich an
*getrennten* Polen abscheiden.... Joh. W. Ritter; Nicholson und Carlisle.

1801   C. Hatchett entdeckt die Columbiumsäure (= Niobsäure). (Crells Ann. 1802,
I, 197, 257).

1802   A. G. Ekeberg entdeckt die Tantalsäure, die er reduziert (Crells Ann. 1803, I,
3). Vgl. 1844 Rose.

1803   Klaproth (Beiträge IV, 140) sowie Berzelius und Hisinger (Gehlens Journ.
1803, 308, 397, dazu 303 Klaproth) entdecken das Element Cer; C. G. Mosander
führte dessen Reindarstellung aus [J. pr. Chem. 30, 283 (1843); Ann. 44, 125 (1842),
48, 210 (1843)].

1802/03   J. J. Berzelius und Wilh. Hisinger: „Versuche über die Wirkung der elektrischen Säule auf Salze" (in wässer. Lösung) aus [**Afhandl. om** Galvanismus.
Stockh. 1802; Gehl. N. Journ. 1, 116 (1803)].

1803   Berthollet: „Essai d'une Statique Chimique." Paris 1803.

1803 u. ff.   John Dalton: Begründung der Atomtheorie und des Theorems der multiplen
Proportionen (vgl. a. Dalton: „A New System of Chemical Philosophy", London
1808).

1804   Smiths. Tennant: Entdeckung der Elemente Iridium und Osmium (Philos.
Trans. 1804, 411).

1804   Will. H. Wollaston: Entdeckung der Elemente Palladium und Rhodium
(Philos. Trans. 1804, 419, 426, und 1805, 316).

1805 THEOD. VON GROTHUSS: Erste auf abwechselnden Zersetzungen und Verbindungen beruhende Theorie der Elektrolyse [Ann. Chim. **58**, 54 (1806); OSTWALDS Klass. No. 152)].

1806 CLÉMENT und DÉSORMES: Schwefelsäuregewinnung mit Hilfe von Stickoxyden als (katalytisch wirkenden) Sauerstoffüberträgern [Ann. Chim. **59**, 329 (1806)].

1806/07 HUMPHR. DAVY: Metallisches Kalium und Natrium durch Elektrolyse der geschmolzenen Alkalihydroxyde erhalten [Trans. Roy. Soc. **1807**, 1 u. ff., **1808**, 1 u. ff.; vgl. a. OSTWALDS Klass. No 45)]. Auch die Erdkalien — ,,Baryt, Strontian, Kalk, Magnesia, Beryllerde, Tonerde, Kieselerde'' scheinen sich ähnlich zu verhalten.

1807 Mangan durch JOHN [GEHL. Journ. **3**, 452 (1807)] metallisch dargestellt; vorher von GAHN reduziert (1774), elektrolytisch von BUNSEN [Pogg. Ann. **92**, 648 (1854)], aluminothermisch von TH. GOLDSCHMIDT (1894).

1808 L. JOS. GAY-LUSSAC weist das Gesetz der ganzzahligen und einfachen Proportionen auch für Gase und ihre Vereinigungsprodukte nach (Mém. de la soc. d'Arcueil **2**, 207; vgl. a. Bull. de la Soc. philomatique 1802 u. f.).

1808 Bor wird durch Reduktion von Borsäure erhalten von GAY-LUSSAC u. THÉNARD [Recherches **1**, 276 (1808)] und von H. DAVY (1809); krystallisiert 1857 von F. WÖHLER u. STE. CLAIRE DÉVILLE (Ann. **101**, 347).

1808 *Kalium-* und *Natriummetall* werden erstmalig chemisch durch Reduktion der Carbonate mittels Kohle und Leinöl gewonnen von GAY-LUSSAC und THÉNARD, sie stellen auch Kaliumamid und Natriumamid dar.

1808 u.ff. THAD. HÄNKE (aus Österreich) entdeckt und erforscht in Chile die Lager von Natronsalpeter (dessen Jodgehalt wird später entdeckt).

1809 · GAY-LUSSAC und THENARD: Photochemisch ausgelöste (Explosions-)Vereinigung der Gase Chlor und Wasserstoff. (THENARD kommt auch ohne Akzent vor!)

1811 A. AVOGADRO entwickelt die Molekulartheorie [Journ. de Phys. **73**, 58 (1811)].

1811 BERN. COURTOIS entdeckt in der Asche der Meerpflanzen das Element Jod. H. DAVY erkannte es als ein dem Chlor ähnliches Element (Dez. 1813) und GAY-LUSSAC lieferte eine ausführliche chemisch-physikalische Untersuchung[1] [Ann. chim. phys. **91**, 5 (1814)].

1807–1813 J. J. BERZELIUS führt genaue Atomgewichtsbestimmungen aus und beweist das ,,Gesetz der konstanten Proportionen''; erste Atomgewichtstafel 1814 [Schweigg. Ann. **15**, 277 (1815)]. Als er im J. 1812 von DALTON dessen Werk ,,A New System of Chemical Philosophy'' geschenkt erhielt, schrieb er: ,,No present has ever given me so much pleasure as this did at first. But I will not conceal that I am surprised to see how much the author has disappointed my expectations...''

1811 GOTTLIEB-SIGISM. CONST. KIRCHHOFF wandelt Stärke (katalytisch) durch verdünnte Säuren in Gummi (Dextrin) und Zucker um [Schweigg. Journ. **4**, 108 (1811/12)].

1812 BERZELIUS entwickelt seine Theorie der elektrischen Polarität der Atome [Schweig. Journ. **6**, 119 (1812)].

1814 G. S. C. KIRCHHOFF erreichte die gleiche Stärkeverzuckerung durch wässerige Malzauszüge [Schweigg. Journ. **14**, 389 (1814)].

1814 JOS. FRAUNHOFER: Entdeckung der (bereits 1802 von WOLLASTON beobachteten dunklen Linien im Sonnenspektrum (Gilberts Ann. **56**, 278).

---

[1] Schon Ende 1813 hatte H. DAVY bei seinem Aufenthalt in Paris zahlreiche Eigenschaften und neue Verbindungen des Jods bestimmt und dessen Elementarnatur erkannt, worüber er sogleich der Royal Society berichtete.

1814    AMPÈRE veröffentlicht seine Grundlagen zur *Molekulartheorie* [Ann. chim. phys. **89**, 43 (1814), **90**, 34].

1814 u. ff.    J. J. BERZELIUS entwickelt die chemische *Zeichensprache* [Thomsons Ann. of Philos., **3**, 51 (1814); Schweigg. Journ. **13**, 240 (1815)].

1814/15    BERZELIUS veröffentlicht seinen „Versuch, durch Anwendung der elektrochemischen Theorie und der chemischen Proportionslehre ein rein wissenschaftliches System der *Mineralogie* zu begründen" [Schweigg. Journ. **11**, 193 (1814); **15**, 277, 301, 419 (1815)].

1815/16    W. PROUT spricht die Vermutung aus, daß die Atomgewichte aller Elemente ganze Vielfache vom Atomgewicht des Wasserstoffs (als Urstoff) sind [Thomsons Ann. of Philos. **6**, 321 (1815); **7**, 111 (1816)].

1816    J. W. DÖBEREINER: Erster Versuch zu Elementen-Triaden [Gilberts Ann. **56**, 332 (1817)].

1817    H. DAVY entdeckt die flammenlose Verbrennung von brennbaren Gasen an einem erhitzten Platindraht [Philos. Trans. 1817; Gilberts Ann. **56**, 242 (1817); Ann. chim. phys. (2), **4**, 347 (1817)].

1817    BERZELIUS entdeckt im Schlamm schwedischer Schwefelsäurekammern das Element Selen [Schweigg. Journ. **21**, 47, 342 (1817); **23**, 309, 430 (1818)].

1817    J. A. ARFVEDSON entdeckt in dem Mineral Petalit das Element Lithium [Schweigg. Journ. **22**, 93 (1817/18)]. Elektrolytisch stellen BUNSEN und A. MATTHIESSEN 1855 metallisches Lithium her [Ann. **94**, 107 (1855)].

1817/18    Cadmium in Zinkerzen entdeckt.... F. STROMEYER (Göttingen) [Schweigg. Journ. **21**, 297; **22**, 362 (1817)] und C. S. G. HERMANN (Schönebeck) [Gilberts Ann. **59**, 95, 113 (1818)].

1818    J. BAPT. BIOT: Terpene u. ä. sind auch im Dampfzustand optisch aktiv (Mém. de l'Acad. **2**, 114).

1818    L. J. THÉNARD: Wasserstoffperoxyd $H_2O_2$ (aus $BaO_2$ + Säure) wird entdeckt [Ann. chim. phys. (2), **8**, 306 (1818)].

1818/19    THÉNARD entdeckt an wässerigen Wasserstoffperoxyd-Lösungen die zersetzende Kontaktwirkung der pulverförm. Stoffe, die Aktivatorwirkung durch Alkalien, die stabilisierende durch Säuren — er analogisiert die Kontaktwirkung mit der *Elektrizität*, mit der Wirkung animalischer Sekrete (Fermente) u. ä. [Ann. Chim. (2), **9**, 51, 94, 314, 441 (1818); **10**, 85, 114, 335 (1819)].

818/20    EILH. MITSCHERLICH: Der Isomorphismus wird entdeckt [Berl. Akad. Abh. d. phys. Kl. 1818/19, S. 426; vgl. a. Ann.chim. phys. (2), **14**, 172 (1820), **19**, 350)].

1819    P. L. DULONG und A. T. PETIT: Die Konstanz der Atomwärme; (At.-Gew. $\times$ spez. Wärme) entdeckt [Ann. chim. phys. (2) **10**, 395 (1819)].

1818/20    J. J. BERZELIUS: Elektrochemische (dualistische) Theorie (zuerst 1812 konzipiert, dann 1818 in seinem schwed. Lehrbuch entwickelt und 1820 von K. A. BLÖDE deutsch herausgegeben).

1820    BERZELIUS analisiert die Sulfocyansalze und prägt den Namen „Rhodan" für das Radikal Schwefelcyan [vgl. a. Ann. **10**, 11 (1834)].

1821    BERZELIUS: „De l'emploi du chalumeau dans les analyses chimiques". Paris 1821.

1821    J. W. DÖBEREINER: Oxydation von Alkohol in der Kälte zu Essigsäure durch Platinmohr (Gilberts Ann. **72**, 193 (1822)].

Seit 1821 bis 1848    BERZELIUS beginnt (mit dem kritischen Referat über das Jahr 1820) die Herausgabe seiner „*Jahresberichte* über die Fortschritte der physischen Wissenschaften" (27 Bände.)

1822    LEOP. GMELIN entdeckt die Bildung des roten Blutlaugensalzes bei der Behandlung des gelben Salzes mit Chlor [Schweigg. Journ. **34**, 325 (1822)].

1822    CAGNIARD DE LA TOUR: In geschlossenen Röhren gehen bei höheren Temperaturen unter Verlust des Meniskus die Flüssigkeiten in einen gasartigen Zustand über (Ann. chim. phys. **21**, 127, 180; **22**, 410). Vgl. a. MENDELEJEFF, 1861; ANDREWS 1869.

1823    M. FARADAY verflüssigt die Gase (Chlor u. a.) (Philos. Trans. **1823**, 164, 189).

1823    J. W. DÖBEREINER beobachtet, daß der (durch Erhitzen von Platinsalmiak erhaltene „Platinschwamm" bei gewöhnlicher Temperatur fast augenblicklich auf ihn geleiteten *Wasserstoff entflammt* [Gilberts Ann. **74**, 269 (1823); Schweigg. Journ. **38**, 321 (1823)]. In seinem Jahresbericht 4, 60 nennt BERZELIUS diese Entdeckung „die in jeder Hinsicht wichtigste und.... brillanteste Entdeckung im Laufe des vergangenen (1823) Jahres".

1823    BERZELIUS isoliert aus $SiCl_4$ und metall. K das Element Silicium [Pogg. Ann. **1**, 17; **2**, 113 (1824)].

1823    Der Physiker JOH. SAL. CHR. SCHWEIGGER nimmt im Platinschwamm elektrische Spitzenwirkung an. (SCHWEIGG. Journ. **39**, 211, 233).

1824    Der Physiker LUDW. AUG. SEEBER (1793—1855) wendet erstmalig den Begriff des geometrischen chemischen Atoms auf die Entstehung der Kristallstrukturen an.

1825    GUST. MAGNUS: Pyrophores Eisen (durch Tonerdespuren aktiviert) — Prinzip der Mischkatalysatoren [Pogg. Ann. **3**, 81 (1825)].

1825    LEOP. GMELIN: Bei der Kaliumdarstellung aus Pottasche und Kohle wird eine eigenartige Säure, „Krokonsäure", erhalten [Pogg. Ann. **4**, 37 (1825)].

1826 u. ff.    JUSTUS LIEBIG (1803—1873) beginnt seinen chemischen *Laboratoriumsunterricht* an der *Philos. Fakultät* der Universität Gießen; 1824 wird er zum Professor „ernannt".

1826    ANT. JÉR. BALARD: Brom in den Mutterlaugen der Meersalze entdeckt [Ann. chim. phys. (2) **32**, 337, 382 (1826); Pogg. Ann. **8**, 114 (1826)]. Kurz vorher auch von J. LIEBIG aus der Kreuznacher Sole isoliert und fälschlich als Chlorjod signiert.

1827    FR. WÖHLER erhält aus $AlCl_3$ und metall. Kalium das Aluminium als Pulver (Pogg. Ann. **11**, 146). 1845 gewinnt er es in Kügelchen [Liebigs Ann. **53**, 422 (1845)].

1827    Der Botaniker ROB. BROWN stellt die („BROWNsche") Molekular-Bewegung fest.

1827    EILH. MITSCHERLICH: Erstmalig Selensäure dargestellt.

1826/27    J. BAPT. DUMAS: Dampfdichtemethode der Molekulargewichtsbestimmungen entdeckt [Ann. chim. phys. (2) **33**, 341 (1826)].

1827    F. TIEDEMANN u. LEOP. GMELIN: Rhodankalium wird im Speichel entdeckt [Ann. chim. phys. **35**, 266 (1827) Pogg. Ann. **9**, 321].

1827/28    CHRIST. GOTTL. GMELIN (Tübingen) und M. GUIMET (Toulouse) entdecken gleichzeitig die künstliche Darstellung des Lapislazuli (Ultramarin).

1828    FRIEDR. WÖHLER: Aus den Chloriden durch Einwirkung von Kalium erstmalig metallisches Beryllium und Yttrium erhalten [Pogg. Ann. **13**, 577 (1828)].

1828    Das „*Journal für praktische Chemie*" wird begründet (seit 1943: „Journ. für makromolekulare Chemie").

1828/29    BERZELIUS: Das Element Thorium wird gesichert [Progg. Ann. **15**, 633; **16**, 385 (1829)].

1829    J. W. DÖBEREINER: Gruppierung der chemischen Elemente nach Triaden [Pogg. Ann. **15**, 301 (1829)].

1830   NIELS G. SEFSTRÖM: Entdeckung des Elements Vanadium [Pogg. Ann. **21**, 49 (1831)]. Vgl. 1867.

1830   Pharmazeutisches (seit 1856 *Chemisches*) *Centralblatt* begründet.

1831   THOM. GRAHAM: „Alkoholate" als Analoga der Salzhydrate erkannt.

1831   E. LUCHS stellt die Verflüssigung und Verzuckerung der Stärke durch Speichel fest [Pogg. Ann. **22**, 623 (1831); vgl. a. 1814, KIRCHHOFF].

1831/32   P. PHILLIPS (engl. Patent), dann J. W. DÖBEREINER, ferner H. GUSTAV MAGNUS stellen fest, daß $SO_2$ und Sauerstoff durch feuchten Platinmohr katalytisch in rauchende Schwefelsäure umgewandelt wird [Ann. **2**, 342 (1832); **4**, 71 (1832); Pogg. Ann. **24**, 609 (1832)]. Die *technische* Anwendung gibt CL. WINKLER 1875 u. ff. (Dingl. Polytechn. Journ. **7**, 218). Vgl. a. 1890 KNIETSCH.

1832   „*Annalen der Pharmazie*", seit 1838; „*Annalen für Chemie und Pharmazie*" (Unter LIEBIG und WÖHLER), seit 1874; *Liebigs Annalen der Chemie*": Im Jahre 1949 mit dem 565. Band erschienen (Abkürz. Ann.).

1832   EILH. MITSCHERLICH: Übermangansäure [Ann. **2**, 5 (1832)].

1832   GAY-LUSSAC: Volumetrische Silber- bzw. Chlorbestimmung ausgearbeitet (1832);

1833   dazu: „Instruction sur l'essai des matières par la voie humide" (1833).

1833   GUSTAV MAGNUS: Erstmalige Darstellung der Überjodsäure (Pogg. Ann. **28**, 514).

1833   THOM. GRAHAM: Über die chemische Natur der Phosphorsäuren (Philos. Trans. **1833**, 253).

1833/34   FARADAY: Gesetze der elektrolytischen Aktion; Elektrolyse, Ionen, (Kation und Anion): OSTWALDS Klass. No. 87. Philos. Trans. **123**, 23 (1833), **124**, 77 (1834).

1833   PAYEN und PERSOZ erkennen die „Diastase" als das verzuckernde Agens im Malz (vgl. 1814, KIRCHHOFF).

1834   E. MITSCHERLICH: „*Kontaktwirkung*" der Schwefelsäure bei der Aetherbildung [Pogg. Ann. **31**, 273 (1834)].

1835   „*Comptes rendus* de l'Académie des Sciences" (Paris) gegründet.

1835   BERZELIUS [Jahresb. **15**, 237 (1834/36)] prägt den Oberbegriff „*Katalytische Kraft*" indem er zusammenfaßt die Reaktionen: Von DAVY (1817), von DÖBEREINER (1823), von der alkoholischen Zuckerspaltung durch Gärung (LAVOISIER, 1787), von THÉNARDS Wasserstoffsuperoxyd (1818/19), von MITSCHERLICHS „Kontakt-wirkung" (1834) und von KIRCHHOFF (1811 u. 1814). Er vermutet, „... daß in den lebenden Pflanzen und Tieren tausende von katalytischen Prozessen zwischen den Geweben und Flüssigkeiten vor sich gehen..." Etwa 100 Jahre später erklärt 1929 ein bedeutender Enzymforscher: „*Leben* ist das geregelte Zusammen-wirken enzymatischer (d. h. katalytischer, P. W.) Vorgänge" (R. WILLSTÄTTER). Und ein führender Biochemiker der Gegenwart erklärt: „Die Bedeutung der *Biokatalysatoren* kann nicht überschätzt werden, sie *steuern alle Lebensläufe* eines Organismus vom Augenblick seiner Entstehung bis zu seinem Tode" (A. BUTE-NANDT).

1838   FRIEDR. WÖHLER verwendet für seine Reaktionen erstmalig *hohen Druck* und *hohe Temperaturen* und meint: „*Dieses Prinzip .... kann vielleicht weiterführen*" [Ann. **26**, 241 (1838)].

1839   Der Landschaftsmaler DAGUERRE erfindet die Photographie.

1839   MOSANDER: Lanthan und<br>
1841               Didym   } aus der „Cererde" (s. o. 1803) abgetrennt.

1840   Ozon wird von C. F. SCHÖNBEIN entdeckt (bei der Elektrolyse des Wassers) [Pogg. Ann. **50**, 616 (1840) u. ff.].

1840/42   HERM. HEINR. HESS: Grundlegung der wissenschaftlichen Thermochemie (Pogg. Ann. 50, 385; 52, 79).

1841   Gründung der „*Chemical Society*" in London unter THOMAS GRAHAM.

1841   BERZELIUS prägt den Begriff „Allotropie" [Pogg. Ann. 59, 77 (1843); Jahresber., 23, 51].

1842 u. ff.   H. KOPP beginnt seine physikal.-chem. Untersuchungen der Siedepunkte, spezifischen Volumen usw. in homologen Reihen organischer Verbindungen (Ann. 41, 79; 92, 1; 100, 19; Suppl. 5, 323).

1842   JUL. ROB. MAYER: Gesetz von der Erhaltung der Energie (Ann. 42, 233).

1842   JOHN FRED. DANIELL: Theorie der Elektrolyse von Metallsalzen, Spaltung in metallisches Kation und anionischen Säurerest (Pogg. Ann. 64, 18).

1843   Das „*Journal of the Chemical Society*" (London )wird gegründet.

1843   C. G. MOSANDER entdeckt die Elemente Erbium und Terbium [Ann. 44, 125 (1842), 48, 210 (1843)].

1844   HEINR. ROSE entdeckt im Tantalit das Element Niob [Niobsäure, Pogg. Ann. 63, 317 (1844)].

1845   A. SCHRÖTTER: Roter Phosphor als allotrope Modifikation entdeckt (Pogg. Ann. 81, 276).

1845   FR. WÖHLER: Zur Kenntnis des Aluminiums [Ann. 53, 422 (1845); vgl. a. 93, 365 (1855) u. 99, 255 (1856)].

1845   CARL CLAUS: Entdeckung des Ruthenimus in Uralischen Platinerzen [Ann. 56, 257 (1845); 59, 284].

1846   TH. GRAHAM: Über die Transpiration der Gase (Philos. Trans. 1846, 573 u. ff).

1847   BERZELIUS bezeichnet Ozon als allotropen Sauerstoff.

1848   C. REMIG. FRESENIUS errichtet in Wiesbaden ein „*Chemisches Laboratorium*".

1849   HENRI SAINTE-CLAIRE DEVILLE: Darstellung des Salpetersäure-Anhydrids $N_2O_5$ aus Silbernitrat und Chlor, Anregung für die Anhydride organischer Säuren [C. r. 28, 257 (1849)].

1850 u. ff.   TH. GRAHAM: Über die Diffusion der Flüssigkeiten (Phil. Mag. 1850, 1, 850; 1851, 483).

1850   LUDW. WILHELMY: Grundlegende messende Untersuchungen der Reaktionsgeschwindigkeit: Inversion des Rohrzuckers durch Säuren als Katalysatoren [Pogg. Ann. 81, 413, 499 (1850); vgl. a. W. OSTWALD (1884); A. SKRABAL: „Hundert Jahre chemische Kinetik" (Österreich. Chemiker-Zeitung, 51, 61 (1950)].

1852   SÉNARMONT: Mineralsynthesen in Lösungen bei hohen Drucken u. Temperaturen [Ann. 80, 212 (1852)]; vgl. a. DEVILLE u. CARON: Synthesen im Schmelzfluß; bzw. mit Gasen auf feste Stoffe [C. r. 46, 764 und 47, 985 (1858); 52, 780 (1861)].

1852   FR. WÖHLER und MAHLA: Der Mischkatalysator $CuO + Cr_2O_3$ wird zur Oxydation von Schwefeldioxyd benutzt [Ann. 81, 255 (1852)]. Vgl. a. 1910.

1852   R. BUNSEN: Magnesium wird durch Elektrolyse aus geschmolzenem $MgCl_2$ dargestellt (Ann. 82, 137).

1853   R. BUNSEN: Titriermethode mit Jod und $SO_2$ [bzw. $Na_2S_2O_3$, Ann. 86, 265 (1853)].

1853   FRIEDR. MOHR: Graduierte Pipetten, Oxalsäure, Ferroammoniumsulfat usw. werden für die verbesserte volumetrische Analyse vorgeschlagen [Ann. 86, 129 (1853)].

1854   H. SAINTE — CLAIRE DEVILLE: Technische Aluminiumdarstellung aus $AlCl_3$ und K (bzw. Na), dann aus Natriumaluminiumchlorid (+ Kryolith) und Na [C. r. 38, 279; 39, 321, 535 (1854); 40, 1296 (1855); dazu BUNSEN ib. 39, 771 (1854)].

3*

1854 R. Bunsen: Durch Schmelzelektrolyse werden Erd- und Alkalimetalle leicht gewonnen, auch Al, Cr, Li [Pogg. Ann. **91**, 619; **92**, 648 (1854), Li: Ann. **94**, 107 (1855)].

1855/56 Friedr. Mohr: „Lehrbuch der chemisch-analytischen Titriermethode", 2 Teile, Braunschw. Einbürgerung der Titrieranalyse.

1855 John E. Ashby: „Eisenoxyd ... im Zustande eines lockeren Pulvers ist die wohlfeilste und beständigste Kontaktsubstanz" [J. pr. Chem. **67**, 6 (1856)].

1855 R. Bunsen, Konstruktion des Bunsenbrenners [Pogg. Ann. **100**, 43 (1857)].

1857 R. Bunsen: „Gasometrische Methoden". Braunschweig 1857; II. Aufl. 1877.

1857 Fr. Wöhler u. H. Ste.-Claire Deville: Darstellung von reinem Bor, Bornitrid usw. (Ann. **101**, 113 347).

1857 Fr. Wöhler u. Ste.-Claire Deville: Darstellung von Titan, bzw. Titannitrid [Ann. **103**, 230 (1857)].

1857 Fr. Wöhler u. Ste.-Claire Deville: Über das Stickstoffsilicium [Ann. **104**, 256 (1857), **110**, 248 (1859)].

1857 u. ff. H. Ste.-Claire Deville (gemeins. mit L. Troost): Beginn der Untersuchungen über Dampfdichten: „Anormale Dampfdichten" und „thermische Dissoziation" werden entdeckt, die „Warm-Kalt-Röhre" (1863) eingeführt, Zerfall von $H_2O$, $CO_2$ usw. demonstriert und von Gernez und Isambert (1867/68) erweitert [C. r. **45**, 821, 857 (1857); **49**, 239; **57**, 965 (1863); **58**, 328 (1864); **59**, 102 (1864); **62**, 1157 (1866) usw.].

1866 H. Ste.Claire Deville: „Leçons sur la dissociation". Paris. [Zur Deutung des Dissoziationsphänomene vgl. a. H. Kopp, Ann. **105**, 390 (1858); Cannizzaro, Nuov. Cim. **6**, 428)].

1857 Rud. Clausius: Theorie der elektrischen Dissoziation [Pogg. Ann. **101**, 338 (1857)] Kinetische Gastheorie (auch Kroenig 1856).

1857 Mich. Faraday: Gefärbte Goldsole durch Reduktion mittels P erhalten (Pogg. Ann. **101**, 316).

1855-1857 (1859 u. 1862) Rob. Bunsen und Henry Roscoe: (Sechs) Photochemische Untersuchungen [Pogg. Ann. **96**, 273 (1855); **100**, 43, 481 **101**, 235 (1857); **108**, 193 (1859); **117**, 529 (1862)].

1858 St. Cannizzaro: Entwicklung der Avogadroschen Hypothese, Definition der Begriffe Molekül und Atom. Bestimmung der Molekulargewichte aus den Gasdichten, bezogen auf $H_2 = 2$ (Ostwalds Klass. No. 30).

1859 „*Bulletin* de la Société Chimique de France" begründet.

1860 Rob. Bunsen u. Gust. Kirchhoff: „Chemische Analyse durch Spektralbeobachtungen" [Pogg. Ann. **110**, 161 (1860), **113**, 337 (1861)].

1861 R. Bunsen: „Über Caesium und Rubidium" [Ann. **119**, 107 (1861)].

1861 Wilh. Crookes u. C. A. Lamy } Spektralanalytische Entdeckung des Thalliums
[Chem. News (3), 193; C. r. **54**, 1255 (1862)].

1861 D. Mendelejeff: Begriff des „absoluten Siedepunkts" (Ann. **119**, 1). Vgl. a. Andrews 1869.

1861 Jos. Loschmidt: „Chemische Studien". Wien 1861 [Graphische Formeln vgl. a. R. Anschütz, B. **45**, 539 (1912)].

1861 H. Grüneberg u. Ad. Frank: Begründung der Staßfurter Kali-Industrie.

1860/61 Thom. Graham: „Kolloide" und „Dialyse" begrifflich und experimentell festgestellt [Philos. Trans. **1861**; Ann. **121**, 1 (1861/62)].

1862  *Zeitschrift* für analytische Chemie (von REM. FRESENIUS) begründet.

1862/63  M. BERTHELOT und PÉAN DE ST. GILLES: Grundlegende Untersuchungen über das Gleichgewicht (Esterbildung in homogenen flüssigen Systemen [Ann. chim. phys. **65, 66** (1862), **68,** (1863)].

1863  R. REICH und TH. RICHTER: Element Indium entdeckt (J. pr. Chem. **89**; **90** u. ff.).

1863  ERNEST SOLVAY: Ammoniak-Soda-Verfahren wird erstmalig technisch angewandt.

1863/64  GLADSTONE und DALE (Philos. Trans. **1863,** 523) sowie H. LANDOLT [Pogg. Ann. **123,** 595 (1864)]: Spezif. Brechungsvermögen.

1865  J. LIEBIG regt die Verwendung der Kali-Abraumsalze zur Ackerdüngung an; Brom wird aus Abraumsalzen gewonnen.

1865  W. LOSSEN: Hydroxylamin $H_2NOH$ wird entdeckt (vgl. Ann. Suppl. **6,** 220).

1866  C. W. BLOMSTRAND isoliert das elementare Niobium (J. pr. Chem. **97,** 37).

1866  THOM. GRAHAM: Palladiumwasserstoff und seine Reduktionswirkung [Ann., Suppl. **5,** 57 (1866)].

1867  MOR. TRAUBE: Stellt künstliche halbdurchlässige Membranen her (Arch. f. Anat. u. Physiol. **1867,** 87).

1867  JEAN SERV. STAS: ,,Untersuchungen über die Gesetze der chemischen Proportionen". Leipzig 1867.

1867  H. E. ROSCOE: Reines Vanadium metallisch isoliert [Ann. Suppl. **6,** 86 (1867); Trans. Roy. Soc. **159,** 679 (1869)].

1867  GULDBERG und WAAGE: ,,Etudes sur les affinités chimiques". Christiania 1867. [Im Auszuge wird das Gesetz der chemischen Massenwirkung mitgeteilt im J. pr. Chem. (2), **19,** 69 (1879)].

1867  Unter A. W. HOFMANN erfolgt die Gründung der ,,*Deutschen Chemischen Gesellschaft*" in Berlin.

1868  ,,*Berichte* der Deutschen Chemischen Gesellschaft" erscheinen im I. Jahrgang.

1868  R. BUNSEN: Erfindung der Wasserstrahl-Luftpumpe [Ann. **148,** 269 (1868)]; SPRENGEL hatte 1863 eine ähnliche Pumpe vorgeschlagen.

1868  A. W. HOFMANN gibt eine Dampfdichtebestimmungsmethode [B. **1,** 198 (1868)].

1868/70  LOTH. MEYER: System der chemischen Elemente [Ann. Suppl. **7,** 354 (1870)].

1869  ANDREWS: Begriffsbildung der kritischen Konstanten [Philos. Trans. **1869,** (2) 575].

1869/71  D. MENDELEJEFF: Das periodische System der Elemente; Prognose neuer Elemente [Journ. der Russ. Physik.-chem. Ges. **1,** 1 (1869); Ann., Suppl. **8,** 200 (1871/72)].

1871  ZINCKE: Katalyt. Synthese aromat. Kohlenwasserstoffe mittels Kupfer- oder Zinkstaub (Ann. **159,** 367).

1871  *Gazetta Chimica Italiana* beginnt ihr Erscheinen.

1871  A. LADENBURG: Nachweis der Molekulargröße $O_3$ für Ozon [B. **4,** 631, 1184 (1871)].

1872  BERTHELOT und JUNGFLEISCH: Verteilungsgesetz aufgestellt [Ann. chim. phys. (4) **26,** 396 (1872)]. Vgl. 1891 NERNST.

1873  A. W. VOGEL: Erfindung der farbenempfindlichen Negativschicht.

1873  H. LANDOLT: Das ,,OUDEMANS-LANDOLTsche Gesetz" der optischen Drehung (B. **6,** 1873); vgl. a. P. WALDEN, Monatsh. **53/54,** 14—38 (1929).

1873  J. DIET. VAN DER WAALS: ,,Über die Kontinuität des Gas- und Flüssigkeitszustandes" (Dr.-Diss. Leiden).

1875  P. E. LECOQ DE BOISBAUDRAN: Entdeckung des Galliums (MENDELEJEFFS ,,Ekaaluminium") (C. r. **81,** 493, 1100).

1875   JAK. VOLHARD: Rhodanammonium in der Titrieranalyse angewandt [Ann. **190,** 1 (1875)].

1875   A. KUNDT und E. WARBURG: Die Einatomigkeit des dampfförm. Quecksilbermoleküls wird aus der Schallgeschwindigkeit ermittelt [B. **8,** 945; Pogg. Ann. **157,** 353 (1876)].

1877   *Zeitschrift* für physiologische Chemie von HOPPE-SEYLER begründet.

1877   R. PICTET (Genf) sowie P. CAILLETET (Paris) verflüssigen erstmalig die „permanenten Gase".

1877   WILH. PFEFFER: „Osmotische Untersuchungen", Leipzig 1877.

1878 u. ff.   VIKTOR MEYER: Dampfdichtemessungen bis zu hohen Temperaturen [B. **11,** 2253 (1878); vgl. a. **12,** 1112, 1426; **13,** 811 u. ff.; H. BILTZ und V. MEYER, B. **21,** 688 (1888); V. MEYER und LANGER: „Pyrochemische Untersuchungen". Braunschweig 1885].

1879 u. ff.   FR. KOHLRAUSCH: Die Molekularleitfähigkeit binärer Elektrolyte ist eine additive Eigenschaft: „Gesetz der unabhängigen Wanderung der Ionen" [Wiedem. Ann. **6,** 1, 145 (1879); **26,** 161].

1879   L. F. NILSON: Das Element Scandium (MENDELEJEFFS „Ekabor") wird entdeckt (C. r. **88,** 642; B. **12,** 551).

1879   P. E. LECOQ DE BOISBAUDRAN entdeckt das Element Samarium [C. r. **88,** 322 (1878); **89,** 212 (1879)].

1879   P. CLEVE: Entdeckung der Elemente Holmium und Thulium (C. r. **89,** 478, 708; **91,** 328).

1879   Das „*Journal of the American Chemical Society*" beginnt zu erscheinen.

1879   WILH. CROOKES: „On Radiant Matter", Lecture. 1879.

1879   THOMAS und GILCHRIST: Entphosphorung des Eisens erfunden.

1879   J. CH. MARIGNAC: Das Element Gadolinium wird entdeckt [C. r. **90,** 899 (1880)].

1880   H. LORENTZ, bzw. L. LORENZ: Molekularrefraktion organischer Verbindungen abgeleitet [Wiedem. Ann. **9,** 641, bzw. **11,** 70 (1880)].

1880   *Monatshefte* für Chemie (Wien).

1880   CRAFTS: Bei hohen Temperaturen zerfallen Jodmoleküle in Atome: $J_2 \rightarrow 2\,J$. (C. r. **90,** 183; **92,** 39; B. **13,** 851).

1881   H. HELMHOLTZ: Atomstruktur der negativen Elektrizität erwogen. STONEY gibt dem Träger dieser Elektrizität den Namen „Elektron"; WALT. NERNST (1898) nimmt negative und positive Elektrizität als „einwertige Elemente" an.

1882/86   F. M. RAOULT: Entdeckung empirischer Gesetze für die kryoskopische und ebullioskopische Molekulargewichtsbestimmung gelöster Stoffe [Ann. chim. phys. (6) **2,** 93 (1884); **8,** 289, 317].

1882   „*Recueil des Travaux* Chimiques des Pays-Bas" erster Jahrgang.

1883   LOTH. MEYER und K. SEUBERT: „Die Atomgewichte der Elemente aus den Originalzahlen neu berechnet". 1883.

1884   W. RAMSAY und YOUNG: Katalyt. Ammoniakzersetzung führt zum Gleichgewicht [J. chem. Soc. **45,** 88 (1884)].

1884   J. H. VAN'T HOFF: „Etudes de Dynamique Chimique". Amsterdam 1884.

1884   SVANTE ARRHENIUS: „Recherches sur la conductibilité des électrolytes". Dissertation Stockholm 1884.

1884   TROUTON: Entdeckung der „TROUTONschen Regel" $\dfrac{M \cdot \lambda}{T} = \text{const.}\ (= 21{,}5)$. [Phil. Mag. (5) **18,** 54].

1884 u. ff.  HAR. B. DIXON: Katalytische Wirkung von Wasserdampfspuren bei Gasreaktionen [Trans. Roy. Soc. 175, 617 (1884); J. chem. Soc. 49, 93, 348 (1886)].

1885  C. AUER V. WELSBACH: Entdeckung von Gasglühlicht („Auerstrumpf").

1885  RICH. ANSCHÜTZ: Einführung geaichter abgekürzter Thermometersätze (von GERHARDT in Bonn hergestellt).

1885  AUER V. WELSBACH: Trennung des Didyms in Neodym und Praseodym (Monatsh. III, 485 u. ff.).

1886  CAILLETET und MATHIAS: Bestimmung des kritischen Volumens [C. r. 102, 1202 (1886)].

1886  HENRI MOISSAN: Fluor wird durch Elektrolyse von $HKF_2$ in flüssigem Fluorwasserstoff isoliert [Ann. chim. phys. (6), 12, 472; C. r. 109, 861].

1885 u. ff.  WROBLEWSKY und OLSZEWSKI: Verflüssigung u. physik. Untersuchung der permanenten Gase (Monatsh. VI, 304; IX, 1067).

1885  WILH. OSTWALD: Messung der „Stärke" der Säuren durch das elektrische Leitvermögen [J. pr. Chem. (2), 32, 300 (1885)].

1886  LECOQ DE BOISBAUDRAN: Entdeckung des Elements Dysprosium [C. r. 101, 1437; 102, 398, 899, 1003 (1886)].

1886  CLEM. WINKLER: Entdeckung des Elementes Germanium (= „Ekasilicium" MENDELEJEFFS) [J. pr. Chem. (2) 34, 177; 36 u. ff.].

1886  O. N. WITT: Einführung von Saugfilterplatten.

1887  Der „*Verein* Deutscher Chemiker" (mit 200 Mitgliedern) gegründet.

1887  *Zeitschrift* für angewandte Chemie beginnt zu erscheinen.

1887  WILH. OSTWALD: Erste Lehr- und Forschungsstelle für physikalische und Elektrochemie an der Leipziger Universität begründet.

1887  WILH. OSTWALD unternimmt die Herausgabe der „*Zeitschrift* für physikalische Chemie".

1887  J. H. VAN'T HOFF: Osmotische Lösungstheorie u. Molekulargewichte gelöster Stoffe [In der von WILH. OSTWALD begründeten Z. phys. Chem. 1, 481 (1887); vgl. a. 5, 174].

1887  Sv. ARRHENIUS: Elektrolytische Dissoziationstheorie u. Spaltung der gelösten Elektrolyte in freie Ionen (Z. phys. Chem. 1, 631).

1887  W. CROOKES: „Genesis der Elemente" (aus Protyl) — Vortrag. London Roy. Inst.

1887  THEOD. CURTIUS: Darstellung des freien Hydrazins $H_2N. NH_2$ [B. 20, 1632 (1887)]

1888  LE CHATELIER: „Recherches sur les équilibres chimiques", Paris 1888.

1888 u. ff.  E. BECKMANN: Ausarbeitung der Apparate zur kryoskopischen und ebullioskop. Molekulargewichtsbestimmung [Z. phys. Chem. 21, 239 (1896); 51, 329].

1888/89  WILH. OSTWALD entdeckt durch Anwendung des Massenwirkungsgesetzes auf schwache Elektrolyte das „Verdünnungsgesetz" [Z. phys. Chem. 3, 170, 418 (1889)].

1889  WALT. NERNST entwickelt seine Theorie des Lösungsdruckes und der galvanischen Elemente [Z. phys. Chem. 4, 129 (1889); vgl. a. 2, 613 (1888)].

1889  *Metall*-Lösungen (Hg, Na, Sn, Bi als Lösungsmittel) sind für kryoskopische Molekulargewichtsmessungen von Metallen benutzt worden: W. RAMSAY [Z. phys. Chem. 3, 359 (1889)]; G. TAMMANN [ibid. 3, 441 (1889)]; HEYCOCK u. NEVILLE (Chem. Zentralbl. 1889 u. ff.)

1890  THEOD. CURTIUS: Entdeckung der Stickstoffwasserstoffsäure [B. 23, 3023 (1890), 24, 3341 (1891)].

1890    WILH. OSTWALD: „Über Autokatalyse" (Ber. Verh. Kgl. Sächs. Ges. d. Wissensch. 1890).

1890 u. ff.    R. KNIETSCH: Das Kontakt-Schwefelsäure-Verfahren wird in der Bad. Anilin- und Sodafabrik ausgearbeitet [B. **34**, 4069 (1901)].

1890    LUDW. MOND u. Mitarb.: Metallcarbonyle [Chem. News **62**, 97 (1890), **64**, 295 (1891)].

1890    N. MENSCHUTKIN: Katalyt. Einfluß der Lösungsmittel auf die Salzbildung (Z. phys. Chem. **6**, 41, 1890). Vgl. a. P. WALDEN, B. **75**, 1891 (1942).

1890    J. H. VAN'T HOFF gibt die Theorie der „festen Lösungen" [Z. phys. Chem. **5**, 322, 334 (1890)].

1890/91    IGN. STROOF: Technische Kaliumchlorid-Elektrolyse in Griesheim.

1891 u. ff.    JUL. W. BRÜHL: Refraktions- und Dispersionsäquivalente (Z. phys. Chem. **7**, 1, 140. Vgl. a. Liebigs Ann. **200** u. ff.).

1891    G. TAMMANN: Bestimmung isosmotischer Lösungen von Pflanzen- und Bakterien- zellen mittels der Schlierermethode [Z. phys. Chem. **8**, 685 (1891)].

1891    W. NERNST: Verteilungsgesetz aufgestellt [Z. phys. Chem. **8**, 110 (1891)]. Vgl. BERTHELOT, 1872.

1891    ALFR. WERNER: Neue Theorie der Affinität und Valenz (Viert. Jahresber. der Züricher Naturforsch. Ges. **36**, 1 (1891).

1891    GUNTZ: Darstellung von Lithiumwasserstoff (C. r. **122**, 244).

1891    K. SEUBERT: Revision der Atomgewichte der Platinmetalle (Ann. **260**, 314; **261**, 257; **207**, 29).

1891    MAX LE BLANC: Begründung der Zersetzungsspannung der Elektrolyte [Z. phys. Chem. **8**, 299; **12**, 333 (1892)].

1892    C. KELLNER (Österr.) und H. J. CASTNER (USA): Technische NaCl-Elektrolyse mit Hg-Elektroden.

1892    LECOQ DE BOISBAUDRAN: Entdeckung des Elementes Europium [C. r. **114**, 575 (1892), **116**, 611 (1893)]. Vgl. a. DEMARCAY [C. r. **130**, 1469 (1900)].

1892    WILH. OSTWALD: Absorptionsspektren farbiger Elektrolyte (Z. phys. Chem. **9**, 579).

1892    *Zeitschrift für anorganische Chemie* begründet.

1892    H. MOISSAN: Elektrischer Ofen. (Vorarbeiten von COWLES, BORCHERS, WILLSON).

1892    ACHESON: Carborundum (SiC) elektrothermisch dargestellt.

1892    Elektrothermische Gewinnung von Calciumcarbid (WILLSON, BORCHERS u. a.).

1893    ALFR. WERNER: Koordinationslehre aufgestellt [Z. anorg. Chem. **3**, 267 (1893); **8**, 153 (1895)].

1893    L. MEYER: Bedeutung des periodischen Systems für den Unterricht [B. **26**, 1230 (1893)].

1893    W. RAMSAY und SHIELDS: Temperaturkoeffizienten der mol. Oberflächenenergie nichtassoziierter Flüssigkeiten [Z. phys. Chem. **12**, 433 (1893); **15**, 98]. Vgl. dazu P. WALDEN und R. SWINNE, Z. physik. Chem. **79**, 700 (1913), **82**, 271 (1913); S. SUGDEN, Soc. **119**, 1483 (1918), **125**, 32, 1167 (1924).

1894    FR. KOHLRAUSCH und HEYDWEILLER: Dissoziationskonstante des reinsten Was- sers [Wiedem. Ann. **53**, 209 (1893)].

1894    W. RAMSAY und LORD RAYLEIGH: Entdeckung des ersten Edelgases Argon (Z. phys. Chem. **16**, 344).

1894 W. NERNST: Dielektrizitätskonstanten und dissoziierende Kraft [Z. phys. Chem. 13, 531 (1894)].

1895 u. ff. NASINI und CARRARA: Refraktometrische Untersuchungen (Z. phys. Chem. 17, 539).

1894 Gründung der „*Deutschen Bunsen-Gesellschaft*" (die Bezeichnung wurde 1901 angenommen) und der „*Zeitschrift für Elektrochemie* und angewandte physikalische Chemie".

1895 W. RAMSAY: Entdeckung des Edelgases Helium in irdischen Quellen (in der Chromosphäre war es spektroskopisch bereits 1868 von JANSSEN beobachtet und von LOCKYER einem vermeintlichen Element „Helium" zugeschrieben worden). [Soc. 67, 1107 (1895)].

1895 CARL V. LINDE: Technische Luftverflüssigung [B. 29, Ref. 1017 (1896)].

1895 WILH. OSTWALD: „Überwindung des wissenschaftlichen Materialismus" (Vortrag in Lübeck).

1895 C. W. RÖNTGEN: Entdeckung der X- oder „Röntgen"-Strahlen (Mitteil. der Physik. Medizin. Gesellsch. von Würzburg).

1896 KRAFFT und WEILANDT: Destillation im Vakuum des Kathodenlichts [B. 29, 1313 (1896)].

1896 H. BECQUEREL: Entdeckung der „Uranstrahlen" (C. r. 122, 420, 501, 559, 609 u. ff.).

1897 J. H. VAN'T HOFF: „Bildung und Spaltung von Doppelsalzen". Leipzig 1897.

1897 G. TAMMANN: Über Krystallisationsgeschwindigkeit von Schmelzen [Z. phys. Chem. 24, 152 (1897) u. ff.].

1898 W. RAMSAY und M. W. TRAVERS: Die Edelgase Krypton, Xenon und Neon werden entdeckt [Proc. Roy. Soc. 63, 405; 64, 183; B. 31, 3111 (1898)].

1898 MARIE und PIERRE CURIE: Entdeckung des Elementes Radium [C. r. 126, 1101 (1898), 127, 1215.].

1898 G. C. SCHMIDT entdeckt die Radioaktivität der Thorverbindungen [Wiedem. Ann. 64, 720 (1898)].

1898 u. ff. TWITCHEL's Reagens zur Fett- und Ölspaltung kommt in Gebrauch.

1898 Elektrolytische Chlorfabrikation eingeführt in Ludwigshafen.

1898 R. ZSIGMONDY weist im Goldpurpurglase metallisches Gold nach [Ann. Phys. 361 (1898)].

1898 P. und M. CURIE: Das neue Element Polonium (O.-Z. 84) wird erkannt [C. r. 127, 175 (1898)]. 1902 u. f. W. MARCKWALD entdeckt und stellt es rein dar als Radiotellur [B. 35, 2285, 4233 (1902); B. 36, 728, 2662 (1903); 38, 591 (1905); 41, 1524 (1908)].

1899 J. THIELE: Theorie der „Partialvalenzen" [Ann. 306, 87 (1899)].

1899 Actinium Ac aus der Pechblende abgeschieden: A. DEBIERNE [C. r. 129, 593 (1899), 130, 906 (1900) u. ff.] F. GIESEL [B. 35, 3608 (1902); 36, 37 u. ff.].

1898/99 u. ff. Flüssiges Ammoniak wird als Lösungsmittel eingeführt von EDW. C. FRANKLIN, mit CADY und KRAUSS [Amer. chem. J. 20, 820 (1898); 23, 306].

1899 u. ff. P. WALDEN verwendet flüssiges Schwefeldioxyd als Lösungs- und Ionisierungsmittel für Elektrolyte und „Nichtelektrolyte" [B. 32, 2862 (1899); Z. anorg. Chem. 30, 145 (1902); B. 35, 2019 (1902)].

1899 u. ff. E. COHEN: Untersuchungen über die metastabilen Zustände der Metalle, Metalloide [Z. physik. Chem. 30, (1899) u. ff.; 47, 22 (1904); 71, 1 (1910) u. ff.].

## B. Organische Chemie.

1800    Allantoin wird isoliert (vgl. a. 1838) ..... LOUIS NIC. VAUQUELIN.

1802    *Blausäure* wird in Pflanzen entdeckt von BOHM und GEHLEN (Scherers Journ. **10, 126**).

1804    CLOUET weist nach, daß *Blausäure* beim Überleiten von Ammoniak über glühende Kohlen entsteht und keinen Sauerstoff enthält [Ann. chim. phys. **40, 30 (1802)**].

1804    VAL. ROSE isoliert aus der Alantwurzel das Inulin [Gehlens N. Journ. **3, 217 (1804)**]

1805    VAUQUELIN und ROBIQUET erhalten das Asparagin aus Spargelkeimen [Ann. chim. phys. **55, 152; 56, 88 (1805)**].

1805    SERTÜRNER isoliert erstmalig aus Opium das wirksame Prinzip (unreines Morphin, Trommsdorf-Journ. **13, 227 (1805)**).

1806    Erstmalige Anwendung der Bezeichnung „*Organische Chemie*" durch J. J. BERZELIUS [in seinem schwedischen „*Lehrbuch* für Tier- und Pflanzenchemie" (1806)].

1806    Choleinsäure isoliert ..... LOUIS JACQUES THENARD. (Gehl. Journ. **4, 511**).

1807/30    Amygdalin aus bitteren Mandeln erhalten.... PIERRE JEAN ROBIQUET (Ann. chim. **64, 352, 1807**). [Vgl. a. mit BOUTRON-CHATARD: (2) **44, 352 (1830)**.]

1808    Fleischmilchsäure entdeckt (im Muskelfleisch) J. J. BERZELIUS.

1809    Nikotin isoliert.... L. N. VAUQUELIN.

1811    BERZELIUS überträgt das *Gesetz der multiplen Proportionen*" auch auf die *organischen* Verbindungen. [Gilberts Ann. **40, 247 (1811)**.]

1811    Lecithin aus Eidotter erhalten.... L. N. VAUQUELIN.

1811    Stärke wird durch wenig Mineralsäure in Dextrin und Traubenzucker umgewandelt G. SIG. CONST. KIRCHHOFF (vgl. anorg. Teil).

1811    Blausäure wird rein dargestellt und physikalisch-chemisch charakterisiert. LOUIS JOS. GAY-LUSSAC [Ann. chim. phys. **77, 128 (1811), 95, 136**].

1812    Cantharidin aus den blasenziehenden Fliegen gewonnen. P. J. ROBIQUET.

1812    Aus den Tonkabohnen wird Cumarin erhalten. HEINR. AUG. VON VOGEL.

1811    Cholesterin wird unterschieden. MICH. EUG. CHEVREUL.

1814    Keimende Gerste (*Diastase*wirkung) verzuckert Stärke. G. S. C. KIRCHHOFF vgl. anorg. Teil).

1814    Stärke wird durch Jodlösung blau gefärbt. JEAN JACQU. COLIN; FRIEDR. STROMEYER.

1815    *Optische Aktivität* organischer Stoffe entdeckt. JEAN BAPT. BIOT; JOH. THOM. SEEBECK.

1815    Entdeckung der *Darmfermente* (Lipase u. a.). ALEXANDRE MARCET.

1815    Cyan — erstes freies „Radikal". GAY-LUSSAC (Ann. chim. phys. **95, 136, 1815**; s. a. ib. **77, 128 1811**: HCN).

1817    Das *Ferment* in den Mandeln wird bemerkt (vgl. 1837, Emulsin). VOGEL.

1817    Das *erste Alkaloid Morphin rein* abgeschieden und durch krystallisierte Salze charakterisiert. SERTÜRNER [Gilberts Ann. **55, 56 (1817)**]. Im Anschluß daran: Eine Nachprüfung durch GAY-LUSSAC und Charakterisierung als neuartige „*organische Base*" [Ann. chim. phys. (2) **5, 41 1817**], sowie eine große Welle von Neuentdeckungen der Alkaloide, insbesondere von Strychnin (1818), Brucin (1819), Chinin und Cinchonin. JOS. PELLETIER und JOS. B. CAVENTOU [Ann. chim. phys. (2) **15, 291, 337 (1820)**]. Die Bezeichnung „*Alkaloid*" rührt von K. F. W. MEISSNER her (1818).

1818    *Jodäthyl* dargestellt. GAY-LUSSAC [Ann. chim. phys. (2) **9**, 1, 89 (1818)].

1818    *Cyansäure* dargestellt. VAUQUELIN [Ann. chim. phys. **9**, 144 (1818)].

1818    Leucin aus faulendem Käse isoliert: JOS. LOUIS PROUST [Ann. chim. phys. (2) **10**, 29, 42 (1818)].

1818    Isolierung der Buttersäure, Baldriansäure und Capronsäure im Verlaufe der (seit 1811 geführten) Untersuchungen über die Fette, deren Zusammensetzung und den Verseifungsvorgang (vgl. a. 1813) MICH. EUGÈNE CHEVREUL.

1818    Fumar- und Maleinsäure erhalten. HENRY BRACONNOT (Ann. chim. phys. (2) **6**, 239).

1818    Terpentinöl als Sauerstofffreier Kohlenwasserstoff erkannt. HOUTON DE LA BILLARDIÈRE.

1819    GAY-LUSSAC und BRACONNOT wandeln Zellstoff in Traubenzucker um [Ann. chim. phys. (2) **12**, 172 (1819)].

1819    JOH. FRIEDR. JOHN: Untersuchung der zuerst von K. KESTNER beobachteten Vogesen- bzw. Paraweinsäure.

1819    HENRY BRACONNOT: Glykokoll und Leucin werden durch Proteinhydrolyse entdeckt.

1820    M. FARADAY: Entdeckung der Chloraddition und -substitution im Sonnenlicht, Hexachloräthan und Äthylenjodid (Philos. Trans. 1821, 47).

1820    FRIEDR. FERD. RUNGE: Isolierung des Coffeins aus Kaffeebohnen [Schweigg. Journ. **31**, 208 (1822)].

1822    JUSTUS LIEBIG: Untersuchungen des Knallsilbers [Buchners Repert. **12**, 66, 412 (1822)].

1822/23    FRIEDR. WÖHLER: Cyansäure „auf neuem Wege" entdeckt und analysiert [Gilberts Ann. **71**, 95; **73**, 167 (1823)].

1823/24    GAY-LUSSAC und JUSTUS LIEBIG: Untersuchung und Analyse von knallsaurem Silber [Ann. chim. phys. (2) **24**, 264; **25**, 288; Pogg. Ann. **1**, 87—116 (1824)].

1823    M. E. CHEVREUL: „Recherches chimiques sur les corps gras d'origine animale." Paris, 1823.

1825    MICHAEL FARADAY isoliert aus komprimiertem Öl-(Leucht-)Gas den Kohlenwasserstoff (CH), d. h. das *Benzol* und stellt aus demselben durch Chloraddition im Sonnenlicht *Hexachlorcyclohexan* $C_6H_6Cl_6$ dar; gleichzeitig entdeckt er ein Isomeres von Äthylen, das niedrig siedende $(C_2H_4)_2$ = Butylen (Philos. Trans. 1825).

1826    BALARD erhält das Äthylenbromid durch Addition von Brom an Äthylen = $C_2H_4Br_2$ [Ann. chim. phys. (2) **32**, 375)].

1826    Aus der Krappwurzel werden die „Farbstoffe" Alizarin und Purpurin isoliert (vgl. nachher 1867 u. 1875). ROBIQUET und COLIN.

1826    Das Ferment Pankreatin aus dem Pankreas isoliert. LEOP. GMELIN und FR. TIEDEMANN.

1826    Aus Indigo wird eine kryst. Salze bildende Base „Krystallin" (= Anilin, vgl. 1843) erhalten [Pogg. Ann. **8**, 259, 480 (1826), **11**, 59 (1827)] — OTTO UNVERDORBN.

1826 f.    Ebenso wird erstmalig das Dippelsche Tieröl durch fraktionierte Destillation in eine Reihe neuer Salzbasen zerlegt (vgl. 1847)... OTTO UNVERDORBEN.

1824/28    *Erste Zufallssynthesen* eines pflanzlichen und tierischen Stoffes. FRIEDR. WÖHLER: 1824 durch Verseifen von Cyan $(CN)_2$ entstand *Oxalsäure* $(COONH_4)_2$ [Pogg. Ann. **3**, 177 (1825)]. 1828 durch freiwillige Umlagerung ging Ammoniumcyanat in *Harnstoff* über [Pogg. Ann. **12**, 253 (1828), vgl. a. **15**, 619; **20**, 369].

1828    DUMAS und BOULIAY: Aetherintheorie ($C_2H_4$ = Radikal-Ätherin) [Ann. chim. phys. (2), **37**, 15 (1828)].

1829    GAY-LUSSAC: Cellulose geht durch Kalischmelze in Oxalsäure über [Ann. chim. phys. (2) **41**, 389].

1830    LIEBIG und WÖHLER: Zusammensetzung der Honigsteinsäure [Pogg. Ann. **18**, 161 (1830)].

1830    LIEBIG und WÖHLER: Untersuchungen über die Cyansäuren und die gleiche Zusammensetzung von Cyansäure und Cyanursäure [Pogg. Ann. **20, 369** (1830)].

1830    J. LIEBIG: Zusammensetzung des Acetons wird festgestellt [Ann. **1**, 223 (1830); vgl. KANE, Ann. **22**, 278 (1837)].

1829/30    J. J. BERZELIUS: Weinsäure (nach BIOT optisch aktiv, 1815) hat die gleiche Zusammensetzung wie die optisch inaktive Paraweinsäure oder Traubensäure [Pogg. Ann. **19**, 305 (1830)].

1830    J. J. BERZELIUS: Begriffsbildung der *„Isomerie"*, „Metamerie" und „Polymerie": Die *Atome* sind *„auf verschiedene Weise* zusammengelegt" [Pogg. Ann. **19, 325** (1830)].

1830    DUMAS: Methode zur N-Bestimmung in organischen Körper (Ann. chim. phys. **44**, 133, 172; **47**, 196; **53**, 171).

1831    JUSTUS LIEBIG: Unter Bezugnahme auf BERZELIUS: Wein- und Traubensäure-Untersuchung und die Harnstoffsynthese WÖHLERs wird das Urteil gefällt: „Ich halte diese beiden Untersuchungen für den ersten *Anfang einer eigentlichen wissenschaftlichen organischen Chemie"* [Pogg. Ann. **21**, 29 (1831)].

1831    THÉOPH. JUL. PELOUZE: Synthese der Ameisensäure aus Blausäure (Ann. chim. phys. **48**, (2), 395).

1831    HEINR. W. F. WACKENRODER: Isolierung des roten Möhrenfarbstoffes Carotin (Geig. Magaz. **33**, 144, **35**, 114).

1830 u. ff.    K. v. REICHENBACH isoliert aus Buchenholzteeröl das „Paraffin" [Schweigg. Journ. **59**, 436 (1830); **65**, 461; **66**, 301, 345 (1832)].

1831    J. LIEBIG sowie SOUBEIRAN entdecken gleichzeitig das Chloroform.

1831    JEAN BAPT. DUMAS erhält aus Steinkohlenteer den festen Kohlenwasserstoff Anthracen.

1832    Chloral wird entdeckt von LIEBIG [Ann. **1**, 189 (1832)] u. DUMAS (Ann. chim. phys. **56**, (2), 123).

1832    DUMAS begründet in Paris ein erstes chem. Unterrichtslaboratorium.

1832    JUST. LIEBIG und FRIEDR. WÖHLER: „Über das Radikal der Benzoesäure" [Ann. **3**, 249—282 (1832)]. Diese Untersuchung war ein klassischer Beitrag und Beweis für die Lehre von den Radikalen als den „zusammengesetzten Grundstoffen.... in einer Reihe organischer Verbindungen", ihre Bedeutung wurde von BERZELIUS in einem Brief (ibid. 282) dadurch charakterisiert, daß er für das Benzoylradikal die Bezeichnung „Proin" oder „Orthrin" (= Morgenröte) vorschlug, „da mit jener Untersuchung ein neuer Tag für die organische Chemie angebrochen" sei.

1831/33    JUSTUS LIEBIG entwickelt eine vereinfachte Apparatur (Kaliapparat mit Kugelröhren) für die organische „Elementaranalyse" [Pogg. Ann. **21**, 1 (1831); Ann. **10**, 173 (1834)]: Damit wurde die Elementaranalyse eine einfache Übungsaufgabe für Anfänger, während vordem ein LAVOISIER, CHEVREUL, GAY-LUSSAC u. THÉNARD (1809, 1810), insbesondere BERZELIUS 1812—1814 Ann. of Philos. London **4**, 330, 401 (1814)] sich ihrer mühevollen Bewältigung widmeten.

1833/34 N. C. ZEISE: Mercaptan (,,*Mercurium captans*" wegen der leichten Umsetzung mit HgO) entdeckt und von LIEBIG als Alkoholsulfhydrat erkannt [Ann. **11**, 1, 11 (1834)].

1833 DUMAS: Feststellung der Campherformel $C_{10}H_{16}O$.

1833/35 PÉLIGOT, gleichzeitig E. MITSCHERLICH stellen aus der Benzoesäure des Benzoeharzes durch thermische Spaltung Benzol (und Benzophenon) dar; MITSCHERLICH chloriert, bromiert, sulfoniert das ,,Benzol" [Ann. **9**, 43 (1843)], aus dem durch Nitrierung erhaltenen Nitrobenzol stellt er Azobenzol dar [Ann. **12**, 305 (1835); Pogg. Ann. **23**, 231, **31**, 628].

1834 FRIEDR. FERD. RUNGE: Durch fraktion. Destillation von Steinkohlenteer werden teils *basische* (Kyanol, Pyrrol), teils *saure* Anteile (Carbolsäure, Rosolsäure) isoliert und erstmalig künstliche Teerfarbstoff dargestellt [Pogg. Ann. **31**, 63, 315; **32**, 308 (1834)].

1834 ,,*Journal* für praktische Chemie" wird begründet.

1834 J. B. DUMAS und PÉLIGOT stellen den Holzgeist (vgl. 1661, R. BOYLE) rein dar und erweisen seine Analogie mit dem Alkohol (Methyl- und Äthylalkohol)... [Ann. chim. phys. (2) **58**, 5 (1834); **61**, 93 (1837)].

1834 J. LIEBIG: Kohlenoxydkalium (CO.K)x entsteht beim Überleiten von Kohlenoxyd über erhitztes Kalium [Ann. **11**, 182 (1834)]. Daß hier die *Zufallssynthese von Benzolderivaten aus den Elementen* vorlag, und zwar das Hexa-oxy-benzolkalium $C_6O_6K_6$, wurde erst nach einem halben Jahrhundert von M. NIETZKI und BENKISER entdeckt [B. **18**, 505, 513, 1838 (1885); s. a. **22**, 916; **23**, 3140 (1890)]. Dieser Synthese war vorausgegangen die GMELINsche Synthese der Krokonsäure (1825) $C_5 O_3 (OH)_2 . 3 H_2O$.

1835 JUSTUS LIEBIG klärt die ,,Aldehyd"-Bildung auf [Ann. **14** 133 (1835); **22**, 273 (1837)] und drückt dies im Namen aus: ,,*Al*kohol *dehyd*rogenatus".

1835 HIMLY: Aus Kautschuk wird ein bei 33—40° C siedender Kohlenwasserstoff ,,Faradayin" durch trockene Destillation isoliert. (Dissertation, Göttingen.)

1835 J. J. BERZELIUS prägt den Oberbegriff ,,Katalyse" usw. (vgl. anorganische Chemie.

1835/36 AUGUSTE LAURENT stellt eine ,,Théorie des combinaisons organiques" auf, nach welcher ,,alle organischen Verbindungen von einem Kohlenwasserstoff, einem Grundradikal (radical fondamental"; nachher durch ,,noyau" = Kern ersetzt) sich ableiten. (*Kern*theorie.) Er entdeckt die Phthalsäure [Ann. chim. phys. (2) **61**, 113 (1837)].

1836 TH. SCHWANN: Eiweißspaltung im Magensaft durch das Ferment ,,*Pepsin*" [Pogg. Ann. **38**, 90, 358 (1836)].

1836 J. LIEBIG: Synthese der Mandelsäure (Phenyloxypropionsäure) aus Benzaldehyd und Cyanwasserstoff in Gegenwart der Salzsäure als Katalysator [Ann. **18**, 319 (1836)].

1837 DUMAS und LIEBIG: Begründung der Radikaltheorie [C.r. **5**, 567 (1837)].

1837 u. ff. ROB. WILH. BUNSEN beginnt seine Untersuchungen über Kakodyloxyd [Pogg. Ann. **40**, 219 (1837)].

1837 LIEBIG und WÖHLER klären die rätselhafte Umwandlung des Amygdalins (vgl. 1807) in Bittermandelöl (Benzaldehyd), Blausäure und Zucker auf, indem sie die wirkende Ursache in dem in der Mandel*emulsion* vorhandenen Stoff ,,*Emulsin*" feststellen; diese Wirkung ist verschieden von einer gewöhnlichen chemischen: ,,... *Eine gewisse Ähnlichkeit besitzt sie mit der Wirkung der Hefe auf den Zucker, welche* BERZELIUS *einer eigentümlichen Kraft, der katalytischen Kraft, zuschreibt.*" [Ann. **22**, 1 (1837)].

1837 KANE: Die chemische Formel des Acetons festgestellt (Ann. **22**, 278).

1837 S. C. H. WINDLER: Satire auf DUMAS Substitutionstheorie (Ann. **23**, 308).

1838 J. LIEBIG: ,,Benzilumlagerung" in Benzilsäure durch alkoholisches Kali [Ann. **25**, 27 (1838)].

1838 J. LIEBIG: Über die Konstitution der organischen Säuren [Ann. **26**, 113—139 (1838)]: ,,*Säuren sind gewisse Wasserstoffverbindungen*, in denen der Wasserstoff vertreten werden kann durch Metalle"... ,,Man könnte die *Säuren* einteilen in *einbasische, zweibasische* und *dreibasische*."

1838 PIRIA weist die Zusammensetzung des Salicins (Glucosid) nach und bereitet aus ihm sowie aus Salicylaldehyd mittels Alkali die Salicylsäure (C.r. **6**, 388, 620).

1838 LIEBIG und WÖHLER: ,,Untersuchungen über die Natur der Harnsäure" [Ann. **26**, 241, 340 (1838)].

1838 LIEBIG und H. VON FEHLING: Über Polymerisate des Acetaldehyds [Ann. **25**, 17; **27**, 319 (1838)].

1838 WOSKRESSENSKY: Entdeckung des Chinons (Ann. **27**, 268).

1839 BUSSY: Darstellung des myronsauren Kaliums aus schwarzem Senf und Spaltung desselben durch das Ferment Myrosin in Senföl [Journ. Pharm. **26**, 39 (1839)].

1839 LIEBIG stellt eine mechanistische Gärungstheorie auf. [Ann. **30**, 250, 362 (1839)].

1839 JEAN BAPT. ANDRÉ DUMAS: Typentheorie, im Verfolge der durch Chlorierung der Essigsäure im Sonnenlicht erhaltenen Trichloressigsäure (Ann. **32**, 101; **33**, 187, 275), aus der Substituierbarkeit des Wasserstoffs durch Halogen unter Wahrung des chemischen Typus entstanden: ,,Die chemischen Verbindungen sind einem Planetensystem zu vergleichen, in dem die Atome durch die chemische Affinität zusammengehalten werden ... Wird in einem solchen System *ein* Teilchen durch das einer andern Art ersetzt, so kann das Gleichgewicht bestehen bleiben und dann die neue Verbindung ähnliche Eigenschaften wie die ursprüngliche zeigen." [C. r. **10**, 149; Ann. chim. phys. (2) **73**, 265 (1840)].

1839 HENRI V. REGNAULT: Darstellung der Chlormethane bis $CCl_4$ [Ann. **34**, 45 (1840)]

1840 FR. WÖHLER: Darstellung von Telluräthyl [Ann. **35**, 111 (1840); **84**, 69 (1852); **93**, 233 (1855); vgl. a. C. LÖWIG, Pogg. Ann. **37**, 552 (1836)].

1840 JUSTUS LIEBIG: ,,Die organische Chemie in ihrer Anwendung auf Agrikultur und Physiologie." Braunschweig 1840.

1841 AUG. LAURENT untersucht den ,,Phenylalkohol" (Phenol) GERHARDTs, der ihn durch Destillation von Salicylsäure mit Kalk erhalten hatte, und findet ihn identisch mit RUNGES Carbolsäure (vgl. 1834) [Ann. chim. phys. (3) **3**, 195). LAURENT stellte das *Isatin* dar durch Oxydation von Indigo [C. r. **12**, 539 (1841)].

1841 DUMAS und BOUSSINGAULT veröffentlichen das Werk: ,,Essay de statique chimique des êtres organisés" (1841). (Vgl. JUSTUS LIEBIG, 1840/42).

1841 KARL FRITZSCHE erhält aus Indigo die Anthranilsäure, die beim Erhitzen in Kohlensäure und eine neue Base ,,*Anilin*" zerfällt (Ann. **36**, 84, **39**, 76).

1841 NIKOLAI ZININ entdeckt die Reduzierbarkeit der aromatischen Nitrogruppe zur Aminogruppe: Aus Nitrobenzol entsteht eine neue Base ,,Benzidam" [J. pr. Chem. **27**, 149 (1842(] und aus Nitronaphthalin Naphthylamin. ,,Hätte ZININ nichts mehr vollbracht als die Umwandlung des Nitrobenzols in Anilin, so wäre auch dann sein Name mit goldenen Buchstaben in die Geschichte der Chemie eingeschrieben worden." [A. W. HOFMANN, B. **13**, 449 (1880)].

1841 WILL und VARRENTRAPP: Methode der N-Bestimmung als Ammoniak [Ann. **39**, 257 (1841)].

1841  R. W. BUNSEN beschließt die Serie seiner Untersuchungen über die Kakodylreihe seit 1837 [Pogg. Ann. **40**, 219 (1837); **42**, 145 (1837); Ann. **31**, 175 (1839), **37**, 1 (1841), **42**, 14 (1841), **46**, 1 (1841)]. Er vermeint, das *freie Radikal* „Kakodyl" dargestellt zu haben, das er ein *„wahres organisches Element"* nennt. In seinem Jahresbericht schreibt BERZELIUS: „BUNSEN hat durch diese Untersuchung seinen Namen in der Wissenschaft unvergeßlich gemacht ... Diese Arbeit ist ein Grundpfeiler für die Lehre von den zusammengesetzten Radikalen ..." [Nach dem Tode von BERZELIUS (1848) konnte HERM. KOLBE das *„freie Radikal"* Kakodyl als Dimethyldiarsin [$(CH_3)_2As]_2$ nachweisen: Ann. **75**, 211; **76**, 30).

1842  CHARLES GERHARDT stellt durch Destillation von Cinchonin mit Ätzkali die neue Base Chinolein (von BERZELIUS in Chinolin umbenannt) dar (J. pr. Ch. **27**, 439, ff.).

1842  MELSENS führt Trichloressigsäure durch Kaliumamalgam in Essigsäure über [Ann. chim. phys. (3) **10**, 233].

1842  J. SCHIEL stellt *homologe* Reihen der Alkoholradikale auf [Ann. chim. **43**, 107 (1842)].

1842  JUSTUS LIEBIG: „Die organische Chemie in ihrer Anwendung auf Physiologie und Pathologie." Branunschw. 1842.

1843  REDTENBACHER: Entdeckung des Acroleins durch Glycerindehydratisierung [Ann. **47**, 113 (1843)].

1843  AUG. WILH. HOFMANN beweist die *chemische Identität* der nachstehenden Verbindungen: Das Krystallin von UNVERDORBEN (1826) = Kyanol von RUNGE (1834) = Benzidam von ZININ (1841) = *„Anilin"* von FRITZSCHE (1841) = $C_6H_5NH_2$ (Ann. **47**, 37 u. ff.; a. **53**, 1); ferner das Leukol von RUNGE (1834) ist identisch mit dem Chinol(e)in von GERHARDT (1842) mit der Formel $C_9H_7N$ [Ann. **42**, 310 (1841)].

1843  CH. GERHARDT: Aus Anilin und Acetylchlorid wird Acetanilid dargestellt.

1843  JUST. LIEBIG: Organische Chemie ist *„Chemie der zusammengesetzten Radikale"* (Handbuch der Chemie, II. Abt.).

1844  H. VON FEHLING: Benzonitril (Cyanphenyl) durch Destillation von Ammonbenzoat (Ann. **49**, 91).

1844  CH. GERHARDT: Organische Chemie ist „la chimie du carbone"; halbierte Formeln („Précis de chimie organique", 2 Bde. 1844/5).

1844/48  L. PASTEUR: Traubensaures Natrium-Ammonium freiwillig in d- und l-Tartrat auskrystallisiert (1848 Asymmetrie der Moleküle: C.r. **26**, 535; **27**).

1845  A. W. HOFMANN beobachtet eine künstliche Harzbildung am polymerisierten Styrol [Ann. **53**, 311 (1845)]. Mit MUSPRATT entdeckt er p-Toluidin [Ann. **54**, 1 (1845)].

1845  HERM. KOLBE führt die Synthese der Essigsäure aus den Elementen (über $CS_2$) aus [Ann. **54**, 145, 183 (1845)].

1845  A. W. HOFMANN weist das Vorkommen von Benzol im Steinkohlenteer nach; die Überführung in Nitrobenzol und Reduktion mittels naszenten Wasserstoffs liefert Anilin [Ann. **55**, 200 (1845)].

1846  JUSTUS LIEBIG: Entdeckung des Tyrosins als Käseeiweiß-Spaltprodukt (Ann. **57**, 127; **62**, 269).

1846  C. F. SCHÖNBEIN entdeckt die Schießbaumwolle (Nitrozellulose), sie wird nachentdeckt von R. BÖTTGER, sowie von OTTO (C.r.. **23**, 612, 678).

1845  N. ZININ: „Benzidinumlagerung" des Hydrazobenzols mittels Säuren [J. pr. Chem. (1) **36**, 93 (1845); Ann. **137**, 376 (1866); A. W. HOFMANN (Proc. Roy. Soc. **12**, 576 (1863); nach CH. K. INGOLD ist sie eine kationotrope Reaktion (1927)].

1846  A. P. DUBRUNFAUT: Entdeckung der zeitlich um die Hälfte verminderten Drehung der wässerigen Traubenzuckerlösung: „Birotation"; er erkannte, daß Stärkekleister durch Malz oder Diastase in einen von Traubenzucker verschiedenen Zucker (Malz-) übergeführt wird [Ann. chim. 21, 178 (1847)], sowie daß der durch Hydrolyse des Rohrzuckers entstandene Invertzucker zu gleichen Teilen aus Rechts-Traubenzucker und linksdreh. Fruchtzucker besteht (1848).

1847  A. CAHOURS: Säurechloride aus Säuren mittels $PCl_5$ dargestellt (Ann. 60, 254; 70, 31).

1847  ASC. SOBRERO: Entdeckung des Nitroglyzerins; A. NOBEL erfindet 1869 die in Kieselgur aufgesogene Form „Dynamit" (C. r. 24, 247).

1847 u. ff.  THOM. ANDERSON: Pyridinbasen aus dem Dippelschen Öl abgeschieden (Ann. 60, 86; 70, 32 u. ff.; 80, 44; 94, 358).

1847  JUST. LIEBIG: Die Bestandteile der Fleischflüssigkeit (Kreatin, Kreatinin usw.) unterschieden [Ann. 62, 262 (1847).

1848  DUMAS: Acetonitril $CH_3CN$ dargestellt [C. r. 25, 383, 442 (1848)].

1848  ENGELHARDT: Fleischmilchsäure (BERZELIUS) ist verschieden von der gewöhnlichen Milchsäure SCHEELES [Ann. 63, 93 (1847), 65, 359].

1848  H. KOLBE und EDW. FRANKLAND: Darstellung der Fettsäuren aus den Nitrilen (Ann. 65, 269).

1848  FR. WÖHLER: Die l-Mandelsäure (durch HCl) aus Amygdalin gewonnen (Ann. 66, 240).

1848  CH. GERHARDT: „Introduction à l'étude de chimie par le *système unitaire*" — in homologen Reihen und mittels der Molekulartheorie wird ein unitarisches System entwickelt.

1849  H. KOLBE: Elektrolyse der fettsauren Salze und Bildung von Radikalen [Ann. 69, 257 (1848)]. Vgl. a. 1891 CRUM BROWN.

1849  EDW. FRANKLAND: Metallorganische Verbindungen — Zinkmethyl und Zinkäthyl, auch die vermutlichen *freien* Radikale „Methyl" und „Aethyl" entdeckt [Ann. 71, 171, 213 (1849)].

1849  AD. WURTZ: Entdeckung der alkylierten Amine (C. r. 28, 233; 29, 169; Ann. 45, 306).

1850  A. W. HOFMANN: Entdeckung der tetraalkylierten Ammoniumbasen: $N(C_2H_5)_4$ ist „in jeder Beziehung ein organisches Metall" [Ann. 74, 117, 174; 75, 356 (1850/51)]. Der Typus $N{\raise1ex\hbox{H}}{-}H{\lower1ex\hbox{H}}$ wird aufgestellt.

1850  A. STRECKER: Synthese von Aminosäuren aus Aldehydammoniak und Blausäure (+ HCl) und Verseifen des Nitrils; Synthese von Alanin (Ann. 75, 29).

1850  LÖWIG und SCHWEITZER: Darstellung von Antimonalkylen [Ann. 75, 315 (1850)].

1851  CLOEZ und CANNIZZARO: Darstellung von Cyanamid (C. r. 31, 62).

1850/51  A. WILLIAMSON: Synthese und Theorie der Bildung von *gemischten* Äthern nach dem Wassertypus $\frac{H}{H}{>}O$ [Ann. 77, 37 (1851); 81, 73]. Gleichzeitig war CHANCEL (C. r. 31, 521) zu ähnlichen Ansichten gelangt.

1852  CH. GERHARDT: Essigsäureanhydrid aus Kaliumacetat und $PCl_3$ erhalten (vgl. a. Ann. chim. phys. 37).

1852/53  EDW. FRANKLAND: Grundlagen der Wertigkeit (Sättigungskapazität der Elemente N, P, As und Sb, die 3- und 5-wertig sind) [Ann. 85, 329 (1853); 95, 28 (1855); 101, 257 (1857)].

1853    CH. GERHARDT: Anwendung des Avogadroschen Gesetzes zur Aufstellung von Konstitutionsformeln, z. B. der organischen Carbonsäuren usw. [Ann. chim. phys. (3) ,37, 287].

1852/54    BÉCHAMP: Eisenfeile und Essigsäure oder Salzsäure werden zur technischen Reduktion von aromat. Nitrokörpern zu Aminen vorgeschlagen.

1853    V. DESSAIGNES: Hippursäure-Synthese aus $C_6H_5COCl$ und Glykokollzink (Ann. 87, 325).

1853/56    M. BERTHELOT: Synthesen der Fette [Ann. chim. phys. (3), 41, 216 (1854)], der Ameisensäure aus CO u. Natronkalk (1855), des Methans aus $CS_2$ und $SH_2$ mittels Cu (1856) (C. r. 43, 236).

1853 u. ff.    ST. CANNIZZARO: Umlagerung des Benzaldehyds in Alkalilösung in Benzylalkohol und Benzoesäure [Ann. 88, 130 (1853); 124, 324 (1862)]. Zur „*Cannizzaroschen Reaktion*" vgl. a. H. MEERWEIN und R. SCHMIDT, Ann. 444, 221 (1925); H. v. EULER Z. anorg. Chem. 147, 123 (1925); F. HABER und R. WILLSTÄTTER, B. 64, 2844 (1931); H. FREDENHAGEN und BONHOEFFER, 1938; CH. K. INGOLD (Z. Elektrochem. 44, 96 (1938); E. TOMMILA, Ann. Acad. Sci. Fenn. 59, 8 (1942); E R. ALEXANDER, J. Amer. chem. Soc. 69, 289 (1947).

1854    PIRIA: Darstellung des Benzaldehyds durch Destillation der Kalksalze von Benzoë- und Ameisensäure (Ann. chim. phys. (3) 48, 413).

1854    WURTZ: Glyzerin wird als 3 wertiger Alkohol erkannt.

1855    LIMPRICHT: Synthese des razem. Leucins aus Isovaleraldehyd und Blausäure (Ann. 94, 243; vgl. a. E. FISCHER, B. 33, 2372).

1855/60    C. C. WILLIAMS: Aus dem „Faradayin" (vgl. 1835) wird der bei $37^0 C$ siedende Kohlenwasserstoff $C_5H_8$ abgetrennt und *Isopren* benannt [J. pr. Chem. 83, 188 (1861)].

1855    A. WURTZ: Synthese von Kohlenwasserstoffen aus Jodalkylen durch Wegnahme des Jods mittels reduz. Ag [Ann. 96, 364 (1855)]. Vgl. die „Fittig-Reaktion", 1864.

1855    N. ZININ gibt die Synthese des Senföls aus Allyljodid und KCNS (Ann. 95, 128).

1856    WILL. PERKIN erfindet durch Zufall den ersten künstlichen Anilinfarbstoff „Mauvein".

1856    A. WURTZ: Entdeckung bzw. Synthese des zweiatomigen Alkohols „Glycol" aus Äthylenjodid und Silberacetat (C. r. 43, 199, 478 u. ff.; vgl. a. C. r. 35, 310, 39, 335).

1857    ED. SCHWEIZER: Ammoniakalische Kupfersalzlösung als spezifisches Solvens für Cellulose [J. pr. Chem. 72, 109 (1857; 76, 344 (1859)].

1858    AUGUST KEKULÉ legt die Grundlagen der *Vieratomigkeit* (Vierwertigkeit) des Kohlenstoffs dar in der Abhandlung „*Über die Konstitution und die Metamorphosen der chemischen Verbindungen und die chemische Natur des Kohlenstoffs*" [Ann. 106, 129 (1858); vgl. a. 101, 200 (1857); B. 23, 1306 (1890)]. Am Schluß seiner klassischen Theorie schreibt KEKULÉ (1858): „*Schließlich glaube ich noch hervorheben zu müssen, daß ich selbst auf Betrachtungen der Art nur untergeordneten Wert lege …*"[1].

1858    ARCHIB. SCOTT COUPER (1831—1892) gelangte unabhängig und gleichzeitig zu ähnlichen Ansichten über die gegenseitige Bindungsweise der Kohlenstoffatome [C. r. 46, 1157 (1858); Ann. chim. phys. (3) 53, 469 (1858)]. Erstmalig wandte er chemische Formeln mit *Bindestrichen* zwischen den Atomen an.

---

[1] Ein denkwürdiges Dokument zur Entdeckungsgeschichte ist der Eigenbericht KEKULÉS über die visionär gewonnenen Einblicke in die Verbindungsweise der vierwertigen Kohlenstoffatome und in den Benzolring [vgl. B. 23, 1302 u. ff. (1890)] sowie das große biographische Werk von R. ANSCHÜTZ: AUGUST KEKULÉ. 2 Bde. Verl. Chemie 1929].

**1858**   M. BERTHELOT: Synthese des „Acetylens" aus den Elementen [Ann. chim. (3) **53**, 69 (1858)]; Synthese von $CH_3OH$ aus $CS_2$ über $CH_4 \rightarrow CH_3Cl \rightarrow CH_3OH$ [ib. **52**, 101 (1858)].

**1858**   L. PASTEUR: Fermente zerstören die Rechtsweinsäure in der Traubensäurelösung [C. r. **46**, 615 (1858); **51**, 298 (1860)].

**1860**   L. PASTEUR: „Über die Asymmetrie bei natürlich vorkommenden organischen Verbindungen" (OSTW. Klass. No. 28).

**1858/60**   P. GRIESS: Entdeckung der aromatischen Diazoverbindungen [Ann. **106**, 123 (1858); **113**, 208 (1860); **117**, 1; **121**, 25f.].

**1858**   PERKIN und DUPPA: Synthese von Glykokoll aus Bromessigsäure (Ann. **108**, 105).

**1859**   R. FITTIG: Entstehung von Pinakon durch Reduktion des Acetons [Ann. **110**, 25 (1859); **114**, 54].

**1860**   L. CARIUS: Methode der Halogenbestimmung in organischen Stoffen [Ann. **116**, 1 (1860)].

**1860**   M. BERTHELOT führt mit dem zellenfreien Hefeextrakt die Inversion des Rohrzuckers aus: Damit ist das Ferment „*Invertin*" (Invertase) nachgewiesen [C. r. **50**, 980 (1860)]. Solches hatte schon 1841 E. MITSCHERLICH entdeckt [S. B. preuß. Akad. Wiss. 1841, 379 u. ff.; Pogg. Ann. **55**, 209—228 (1842)].

**1860**   FR. WÖHLER isoliert Cocain [Ann. **114**, 213 (1860)].

**1860**   H. KOLBE und E. LAUTEMANN: Synthese der Salicylsäure aus Phenol und Kohlensäure [Ann. **113**, 125 (1860); **115**, 201 (1860); J. pr. Chem. (3) **10**, 93].

**1860**   JOS. LOSCHMIDT entwickelt ringförmige Benzolformeln [R. ANSCHÜTZ, B. **45**, 539 (1912)].

**1860**   A. W. HOFMANN: Erster Chlorüberträger $SbCl_5$.

**1861**   ALEX. BUTLEROW: „Methylenitan" — erster synthetischer Zucker [C. r. **53**, 445 (1861); Ann. **120**, 295 (1861)].

**1861**   A. BUTLEROW: Begriff der „*chemischen Struktur*" und der „Strukturformeln" [Zeitschr. f. Chem. **4**, 459, 553 (1861)].

**1861**   M. SIMPSON führt von $C_2H_4$ über $C_2H_4(CN)_2$ zur Synthese der Bernsteinsäure $C_2H_4(COOH)_2$ (Ann. **118**, 373; **121**, 153).

**1861**   A. KEKULÉ erhält inaktive Weinsäuren aus Dibrombernsteinsäure [Ann. **117**, 124 (1881)].

**1861**   O. MENDIUS: Amine aus Nitrilen durch naszier. Wasserstoff (aus Zn + HCl) dargestellt [Ann. **121**, 129 (1861)].

**1862**   JAK. VOLHARD: Synthese von Sarkosin (Ann. **123**, 261; vgl. a. Jahresber. 1868, 685).

**1862**   FR. WÖHLER stellt erstmalig Calciumcarbid und daraus Acetylen dar [Ann. **124**, 220 (1862)].

**1862**   CH. FRIEDEL: Pinakonumwandlung in Pinakolin durch Salzsäure [Ann. **124**, 322 (1862)].

**1863**   FRIEDEL und CRAFTS: Darstellung von Siliciumäthyl [Ann. **127**, 32 (1863)].

**1863**   FR. WÖHLER: Neue Siliciumverbindungen; das *Silicium* kann den Kohlenstoff in dessen *organischen Verbindungen vertreten* [Ann. **125**, 255 (1863); **127**, 257 (1863)].

**1863**   HEINR. DEBUS: Erste katalytische Hydrierung mittels Platinschwarz, z. B. Cyanwasserstoff zu Methylamin [Ann. **128**, 200 (1863)].

**1862/63**   M. BERTHELOT und PÉAN DE SAINT-GILLES: „Über die Bildung und Zersetzung der Ester" [z. B. $CH_3COOC_2H_5$, Ann. chim. phys. (3) **65**, und **66** (1862), **68** (1863)].

1863    JOH. WISLICENUS: Synthese der Milchsäure aus Propionsäure [Ann. **128**, 11 (1863)].

1863    A. GEUTHER: Entdeckung des Acetessigesters [Jahresber. **1863**, 323; Ann. **135**, 127 (1865); **186**, 161 u. ff.].

1862/63    A. KEKULÉ: Zur Konstitution der Fumar- und Maleinsäure (Ann. Suppl. **2**, 116 bzw. **1**, 129).

1863/64    A. BUTLEROW: Entdeckung des teriären Butylalkohols (Bull. Soc. chim. France **1864**, 484; Ann. **144**, 1).

1864    A. KEKULÉ: Natürliche l-Apfelsäure wird in Brombernsteinsäure und diese rückwärts in eine *inaktive* Apfelsäure verwandelt [Ann. **130**, 10 (1864)].

1864    ALEX. CRUM BROWN: Theorie isomerer Verbindungen; erstmalig werden Valenzen durch Bindestriche symbolisiert [Transact. Edinb. **23**, III, 707 (1864)]. Vgl. a. 1858 COUPER.

1864    E. ERLENMEYER (-Regel): Eine Verbindung $>\!C\!<^{OH}_{OH}$ (mit 2 OH-Gruppen am selben C-Atom) ist unbeständig (vgl. sein Lehrbuch der organ. Chemie, 1864 u. ff.).

1864    C. SCHORLEMMER: Nachweis der Identität von Dimethyl und Äthylwasserstoff (Ann. **131**, 76; vgl. a. 173). Dazu: 1849 FRANKLAND.

1864    R. FITTIG und B. TOLLENS: Synthesen von aromatischem Kohlenwasserstoff aus Brombenzol und Jodalkylen mittels Natrium [Ann. **131**, 303; vgl. A. WURTZ, Ann. chim. phys. (3), **14**, 278].

1864    C. v. MARTIUS und PETER GRIESS stellen den ersten Azofarbstoff („Anilingelb") her.

1865    FINKELSTEIN: Darstellung des Malonsäurediäthylesters (Ann. **133**, 349).

1865    E. ERLENMEYER: Entdeckung der Isobuttersäure (Zeitschr. f. Chem. **1865**, 651). Vgl. a. dazu: MARKOWNIKOW, Ann. **138**, 361.

1865    A. KEKULÉ: „*Über die Konstitution aromatischer Verbindungen*", Benzolring [Bull. Soc. chim. France (2), **3**, 98 (1865); Ann. **137**, 129 (1866); OSTWALDS Klassiker No. 145].

1866    F. BEILSTEIN: Substituierte Benzole geben bei der Chlorierung in der Kälte den Wasserstoffersatz im Kern, dagegen in der Siedehitze die Substitution in der Seitenkette (Ann. **139**, 331); ebenso wirkt Bestrahlung [Ann. **146**, 331 (1868)].

866 u. f.    M. BERTHELOT: Pyrogene Synthesen mittels Acetylen [C. r. **62**, 905 (1866); Ann. chim. phys. (4) 8, 469, **13**, 143].

866 u. ff.    A. KEKULÉ: Umlagerungen von Diazoamino- in Aminoazobenzolverbindungen [Zeitschr. f. Chem. **1866**, 689; B. **25**, 1376 (1892); vgl. a. NIETZKI, B. **10**, 666; ZINCKE, B. **21**, 548 (1888) u. ff.; zur Deutung: ROSENHAUER, B. **61**, 392 (1928); KIDD, J. Organ. Chem. **2**, 198 (1937)].

1867    A. WURTZ: Die Synthese des Cholins aus Trimethylamin und Glykolchlorhydrin wird durchgeführt (Ann. Suppl. **6**, 116, 197).

1867    AUG. KEKULÉ und gleich-<br>zeitig AD. WURTZ      }   Alkalischmelze der Sulfonsäuren zur technischen Darstellung der Phenole.

1867    SAYTZEFF: Bereitung von Sulfoxyden [Ann. **144**, 148 (1867)].

1867    A. W. HOFMANN<br>bzw. A. GAUTIER    }   Darstellung der (mit den Nitrilen isomeren) Isonitrile.<br>(Ann. **144**, 144; **146**, 107; bzw. C. r. **65**, 468, 862; Ann. **151**, 239).

1868    A. W. HOFMANN: Methode der Dampfdichtebestimmung [B. **1**, 198 (1868)].

1868    „PERKINsche Reaktion": Synthese von $\alpha$, $\beta$-ungesättigten Säuren aus aromatischen Aldehyden und Fettsäureanhydriden; Synthese des Cumarins [Ann. **147**, 230 (1868); B. **8**, 1599)].

1868    C. GRAEBE[1] und C. LIEBERMANN       } Synthese des Alizarins aus Anthracen (Patent). <br> bzw. W. H. PERKIN <br> B **1**, 49, B **2**, 14, 332 (1869)].

1868    A. W. HOFMANN: Isomerie der Schwefelcyanalkyle und Senföle erkannt [B. **1**, 169 (1868) u. ff.].

1868    DRECHSEL: Synthese der Oxalsäure aus $CO_2$ und Natrium (Zeitschr. f. Chem. 120, **1868**; Ann. **146**, 140).

1868    BASAROW: Künstliche Harnstoffbildung aus Ammoniumcarbonat (Ann. **146**, 142).

1868    C. GRAEBE und C. LIEBERMANN: Zusammenhang zwischen chemischer Konstitution und Farbe [B. **1**, 106 (1868)].

1869    HYATT erfindet das Zelluloid.

1869    A. LADENBURG: Gleichwertigkeit der 6 Wasserstoffatome im Benzolring [B. **2**, 140 (1869)].

1869    JAK. VOLHARD: Synthese von Sarkosin und Kreatin aus Chloressigsäure (Zeitschr. f. Chem. **1869**, 318).

1866/1874    W. KOERNER: Bestimmung des „chemischen Ortes" in den aromatischen Verbindungen [Gazz. chim. ital. **4**, 305 u. ff.; Bull. Acad. R. Belg. (2) **24**, 166 (1867)]; (OSTW. Klass. No. 174).

1870    A. BAEYER: Mellithsäure als Benzolhexacarbonsäure erkannt (Ann. Suppl. **7**).

1870    „MARKOWNIKOW-Regel": Bei niedriger Temperatur und normaler Addition geht das (negative) Halogenatom vorzugsweise an das C-Atom mit der geringsten H-Besetzung [Ann. **153**, 256 (1870)]. Vgl. a. KHARASCH und REINMUTH [J. Chem. Education **5**, 404 (1928)].

1871    TH. ZINCKE: Synthese von Kohlenwasserstoffen durch HCl-Entziehung mittels Zinkstaub [Ann. **159**, 367 (1871)].

1871    W. KOERNER, ebenso JAM. DEWAR: Pyridin-Ringformel vorgeschlagen (Zeitschr. f. Chem. 117, **1871**).

1871 u. f.    A. BAEYER: Phthaleine (Phenolphthalein, Fluorescein usw.) entdeckt [B. **4**, 555, 658 (1871)].

1872    A. BAEYER: Kondensation von Phenolen mit Aldehyden zu harzartigen Produkten [B. **5**, 256, 1094 (1872); vgl. a. 1906 BAEKELAND].

1872    V. MEYER: Nitroparaffine aus Alkyljodiden und Silbernitrit $AgNO_2$ [Ann. **171**, 1 (1872); **175**, 88; 180, 111].

1872    A. KEKULÉ und A. FRANCHIMONT: Triphenylmethan entdeckt [B. **5**, 906 (1872)].

1872    MICH. SAYTZEFF reduziert katalytisch bei höheren Temperaturen mit Palladiumwasserstoff Nitroverbindungen [J. pr. Chem. (2) **6**, 128 (1872)].

1872    A. KEKULÉ und TH. ZINCKE: Acetaldehydpolymerisation wird durch Spuren von Säuren oder $ZnCl_2$ katalysiert [Ann. **162**, 142 (1872); vgl. a. A. HANTZSCH und J. OECHSLIN B. **40**, 434 (1907)].

1872    „W. LOSSENsche Umlagerungen": betr. Acylderivate der Hydroxam- bzw. Hydroximsäuren beim Erwärmen mit Alkali [Ann. **161**, 347 (1872); **175**, 313

---

[1] Psychologisch bemerkenswert ist der Umstand, daß C. GRAEBE (damals bei BAEYER als Assistent tätig) von diesem direkt gezwungen werden mußte, den Weg des Entdeckerruhms mit der Destillation des Alizarins über Zinkstaub zu betreten. (Vgl. R. WILLSTÄTTER, Aus meinem Leben, S. 115. Verl. Chemie 1949).

(1875); **186**, 1 (1877); **252**, 170 (1889); **281**, 169 (1894)]; vgl. a. E. Mohr [J. pr. Chem. (2) **72**, 306 (1905)].

1872 A. W. Hofmann und Geyger: Synthese der Safranin-Farbstoffe [B. **5**, 527 (1872)].

1872 A. Wurtz: Aldol durch Kondensation von Acetaldehyd mittels kalter Salzsäure (Jahresber. 1872, 449; C.r. **74**, 1136).

1872 A. Kekulé: Kondensation von Acetaldehyd (mittels Salzsäure beim Erhitzen) zu Crotonaldehyd [Ann. **162**, 77 (1872)].

1872 u. ff. E. Jungfleisch: Totalsynthese der Weinsäuren bzw. der Trauben- und Meso-weinsäure [B. **5**, 985 (1872); Bull. Soc. chim. France **18**, 201 (1872); **19**, 99 (1873); **21**, 30, 146, 190 (1874)].

1873 R. Fittig und C. Graebe: Phenanthren als Biphenylenderivat des Äthylens erkannt [Ann. **167**, 131 (1873)].

1873 Joe. Wislicenus: „Geometrische Isomerie", „verschiedene räumliche Lagerung" der Milchsäuren [Ann. **167**, 343 (1873)].

1874 F. Tiemann und C. W. Haarmann: Vanillin durch $CrO_3$-Oxydation aus Coniferin dargestellt [B. **7**, 613 (1874)].

1874 J. H. van't Hoff: „Voorstel tot uitbreiding der structuurformules in de Ruimte" (Rotterdam 1874)[1].

1874 J.-A. Le Bel: „Sur les relations qui existent entre les formules atomiques des corps organiques, et le pouvoir rotatoire de leurs dissolutions" [Bull. Soc. chim. France (2) **22**, 337 (1874)].

1875 Ch. Friedel: Salzsäureanlagerung an Dimethyläther, bzw. Vierwertigkeit des O-Atoms entdeckt [Bull. Soc. chim. France **24**, 249 (1875)].

1875 Em. Fischer: Phenyhydrazin dargestellt [B. **8**, 589, 1005, 1587; Ann. **190**, 67 (1877)].

1875 J. H. van't Hoff: Räumliche Formulierung von Fumar- und Meleinsäure. (Vgl. dagegen R. Anschütz, Ann. **254**, 168).

1875 W. H. Perkin: Verbesserte „Perkinsche Reaktion" zur Darstellung von Phenylolefincarbonsäuren [B. **8**, 1599 (1875)]; vgl. a. 1868.

1875 A. Baeyer und H. Caro: Durch Oxydation von Alizarin wird Purpurin darge-stellt.

1875 u. ff. L. Meyer: „Chlorüberträger" (z. B. $FeCl_3$; $AlCl_3$) werden entdeckt.

1875 A. „Saytzeff-Regel": Bei der Dehydrierung der Alkohole wird das H-Atom von dem benachbarten wasserstoffärmeren C-Atom entnommen. [Vgl. a. Wagner und Saytzeff, Ann. **179**, 324 (1875)].

1875 u. ff. G. Bouchardat: Isopren, durch trockene Destillation des Kautschuks gewonnen, geht durch Kondensation in Dipenten und durch Säuren wieder in Kautschuk über [C. r. **88**, 1446 (1875); Bull. Soc. chem. France (2) **24**, 108 (1875); C. r. **89**, 1117 (1879)].

1876 O. N. Witt: Farbstofftheorie der „auxo- und chromophoren" Gruppen [B. **9**, 522 (1876); vgl. a. C. Liebermann, B. **1**, 106 (1867)].

---

[1] Erkenntnistheoretisch interessant ist nach Van't Hoffs eigenen Worten der äußere Anlaß zu seiner großen Geistestat: In der Universitätsbibliothek zu Utrecht las er die Wislicenus-Untersuchung über die Milchsäuren (vgl. 1873), unterbrach plötzlich die Lektüre und unter-nahm im Freien einen Spaziergang ... „und es war während des Spazierganges, daß unter dem Eindruck der frischen Luft der Gedanke an das asymmetrische Kohlenstoffatom bei mir aufgestiegen ist". [Vgl. a. die Biographie von E. Cohen: Jacobus Henricus Van't Hoff. Leipzig 1912; P. Walden: Fünfzig Jahre stereochemischer Lehre und Forschung. B. **58**, 237—265 (1925)].

1876 u. ff.   EMIL und OTTO FISCHER: Konstitutionsaufklärung von Rosanilin, Pararosanilin und Rosanilinfarbstoffen [B. **9**, 891 (1876); Ann. **194**, 242 (1878)].

1876   „REIMER-TIEMANN-Reaktion": Überführung von Phenolen durch Chloroform und Alkali in Phenolaldehyde [B. **9**, 423 (1876)].

1876   TH. ZINCKE und A. BREUER: „Hydrobenzoinumlagerung" mittels Säuren in Diphenylacetaldehyd [B. **9**, 1761 (1876); **10**; **11**].

1876/77   WILL. RAMSAY: Pyridinsynthese aus Acetylen und Blausäure, und Synthese von Pyridincarbonsäuren [B. **10**, 736 (1877)].

1877   SAYTZEFF: Darstellung ungesättigter Alkohole $C_nH_{2n-2}O$, die vielleicht auch in der Natur vorkommen und durch $H_2O$-Verlust in kettenförmige Terpene $C_nH_{2n-2}$ übergehen [Ann. **185**, 130 (1877)].

1877   W. H. PERKIN: Synthese der Zimtsäure aus Benzaldehyd und Essigsäureanhydrid (Soc. **32**, 389. Zur PERKINschen Reaktion vgl. a. KALNIN [Helv. Chim. Acta **11**, 977 (1928); R. KUHN u. TSCHIKAWA, B. **64**, 2347 (1931); MÜLLER, Ann. **491**, 251 (1931), **515**, 97 (1935)).]

1877   CHARL. FRIEDEL und M. J. CRAFTS: Aluminiumchlorid als Katalysator für organische Synthesen unter $CO_2$-Einführung (C. r. **84**, 1392, 1450; **85**, **86**, 1368).

1878   VIKT. MEYER: Dampfdichtebestimmung nach dem Luftverdrängungsverfahren (B. **11**, 2255).

1878   W. KÜHNE: „*Enzyme* und Fermente" (begriffliche Trennung) Heidelberg, 1878; der Begriff besagt, „daß *in der Zyme* (= Hefe) etwas vorkommt, daß diese oder jene zu den fermentativen gerechnete Wirkung habe".

1878   WISCHNEGRADSKY: Amylenhydrat als tertiärer Alkohol erkannt (Ann. **190**, 328).

1879   WISCHNEGRADSKY: Alkaloide erstmalig als Derivate des Pyridins und Chinolins angesprochen (B. **12**, 1480). Vgl. a. LADENBURG, B. **12**, 947.

1879   IRA REMSEN und C. FAHLBERG: „Saccharin" entdeckt [B. **12**, 469 (1879)].

1880   ZD. SKRAUP: Chinolinsynthese aus Nitrobenzol und Glyzerin (Monatsh. **1**, 316; **2**, 141; B. **14**, 1002).

1880   AD. BAEYER: Erste Indigo-Synthese [B. **13**, 2254 (1880)].

1880   M. CONRAD und C. A. BISCHOFF: Malonsäureester-Synthese (Ann. **204**, 122; **209**; **214**).

1880   F. BEILSTEIN und KURBATOW: Untersuchung der Baku-Naphtha (B. **13**, 1818). Vgl. 1881.

1880–1882   F. BEILSTEIN: „Handbuch der organischen Chemie", zwei Bände, Leipzig.

1881   M. KUTSCHEROFF: Katalytische Wirkung von Hg-Salzen bei der Wasseranlagerung an Acetylen usw. [B. **14**, 1540 (1881)].

1881   E. ERLENMEYER: Darstellung der Brenztraubensäure aus Weinsäure [B. **14**, 320 (1881)].

1881 u. ff.   A. MICHAELIS (und Mitarbeiter): Darstellung aromatischer Arsen- bzw. Antimon- und Wismutverbindungen [B. **14**, 912 (1881); **19**, 1031 (1886) u. ff.; Ann. **201**, 184; **207**, 195; **242**, 164 (1887) u. ff.]. Vgl. a. B. **8**, 1316.

1881   H. KILIANI: Fruchtzucker als Ketose mit gerader Kette angesprochen [B. **14**, 2530 (1881); **18**, 3066 (1885)].

1881 u. ff.   O. DOEBNER: Kondensation von Phenolen bzw. aromatischen Säureanhydriden bzw. primären aromatischen Aminen mit Säurechlorid in Gegenwart von Chlorzink [Ann. **210**, 278 (1881); **217**, 242 (1882); Anilin und Benzotrichlorid bei Gegenwart von Eisenpulver); O. DOEBNER und W. v. MILLER haben aromat. Basen mit Aldehyden durch HCl kondensiert (B. **16**, 2464 (1883)].

1881   A. MICHAEL: Methode der Glucosiddarstellung durch Kondensation von Aglykon mit Acetochlor- (oder brom-)glucose; vgl. E. FISCHER u. E. F. ARMSTRONG [B. **34**, 2885 (1901)].

1881 u. ff.   W. MARKOWNIKOW (mit A. KRESTOWNIKOW): Versuche zur Synthese von Kohlenstoffringen [Ann. **208**, 347 (1881)]; mit W. OGLOBLIN: Isolierung cyclischer Kohlenwasserstoffe $C_nH_{2n}$ („*Naphthene*") und „Naphthensäuren" aus der Bakuer Naphtha [B. **16**, 1878 (1883)];. Beginn systematischer Studien in der Reihe des cyclischen Hexamethylens usw. durch A. BAEYER 1885; O. ASCHAN 1891; N. ZELINSKY 1895; J. WISLICENUS (Ringketone 1893); vgl. a. MARKOWNIKOW (C. r. **110**, 466 (1890), **115**, 462 (1892) u. ff.].

1882   V. MEYER: Oximbildung von Ketonen und Aldehyden mit Hydroxylamin [B. **15**, 1324 (1882)].

1882   V. MEYER: Entdeckung des Thiophens im Rohbenzol [B. **15**, 2893 (1882)].

1882   WILLIAM TILDEN: Isopren wird durch Spaltung von Terpentin $C_{10}H_{16}$ erhalten und zu Kautschuk polymerisiert [Soc. **42**, 411 (1884); Jahresber. 1882].

1882 u. ff.   E. FISCHER: Synthesen in der Puringruppe (B. **17**, 329).

1883   TH. CURTIUS: Erste Polypeptidsynthese und Diazoessigester entdeckt [B. **16**, 756, 2230 (1883); J. pr. Chem. (2) **38**, 401; **70**, 57].

1883   RUD. FITTIG und E. ERDMANN: Synthese des $\alpha$-Naphtholdoppelrings (B. **16**, 43; Ann. **227**, 248).

1882   V. MEYER bzw. H. GOLDSCHMIDT: Isomere Benzildioxime aufgefunden [B. **16**, 1616, 2176 (1883)]; vgl. a. V. MEYER u. K. AUWERS 1889.

1883   A. BAEYER: Indigoformel eindeutig festgestellt [B. **16**, 2204 (1883)].

1883   LUDW. BRIEGER: Entdeckung der Ptomaïne als Fäulnisprodukte (B. **16**, 1188, 1405).

1883   LUDW. KNORR: „Antipyrin"-Synthese verwirklicht (B. **16**, 2597).

1883   E. ERLENMEYER und LIPP: Synthese des Tyrosins durchgeführt (Ann. **219**, 161).

1883   J. KANONNIKOW: Auf Grund der Molekularrefraktion werden für Campher und Borneol die Ringformeln mit 1,4-Brückenbindung vorgeschlagen [Journ. Russ. Physik.-chem. Ges. **15**, 469 (1883)].

1884   „SCHOTTEN-BAUMANN-Reaktion": Kondensation von Säurechlorid (z. B. $C_6H_5COCl$) mit der OH- (oder $NH_2$-)Gruppe in alkalischer Lösung [B. **17**, 2445 (1884); **19**, 2218 (1886)].

1883/1885   W. H. PERKIN jun. stellt erstmalig Tri-, Tetra- und Pentamethylen-Derivate her (B. **16**, 1787, B. **17** und 18).

1884   LEWKOWITSCH: Spaltung der racem. Mandelsäure durch Schizomyceten (B. **17**, 2723).

1884   O. WALLACH: Beginn seiner systematischen Untersuchungen der Terpene und Campher [Ann. **225**, 291 u. f. (1884)].

1884   EMIL FISCHER: Hydrazone und Osazone der Zuckerarten entdeckt [B. **17**, 572 u. ff. (1884)].

1884   ETARD: Aldehydbildung aus aromatischen Kohlenwasserstoffen mittels $CrO_2Cl_2$ entdeckt [B. **17**, 1462 (1884)].

1884   „SANDMEYER*sche Reaktion*": Ersatz der Diazogruppe durch Halogene mittels Kuprosalzen als Katalysatoren [B. **17**, 2653 (1884), **23**, 1880; Ann. **272**, 141].

1884    TH. ZINCKE: Die Acetessigsäure kann je nach den Umständen sowohl als -CO-, als auch als -C(OH)< reagieren [B. **17**, 3030 (1884)].

1885 (1882)    A. W. HOFMANN-*Reaktion"*: Abbau von Säureamiden zu primären Aminen durch Na - hypochlorit od. - hypobromit (B. **15**, 407; **18**, 2731; **19**, 1822); Untersuchung des Reaktionsmechanismus durch J. KENYON u. ARCUS (Soc. **1939**, 916). WALLIS, J. Amer. Chem. Soc. **55**, 2598 (1933).

1884 u. ff.    R. FITTIG: Beginn der Untersuchungen über die „Laktone" („innere Anhydride" der Oxysäuren) (Ann. **226**, 322; **227**, 1 usw.; **268**, 1 u. ff.).

1884 u. ff.    „K. ELBS-*Reaktion"*: Synthese von Anthracenderivaten durch Pyrolyse von Diarylketonen, z. B. des 1,2-Benzanthracens [B. **17**, 2847 (1884); **18**, 1797; **19**, 2211 (1886)] — dieser Kohlenwasserstoff gilt als die Muttersubstanz der carcinogenen Kohlenwasserstoffe [J. W. COOK, Soc. **1933**, 395; **1937**; **1940**, 409); vgl. a. L. F. FIESER, J. Amer. chem. Soc. **57**, 228, 942, 2174 (1935)].

1885    A. BAEYER: „*Spannungstheorie*" für die Ringbildung [B. **18**, 2278 (1885)].

1885 u. ff.    CHARDONNET stellt die erste Kunstseide aus Nitrozellulose her.

1885    O. WALLACH: Borneol aus Campher mittels Na in abs. Alkohol [Ann. **230**, 225 (1855)].

1885    CANNIZZARO (und CARNELUTTI mit SESTINI): Konstitutionsformel des Santonins (B. **18**, 2746; **19**, 2260) Vgl. a. D. HAWORTH, Soc. **1930**, 1110, 2579.

1885    C. LAAR: Begriff der „Tautomerie" geformt [B. **18**, 648; **19**, 730 (1886); dazu vgl. a. ZINCKE, B. **17**, 3030 (1884)].

1886 u. ff.    A. BÉHAL: Experimentaluntersuchungen über Acetylenkohlenwasserstoffe. Vgl. dazu auch die (seit 1905) durchgeführten Studien von R. LESPIEAU.

1886    O. FISCHER u. E. HEPP: Umlagerung (Wanderung) der Nitrosoamine von Monoalkyl- oder Diarylaminen unter der Einwirkung von alkoholischer Salzsäure in p-Nitrosoverbindungen [B. **19**, 2991 (1886); **20**, 2475 (1887); vgl. a. A. HANTZSCH, B. **35**, 2975 (1902)].

1886    AM. WUNDERLICH: „Konfiguration organischer Moleküle" (Würzburg 1886).

1886    PIUTTI entdeckt in Wickenkeimlingen das rechtshemiëdrische Asparagin neben dem seit 1805 bekannten linkshemiëdrischen (C. r. **103**, 134).

1886    E. BECKMANN: Entdeckung der „BECKMANNschen Umlagerung": Ketoxime in Amide [B. **19**, 988; **20**, 506; 2584; **26**, 2272; **37**, 4136; Ann. **252**, 1 (1889)]. Vgl. dazu: KUHARA: „On the BECKMANN-Rearrangement". Tokio 1926; vgl. a. CHAPMAN, Soc. **1935**, 1223.

1886    A. LADENBURG: Erste Alkaloidsynthese, d - Coniin [B. **19**, 2578 (1886)].

1886    E. BAUMANN: Hypnotika Sulfonal, Trional, Tetronal (B. **19**, 2808).

1886    O. LOEW; B. TOLLENS: Katalyt. Darstellung von 30 bis 40 % Formaldehydlösungen [B. **19**, 2133 (1886), **20**, 144)].

1887    O. LOEW: Formosezucker aus Formaldehyd [B. **20**, 142, 3039 (1887)].

1887    E. FISCHER und J. TAFEL: Zuckersynthesen begonnen [B. **20**, 1088, 3384 (1887); **22**, 97 (1889), $\alpha$-Acrose und Acrit].

1887    H. KILIANI: Arabinose als eine Pentose erkannt [B. **20**, 282 (1887)].

1887    E. BECKMANN: Aus Benzaldehyd zwei isomere Benzaldoxime erhalten [B. **20**, 2766 (1887)].

1887    „WILLGERODT-Reaktion": Säureamidbildung aus Keton durch Erhitzen mit gelber Ammoniumsulfidlösung. Eine Modifikation gaben ARNDT und EISTERT 1935.

1887 „A. Michael-Reaktion" zur basisch katalysierten Kondensation von (aromatischen) Ketonen mit Malonsäureester [J. pr. Chem.35, 351 (1n 5); B. 33, 373 (1890); 37, 468; vgl. a. J. Amer. Chem. Soc. 53, 1150 (1931);885, 1632 (1933); B. 33, 373 (1900)].

1887 u. ff. „Gabriel-Synthese" primärer Amine über Phthalimidkalium und dessen Alkylierung [B. 20, 2224 (1887); 21, 566; 24, 3104].

1887 u. ff. „S. Reformatsky-Reaktion": Carbinolbildung aus $\alpha$-Halogensäureester und CO-halt. Körpern mittels Zink u. Hydrolyse (vgl. a. J. ch..m. Soc. 1950, 3646 sowie 1949, 2696, wo eine Abänderung geboten wird). Vgl. a. Diphy, Soc. 1951, 1570.

1885 u. ff. Hell - Volhard - Zelinsky: Katalytisch (mit P) bewirkte Bromierung der Fettsäuren und ihre Verwendung zu Synthesen stereoiomerer substituierter Bernstein- und Glutarsäuren. Es sind zu nennen:

1885 u. ff. R. Otto und H. Beckurts; 1881/89 Hell; Edv. Hjelt (1887), ferner insbesondere D. Zelinsky (1887 u. ff.) sowie C. A. Bischoff, 1887 u. ff. [Vgl B. 20, 2099, 2741, 2990 (1887); 21, 2106, 3171; 22, 389, 646 u. ff.; 24, 2209 (1891)].

1887 Joh. Wislicenus: „Über die räumliche Anordnung der Atome in organischen Verbindungen." Leipzig 1887".

1888 V. Meyer: „Die Thiophengruppe". Braunschweig.

1888 A. Baeyer: Hydroaromatische Körper, deren Cis- und Trans-Isomerie [Ann. 245, 103, 130 u. f. 170 (1888); 251; 256].

1888 R. Bohn-Schmidt (R. E.): Einführung von Hydroxylgruppen in Anthrachinon mittels $H_2SO_4$ (mit Hg und Selenspuren) und Borsäure.

1888 R. Behrend u. O. Roosen: Erste Harnsäure-Synthesen ausgeführt [Ann. 251, 235, 240, 245 (1888)].

1888 u. ff. Th. Zincke) und Mitarbeiter): Untersuchungen an Phenolen und Ketonen über Substitutions- und Umlagerungsvorgänge, z. B. die Darstellung von 2 stereoisomeren Hydrobenzoinen aus Benzil (B. 21, 3540; 22, 1024, 1467, 3273; 23, 230, 1706, 2210; Ann. 259, 100; 261, 208 u. ff.) Der Diacetylester des einen Hydrobenzoins ist durch Krystallisation in die beiden optischen Antipoden gespalten worden [E. Erlenmeyer jun. B. 30, 1531 (1897)].

1888 E. Schmidt: Untersuchungen über das Scopolamin (Arch. Pharm. 1888, 185; 1892 ,207; 1896, 260, 321; 1898, 9, 33, 49).

1888 V. Meyer: Bezeichnung „Stereochemie" geformt [B. 21, 789 (1888)]; 23, 538 (1890).

1889 Wilh. Ostwald: „Affinitätsgrößen organischer Säuren und ihre Beziehungen zur Konstitution derselben" (Z. phys. Chem. 3, 170 u. f.).

1889 O. Wallach: Über d- und l-Limonen sowie deren Razemform Dipenten (Ann. 252, 144).

1889 L. Knorr: Beginn der Konstitutionsaufklärung des Morphins; gemeinsam mit P. Duden und insbesondere mit H. Hörlein wird die Architektur des Moleküls 1912 festgestellt [B. 22, 181 (1889); 45, 1354].

1889 u. ff. „L. Claisen-*Kondensation*" von Fettsäureestern usw. zu $\beta$-Ketoestern und $\beta$ - Diketonen mittels $Na-OC_2H_5$ (od. metall. Na) [B. 22, 1009, 3273 (1889); 23, 976; 38, 1953 (1905); Ann. 218, 121; 223, 227 u. ff.]. Über Zusatz von Katalysatoren: C. R. Hauser [J. Amer. chem. Soc. 66, 1220, 1768 (1944) u. ff.; 70, 606 (1948); 71, 1350 (1949)].

1890 A. Kekulé: Pyridin-(Sechsring)Formel gesichert [R. Anschütz, A. v. Kekulé II. Bd. 758 (1929; vgl. a. B. 23, 1265].

1890 R. Scholl: Konstitution der Knallsäure C=NOH bestimmt [B. **23**, 3506 (1890); vgl. a. Nef, Ann. **280**, 302 (1894); B. **33**, 51].

1890 A. Hantzsch u. A. Werner: Stereochemie des dreiwertigen Stickstoffs; anti- u. syn-Formen [B. **23**, 11, 1243, 2322, 2764; **24**, 13.¦ 31. 1192 (1891)].

1890 E. Fischer: Mannose- u. Fructose-Synthese (B. **23**, 370).

1890 E. Fischer: Glykose-Synthese (B. **23**, 799).

1890 E. Fischer: Isomaltose-Synthese (B. **23**, 3687).

1890 A. Baeyer: Cis- und Trans-Formen der Hexahydrophthalsäure [Ann. **258**, 214 u. f. (1890)].

1890 F. W. Semmler: Erstes „olefinisches Terpen" Geraniol festgestellt [B. **23**, 1102 (1890) u. f.].

1890 C. Liebermann: Iso- u. Allo-Zimtsäure erhalten [B. **23**, 141, 512, 2510; **25**, 90, 950 (1892); **28**, 1446; **42**, 43 (1909)].

1890 J. A. Le Bel: Erste optische Spaltung von $N(R_1R_2R_3R_4)$ Cl durch Pilze (C. r. **112**, 724).

1890 Erstmalig Kunstseide in Frankreich *fabriziert* (*Chardonnet*verfahren).

1891 Crum Brown und Jam. Walker: Anodische Synthesen durch Elektrolyse von aliphatischen Carbonsäuren [Ann. **261**, 107 (1891)]. Vgl. a. R. P. Linstead (J. chem. Soc. **1950**, 3326 u. f.); Aufklärung des Reaktionsverlaufes: K. Clusius, [Z. phys. Chem. (A), **190**, 241 (1942), **191** und **192**].

1891 Cross, Bevan u. Beadle: Darstellung von Viskosekunstseide.

1891/92 Borchers, Willson u. a.: Elektrothermische Gewinnung von $CaC_2$ (daraus $C_2H_2$!).

1892 u.ff. R. Anschütz und Schroeter: Tetra- und Polysalicylid, zwei Anhydroprodukte der Salicylsäure [B. **25**, 3506, 3512. Ann. **273**, 73 (1893); **367**, 164 (1909); **439**, 8 (1924); L. Anschütz B. **77**, 644 (1944); J. pr. Chem. **159**, 264, 343 (1942); Meerwein B. **74**, 52 (1941)]. Wilson Bakers erneute Untersuchung (J. chem. Soc. **1951**, 200—208) hat die Existenz von folgenden 4 Anhydridringen ergeben: cis-*Di*salicylid, *Tri*salicylid mit 12 Ringgliedern, ein Tetrasalicylis und ein *Hexa*salicylid (= früher „Polysalicylid") mit 24 Ringgliedern.

1892/97 Barbier und Bouveault: Untersuchung der olefinischen Terpene (C. r. **116, 117** u. ff.

1892/93 Willgerodt und V. Meyer: Entdeckung aromatischer Jodsauerstoffverbindungen (B. **25**, 2632, 3494, **26** u. ff.).

1893 J. Bredt: Konstitutionsformel des Camphers und der Camphersäure gegeben [B. **26**, 3047 (1893); Ann. **289**, 1 (1895/96)].

1892 R. E. Schmidt: Borsäure katalysiert die Hydroxylierung des Anthrachinons.

1893 W. Markownikow u. A. Reformatsky: Isolierung eines Rosenölalkohols $C_{10}H_{20}O$ [J. pr. Chem. (2), **48**, 293 (1893)].

1893 F. Tiemann u. P. Krüger: Isolierung des Veilchenriechstoffes Iron und Synthese des Ionons [B. **26**, 2675, 2691 (1893); **28**, 1754; **31**, 308 (1908); vgl. dagegen die Untersuchungen von L. Ruzicka, Helv. Chim. Acta 1919 bis 1947.].

1893 A. Bischler und Napieralski: Methode der Darstellung von Isochinolinderivaten durch intramolekulare Kondensation von Acylderivaten eines $\beta$-Phenyläthylamins [B. **26**, 1903 (1893); **42**, 1973, 2075 (1909); vgl. a. Hromatka, **62, 325**)].

1893 u. ff. Mich. Konowalow: Nitrierung von Kohlenwasserstoffen durch $HNO_3$ [B. **25**, ref. 108 (1892) u. ff.; Chem. Zentralbl. 1906, I und II].

1894 Th. Zincke: Alle Substitutionsvorgänge sind auf vorherige Additionsprodukte zurückzuführen [B. **27**, 2753 (1894)].

1894 E. FISCHER: Asymmetrische Synthese [B 27, 3230 (1894); 36, 2575 (1903)]

1894 A. HANTZSCH: Stereochemie der Diazoverbindungen [B. 27, 1702 (1894) u. f.].

1894 V. MEYER u. C. HARTMANN: Entdeckung der Jodoniumbase $(C_6H_5)_2J.$ OH [B. 27, 426, 502, 1592 (1894)].

1894 V. MEYER: „Stereochemische Hinderung" oder „Orthoeffekt" [B. 27, 510, 1580, 3140 (1894); 28, 2775 u. f. (1895)].

1894 O. ASCHAN: Stereochemische Eingliederung der vermeintlichen 13 isomeren Camphersäuren [B. 27, 2001; Ann. 316, 241 (1901)].

1894 H. v. PECHMANN: Entdeckung von Diazomethan (B. 27, 1880; 28, 855, 1682).

1894 u. ff. GEORG WAGNER: Beginn seiner Untersuchungen über Terpene und Konstitutionsaufklärung von Limonen [B. 27, 1652, 2270 (1894)].

1894 u. ff. EUG. BAMBERGER: $\beta$-Phenylhydroxylamin durch Zinkstaub aus Nitrobenzol und Nitrosobenzol durch Oxydation des ersteren (B. 27, 1347; vgl. a. A. WOHL, ib. 1432).

1894 „DIECKMANN-Reaktion" zur Darstellung carbocyclischer Verbindungen aus Dicarbonsäureestern mittels Natrium (B. 27, 965; 30, 1470 u. ff.)

1894 „CURTIUS-Reaktion": Darstellung von primären Aminen aus Säurechlorid und $NaN_3$ oder von Aminosäuren aus Malonestermonohydrazid (od. Azid) [J. pr. Chem. 70, 57; B. 26, 182 (1893); B. 27, 779; 29, 1166; E. FISCHER, B. 39, 530, 553].

1894 u. ff. E. FISCHER mit ZACH, THIERFELDER, ARMSTRONG, B. HELFERICH: Sterische Spezifität der Enzyme gegenüber Glucosiden [B. 27, 2031, 2895, 3479 (1894); 35, 3142 (1902); 45, 3761 (1902); Ann. 383, 85 (1911); vgl. a. die Pilzspaltungen der Zucker: B. 23, 382, 260; 25, 1259 (1892)].

1894 u. ff. (1898) „E. KNOEVENAGELs Reaktion": Kondensation von Aldehyden z. B. mit Acetylaceton, Malonsäure „durch organische Basen": Diäthylamin, Piperidin als Katalysator [Ann. 281, 25 (1894); B. 27, 2345 (1894); 36, 2172 (1903); 37, 4464 (1904); vgl. O. DOEBNERs Synthese der Sorbinsäure B. 33, 3140 (1900); zur Aminkatalyse vgl. a. R. KUHN, B. 69, 98 (1936); 70 u. ff.]; LAPWORTH, Soc. 1904, 46; ferner D. VORLÄNDER, B. 33, 3185 (1900) u. ff.; zur Deutung der Reaktion: INGOLD u. Mitarb.: Soc. 119, 1976 (1921); 121, 1414 (1922); 1926, 1868; 1934, 89; ebenfalls RYDON, Soc. 1935, 421; 1938, 42 u. ff.

1895 C. TANRET: Isolierung der 3 Traubenzuckerformen mit den Drehungen $[\alpha]_D =$ + 106° bzw. + 52,5° ($\beta$-Form) und + 22,5° [$\gamma$-Form (C. r. 120, 1060 (1895)]; auch von der Galaktose stellte er zwei Formen her [Bull. Soc. chim. France (3) 15, 337 (1896)].

1895/96 A. F. HOLLEMAN: Über die labile (salzbildende) Isoform und die stabile (neutrale) durch Alkalien isomerisierbare Form der Nitrokörper [Rec. Trav. chim. Pays-Bas, 14, 129 (1895), ebenso M. KONOWALOW, B. 29, 2193 (1896) und insbesondere A. HANTZSCH, vgl. nachfolgend].

1895 A. FRANK und N. CARO: Calciumcyanamid $CaCN_2$ entdeckt (Patent).

1895 A. SAPPER: Katalyt. Oxydation (Hg) von Naphthalin zu Phthalsäure (Patent).

1895 E. BAUMANN: Isolierungsversuche am Schilddrüsenhormon „Thyroxin" (Hoppe-Seylers Z. physiol. Chem. 21, 319, 481; 22, 1).

1895 u. ff. RUD. FITTIG: Ungesättigte Carbonsäuren und ihre Umlagerungen (Ann. 283, 47, 269; 330; 331 u. ff.).

1894/96 LUDW. KNORR: Pyrazole [Ann. 279, 188 (1894); 293, 70].

L. CLAISEN: Dibenzoylaceton [Ann. 291, 25, 93 (1896)].

W. WISLICENUS: Formylphenylessigsäureester [Ann. 291, 147, 160, 176 (1896); B. 22, 2839 (1899)].

A. HANTZSCH: Nitro- und Isonitrokörper [B. 29, 2256; 32, 622; 39, 1084 (1906)].

Tautomerie-<br>erscheinungen<br>und ihre Bezie-<br>hungen zu den<br>Dielektrizitäts-<br>konstanten der<br>Lösungsmittel.

1895 u. ff. P. Jacobson: Benzidin- (Semidin-) Umlagerungen der Hydrazoverbindungen [Ann. **287**, 97 (1895); **427**, 142; **428**, 76, 142 (1922). Zur Deutung: R. und M. Robinson, Soc. **113**, 645 (1918); Ingold, ib. **1933**, 984].

1896 Th. Curtius: „Über Hydrazine, Stickstoffwasserstoff und die Diazoverbindungen der Fettreihe." [Vortr., B. **29**, 759 (1896)].

1896 u. ff. P. Walden: Optische Umkehrerscheinungen [B. **29**, 759 (1896); **30**, 2795, 3164 (1897); **32**, 1848 (1898); **33** u. ff.].

1896 u. ff. C. Engler (u. Mitarb.): Über Autoxydation, Aufnahme eines Sauerstoffmoleküls unter nachheriger Abgabe eines Atoms [B. **30**, 1669 (1897); **33**, 1090 (1900); Engler und Weissberg: „Kritische Studien über die Vorgänge der Autoxydation." Braunschweig 1904. Ferner: Über biologische Oxydationen, Hoppe-Seylers Z. physiol. Chem. **59**, 327 (1909)].

1896 u. ff. H. Stobbe: Kondensationsmethode von Bernsteinsäurediäthylester mit aromatischen Ketonen [Ann. **282**, 281 (1894) u. ff.; B. **35**, 1727 (1902)]. Eine Verbesserung der Methode gab W. S. Johnson [J. Amer. chem. Soc. **67**, 1357 (1945); bzw. **72**, 501 (1950)].

1896 C. A. Lobry de Bruyn und W. A. van Ekenstein: Isomerisation von Glucose $\rightleftarrows$ Fructose $\rightleftarrows$ Mannose durch Alkalien [B. **28**, 3078 (1896); Rec. Trav. chim. Pays-Bas **16**, 262, 274 (1897)].

1897 Christ. Eykman: Durch Fütterung von Hühnern und Tauben mit poliertem Reis wird künstlich Beri-Beri-Krankheit erzeugt, durch Ernährung mit rohem ungeschältem Reis wird die Krankheit behoben.

1897 Ed. Buchner: Entdeckung des zellfreien Gärungsfermentes „Zymase" [B. **30**, 117, 1110, 2668 (1897); vgl. a. Ann. **349**, 125, 140].

1897 Spitteler und Krische: Kunststoff Galalith entdeckt (Patent).

1897 Künstlicher Indigo kommt auf den Markt.

1897 Emil Fischer: Synthese von Coffein und Theobromin ausgeführt (B. **30**, 549).

1897 J. Gadamer: Über die Bestandteile des schwarzen und weißen Senfsamens und das Glucosid Synigrin [Arch. Pharm. **1897**, 44, 570; B. **30**, 2327 (1897)].

1897 u. ff. P. Sabatier und J. B. Senderens: Entdeckung der katalytischen Hydrierung mittels Ni [C. r. **124**, 1358 (1897); 1270 (1899); **128**, 1173; **130**, 1559; **132**, 210, 566, 1254 (1901); **133**, 321 (1901) u. ff.; vgl. a. B. **44**, 3180 (1911)]. Unter der Annahme einer Nickelhydrürzwischenbildung wurden total hydriert: Benzol und Homologe, Nitrobenzol zu Anilin, Acetylen zu Kohlenwasserstoffen (je nach der Temperatur usw. petroleumähnlich), CO und $CO_2$ zu Methan, Aldehyde und Ketone zu Alkoholen usw.

1897 W. H. Perkin jun. und J. F. Thorpe: Synthese der Camphoronsäure [J. chem. Soc. **71**, 1169 (1897) u. ff.; Camphersäure **85**, 128 (1904)].

1898 Croft Hill: Enzymatische Synthese der (Iso-) Maltose aus Glucose [Soc. **73**, 634 (1898)].

1898 W. Markownikow: Nitrierung von Cyclohexan u. a. [Ann. **302**, 15 (1898); B. **32**, 1441 (1899); **35**, 1584 (1902)].

1899 u. ff. W. Marckwald und Alex. McKenzie: Asymmetrische Synthese [B. **32**, 130 (1899); **33**, 218; **34**, 469 u. ff.]. Weitere Literatur: McKenzie [J. chem. Soc. **121**, 349 (1922)]; G. Bredig [Angew. Chem. **36**, 456 (1923)].

1899 J. N. Collie und Th. Tickle: Basische Eigenschaften O-haltiger Verbindungen [J. chem. Soc. **75**, 710 (1899)]; vgl. a. P. Walden [B. **34**, 4190 (1901), **35**, 1771 (1902)].

1899 Joh. Thiele: Theorie der „Partialvalenzen" (Ann. **306**, 87 (1899) u. f.].

1899   *Aspirin* (= Acetylsalicylsäure 1853 von Cн. Gerhardt erstmalig gewonnen) wird nach A. Eichengrün und Fel. Hoffmann rein dargestellt und von Heinr. Deeser klinisch geprüft als Heilmittel.

1899   E. Erlenmeyer jr.: Synthese und optische Spaltung des (Benzoyl-)Tyrosins (B. **32**, 3638; Ann. **307**, 138).

1899   W. Pope und Peachey: Spaltung des $\alpha$-Benzylphenylallylmethylammoniums in die optischen Antipoden durch Krystallisation des Camphersulfonats (J. chem. Soc. **75**, 192 u. ff.).

1899   Knorr: Darstellung von Diacetbernsteinsäureester aus Acetessigester und Natrium [Ann. **306**, 332 (1899)].

1899   P. Walden: Der Ersatz der Hydroxylgruppe durch Halogene (bei der Waldenschen Umkehrung) wird unter der Annahme von *Ionenreaktionen* gedeutet, bzw. als Austausch des HO-Ions gegen das Br-Ion zwischen dem organischen Oxycarbonsäureester und dem anorganischen sog. Nichtelektrolyten, z. B. dem $PBr_5$ oder $PCl_5$ [B. **32**, 1848 (1899)]. Zur experimentellen Prüfung dieser Arbeitshypothese wurde ein neues Lösungsmittel — flüssiges Schwefeldioxyd — herangezogen. Vgl. a. P. Walden, 1902/03.

1899 u. ff.   E. Wedekind: Zur Asymmetrie des fünfwertigen Stickstoffs, optische Aktivierung und Autorazemisierung, z. B. $\alpha$-Benzyl-allyl-phenyl-methyl-Ammoniumjodid oder -bromid in Chloroform (1903) [B. **32**, 571, 722 u. ff. (1899); 60. Mitt. B. **67**, 2007 (1934)]. Die Autorazemisierung ist eine Folge der Solvolyse, indem das Halogenaryl $C_6H_5.CH_2Br(J)$ sich abspaltet [Z. Elektrochem. **12**, 330 (1906); B **41**, 2663 (1908); **44**, 1410; **61**, 1372 (1928); vgl. a. H. v. Halban, B. **41**, 2417 (1908)].

1899 u. ff.   G. Wagner bzw. E. E. Blaise und G. Blanc } Umlagerungen bei häufiger $H_2O$-Abspaltung in der Gruppe der polycyclischen Terpene beobachtet und auf die Analogie mit den Pinakolinumlagerungen verwiesen.

[Journ. Russ. Physik.-chem. Ges. **31**, 680 (1899); B. **32**, 2064 (1899) bzw. Bull. Soc. chim. France (3) **19**, 350 (1898); **23**, 164 (1900)].

## C. Analyse der Entwicklung der Chemie im 19. Jahrhundert.

### I. Klassische Werke:

Berthollet: Essai de statique chimique. Paris 1803. (Gesetz der Massenwirkung).

J. Dalton: A New System of Chemical Philosophy. London 1808. (Grundlage der Atomtheorie.)

J. J. Berzelius: Lehrbuch der Chemie. 1808—1818. Letzte V. deutsche Ausgabe 1843—1848 in 5 Bänden.

H. Davy: Elements of Chemical Philosophy. 1812.

Thénard: Traité de Chimie. Paris 1813—1816.

Leop. Gmelin: Handbuch der theoretischen Chemie. I. Aufl. 1817—1819. (In vielen Auflagen bis zu einer Enzyklopädie erweitert.)

Chevreul: Recherches chimiques sur les corps gras de l'origine animale. 1823.

Berzelius: Jahresberichte, seit 1821 bis 1848.

Liebig: Die organische Chemie in ihrer Anwendung auf Agrikultur und Physiologie. 1840.

Dumas et Boussingault: Essai de statique chimique des êtres organisés. 1841.

Liebig: Die organische Chemie in ihrer Anwendung auf Physiologie und Pathologie. 1842.

H. Kopp: Geschichte der Chemie. 1843—1847. (4 Bände.)

Ch. Gerhardt: Traité de chimie organique. 1853—1856. (Molekulartheorie.)

A. Kekulé: Lehrbuch der organischen Chemie. 1859—(1887); in 4 Bänden.

L. Meyer: Die modernen Theorien der Chemie. 1864. (V. Aufl. 1884.)

C. W. Blomstrand: Die Chemie der Jetztzeit. 1868/69. (Wechselnde und elektrochemische Valenz der Elemente.)

M. Berthelot: Chimie organique fondée sur la synthèse. 1860.

M. Berthelot: Mécanique chimique fondée sur la Thermochimie. 1879.

J. H. van't Hoff: La chimie dans l'espace. 1875.

Roscoe (Schorlemmer): Lehrbuch der anorganischen Chemie (engl.). 1877 u. ff.

Fr. Beilstein: Organische Chemie. I. Aufl. in 2 Bänden. 1880 ff. (4. Aufl., 1918 bis 1930 und Ergänzungsbände.)

Landolt-Börnstein: Physikalisch-chemische Tabellen. (2. Aufl. 1894; 5. Aufl. 1923, dazu Ergänzungsbände.)

J. H. van't Hoff: Etudes de dynamique chimique. 1884.

Wilh. Ostwald: Lehrbuch der allgemeinen Chemie. I. Aufl. 1885—1887. (Zweite Aufl. seit 1890, unvollendet.)

Wilh. Ostwald: Wissenschaftliche Grundlagen der analytischen Chemie. I. Aufl. 1894. (7. Aufl. 1920.)

Walter Nernst: Theoretische Chemie. I. Aufl. 1893. (15. Aufl. 1926).

Wilh. Ostwald: Klassiker der exakten Wissenschaften (seit 1889).

Wilh. Ostwald: Hand- und Hilfsbuch für physikalisch-chemische Messungen. I. Aufl. 1893.

Wilh. Ostwald: Elektrochemie (ihre Geschichte und Lehre). 1896.

II. Versuchen wir, aus der Vielheit und Mannigfaltigkeit der *schöpferischen Leistungen* der Chemie des 19. Jahrhunderts die Hauptprobleme herauszulösen und die Fortschritte gegenüber dem vorangegangenen Jahrhundert zu charakterisieren. Ganz allgemein läßt sich die chemische Arbeitsweise als eine ausgesprochen *wissenschaftliche Forschung* kennzeichnen, die an Intensität und Extensität alle früheren Perioden weit überragt, dies sowohl auf dem präparativen, als auch dem erkenntnis-theoretischen und literarischen Gebiet. Dabei spielt die *Physik* mit ihren Forschungs- und Denkmitteln wiederholt eine entscheidende und zeitlich zunehmende Rolle — sagte doch ein Bunsen: „Ein Chemiker, der nicht auch Physiker ist, ist gar nichts" — um im letzten Viertel des Jahrhunderts ausgesprochen in eine *physikalische Chemie*, mit besonderer Betonung der Elektrochemie und der Thermodynamik (Arrhenius, J. H. van't Hoff, Wilh. Ostwald, Walt. Nernst u. a.) auszumünden. Ein anderes Charakteristikum der Forschung des 19. Jahrhunderts ist ihre Hinwendung zu den *organischen Naturstoffen*, die infolge der andersgearteten Arbeitsmethodik und der Eigenart der Objekte zu einem Sonderabschnitt, zu der sog. „*organischen Chemie*" oder auch „*Chemie der Kohlenstoffverbindungen*" sich entwickelt: Diese wird die eigentliche Wiege der organischen *Synthese* und zugleich deren Entwicklungsstätte für eine immer sich erweiternde Nachahmung der Naturstoffe.

Am Ausgangspunkt steht hier Wöhlers *Zufalls-Synthese des Harnstoffs* durch freiwillige Umlagerung des cyansauren Ammoniums (1828). Nicht nur als chemische Tatsache und Prototyp der Isomerisation ist diese Entdeckung von grundlegender Bedeutung, sondern gleichermaßen auch in weltanschaulicher Hinsicht. Geht es doch um die Frage: „Kann die Chemie unter Verwendung der physikalisch-chemischen Kräfte und Arbeitsmethoden *auch* die im *lebenden* (Tier- und Pflanzen-) *Organismus* erzeugten Verbindungen herstellen, oder ist deren Entstehung als ein Reservat der sog. „*Lebenskraft*" oder „vis vitalis" (nach der Lehre der Vitalisten) zu betrachten? Als Wöhler in seiner Entdeckerfreude von seinem ungeahnten Funde — „das cyansaure Ammoniak ist Harnstoff" — brieflich (Jan. 1828) dem chemischen Großmeister J. J. Berzelius (Stockholm) berichtet hatte, erhielt er umgehend dessen Antwort:

> „Nachdem man seine Unsterblichkeit beim Urin angefangen hat, ist wohl aller Grund vorhanden, die Himmelfahrt bei demselben Gegenstand zu vollenden...."

Doch — stammte nicht die Cyansäure vom Cyan und dieses von dem aus *tierischen* Abfällen bereiteten gelben *Blut*laugensalz her, also von einem durch „Lebenskraft" erzeugten Ausgangsmaterial? Und ist nicht auch Ammoniak das Zerfallsprodukt tierisch-pflanzlicher Eiweißstoffe? Mit solchen Argumenten lehnten die Vitalisten die allgemeine Bedeutung der Harnstoff-Synthese ab. Es ist daher die oft geäußerte Ansicht — mit der Wöhlerschen Harnstoff-Synthese sei der Vitalismus widerlegt worden — nicht berechtigt. Erst mußte die Chemie aus eindeutig *anorganischen*, möglichst elementaren Stoffen eine dem *organischen* Leben entstammende Verbindung synthetisieren, um beweisen zu können, daß sie mit ihren *drastischen* Methoden — also unbeschadet der *Verschiedenheit der Verfahren* — präparativ zu den *gleichen Ergebnissen* gelangen kann. Den ersten Beweis dafür lieferte Herm. Kolbe (1845) durch seine Totalsynthese der Essigsäure (bzw. Trichloressigsäure) aus den Elementen Kohlenstoff und Schwefel zu $CS_2$, diesen durch Chlor zu $CCl_4$, das durch Hitze gespalten wird in $CCl_2 : CCl_2$ — Chlorierung in der Sonne und Hydrolyse liefern nun $CCl_3 \cdot COOH$, die (nach Melsens reduziert) $CH_3 \cdot COOH$ gibt. Kolbe bezeichnete diese Reaktionsfolge bewußt als die „*Synthese*" einer organischen Substanz aus ihren Elementen, und über Wöhlers Zufallssynthese prägte er nachher das Wort:

> „Wöhler ging — wie Saul, der Sohn Kis — aus, ein Eselein zu suchen und fand ein Königreich."

a) Im Vordergrund der wissenschaftlichen Forschung der Chemie steht das *Problem der Materie* selbst mit dem Axiom ihrer Unzerstörbarkeit bzw. der *Erhaltung des Gewichts*. Mit der Überwindung der antiken 4 Elemente des Aristoteles gelangte die materialistisch-mechanistische Atomtheorie des Demokrit — nach vorheriger Stabilisierung des Begriffes der *chemischen Elemente* und der durch Dalton vollzogenen Umbildung des Atombegriffes — zur Geltung.

Über die Entwicklung der Elemente im 19. Jahrhundert können wir die folgenden Zahlenangaben machen:

Um 1800 beträgt die Zahl der vermeintlichen Elemente rund **34**.

Im J. 1814 kann Berzelius bereits für 46 Grundstoffe erstmalig die chemischen *Symbole* aufstellen [vgl. Thomsons Ann. of Philos. **3**, 51 (1814)].

Im J. 1852 gibt L. Gmelin [Handb. d. Ch. I, 463 (1852)] die Beschreibung von **62** Elementen (darunter von 50 Metallen).

Im J. 1869/70 bei der Aufstellung des *periodischen Systems* der Elemente kann Loth. Meyer 52 genauer untersuchte Elemente in seine chemischen Familien einreihen, während Dim. Mendelejeff ein System mit **60** *bekannten* Elementen und 27 (noch zu entdeckenden) Lückenelementen aufbaut. Außerdem stellt er als wahrscheinlich hin, daß es noch Elemente zwischen H = 1 und Li = 7 sowie Elemente gibt, die leichter als H = 1 sind.

Im J. 1900 zählte man 84 individuelle einfache Stoffe oder Elemente. Die *Atomtheorie* in der Konzeption DALTONS sollte zuerst ihm ein Hilfsmittel zur anschaulichen Deutung des *physikalischen Verhaltens* (Löslichkeit, Druck) der *Gase* sein, die Übertragung der atomistischen Lehre auf die *chemischen Verbindungen* bedurfte noch der begrifflichen Umgrenzung und einer experimentellen Ergänzung. Während DALTON erst 1803, resp. 1808/10 die Grundsätze seiner Atomlehre aufstellte, also das Gesetz von den multiplen einfachen Verhältnissen, nach welchem sich die für jedes bestimmte Element spezifischen Atome miteinander oder mit den Atomen anderer Elemente vereinigen, hatte JER. BENJ. RICHTER bereits seit 1792 durch seine experimentellen stöchiometrischen Untersuchungen ermittelt, daß Säuren und Basen sich nur im *Verhältnis bestimmter relativer Verbindungs-* oder *Äquivalentgewichte vereinigen* können, bzw. die Metalle mit bestimmten Äquivalentgewichten einander ersetzen. DALTON versah seine Atome — je nach dem Element — mit relativen Atomgewichten (Wasserstoff als Einheit gesetzt). Seinerseits hatte JOS. LOUIS PROUST durch die chemische Analyse von natürlichen und künstlichen Stoffen mit bestimmten gleichen Eigenschaften gezeigt, daß sie auch die gleiche elementare Zusammensetzung haben, also die Vereinigung der Elemente in *konstanten* Proportionen erfolgt (1802—1806). Übrigens hatte schon C. F. WENZEL (1777) für das chemische Individuum den Satz formuliert: „Daß *eine jede Verbindung der Körper eine bestimmte und unveränderlich bleibende Abmessung* haben muß..... ist schon an sich klar...... Es folgt daher notwendig, daß eine jede mögliche Verbindung zweier Körper mit jeder anderen *beständig* in dem *genauesten Verhältnis* steht". Es ist dies die seit alters existierende Vorstellung von den durch die Natur den Körpern aufgeprägten Verhältnissen nach *Gewicht* und *Maß*, pondere et mensura, bzw. von dem „pondus naturae", das auch G. E. STAHL klar gesehen hat. Was DALTON und PROUST durch ihre noch unzureichenden und wenig genauen Analysen an Gesetzen zu begründen bestrebt waren, wurde dann von BERZELIUS in einer vorbildlichen Weise gesichert, sowohl was die Genauigkeit der quantitativen Bestimmungen der Atomgewichte (Äquivalentgewichte) betrifft, als auch hinsichtlich der Zahl der durchgeführten Analysen und der analysierten Objekte. Als er die seit 1808 erarbeiteten Resultate im J. 1818 vorläufig abschloß, konnte er die Atomgewichte von 46 Grundstoffen und die Verbindungsgewichte von rund 2000 eigenhändig analysierten Körpern anführen [Schweigg. Journ. 21, 307 (1818)]: *Das Gesetz der konstanten chemischen Proportionen war eindeutig bewiesen.* (Daß diese gewaltige Arbeitsleistung von BERZELIUS ihn in einen Zustand bedrohlicher geistiger und körperlicher Erschöpfung gebracht hatte, sei nebenher bemerkt: Eine über ein Jahr dauernde Auslandsreise war zur Wiederherstellung der Gesundheit erforderlich). Mit Hilfe der von BERZELIUS geschaffenen und entwickelten *Zeichensprache* (1814 u. ff.) war es nun möglich, jede chemische Verbindung kurz und der *Art* wie der *Zusammensetzung* nach zu kennzeichnen. Es wirkt wie eine Ironie, daß gerade ein DALTON noch 1837 diese Zeichensprache ablehnte: „Sie (die Symbole) erschienen ihm wie Hebräisch". So entstanden erstmalig die *empirischen chemischen Formeln.*

b) Welche *Kräfte* waren nun wirksam, um die Atome in der Verbindung — etwa $K_2SO_4$ oder $K^2SO^4$ — zusammenzuhalten?

Auch zu dieser Problemstellung hatte BERZELIUS durch seine elektrochemisch-dualistische Theorie grundlegende Ansichten beigesteuert (1818 u. ff.), es sind im wesentlichen elektrische Anziehungskräfte polarer Natur, und zwar derart, „... daß *eine jede Verbindung*, sie mag übrigens aus beliebig vielen Bestandteilen zusammengesetzt sein, *in zwei geteilt werden kann, von denen der eine positiv und der andere negativ elektrisch ist".* In der *organischen* Chemie versagte das Prinzip, obgleich man zeitweilig mit positiven und negativen Radikalen operierte: Erklärte doch noch 1843 ein LIEBIG: „Die organische Chemie — Chemie der zusammengesetzten Radikale". Die elektrochemische Theorie wurde von DUMAS bekämpft, auf Grund der Substituierbarkeit des positiven Wasserstoffs durch das negative Chlor (1839), und die Typentheorie übernahm zeitweilig die Führung, doch die Radikale, z. B. $CH_3$, $C_2H_5$ usw. behaupteten sich weiter: Als positive Radikale $CH_3$ und $C_2H_5$ ließen sie sich — zufolge der Entdeckung von EDW. FRANKLAND (1849) — mit dem positiven Metall Zink verbinden und anstelle der negativen Halogene setzen, z. B.: $ZnJ_2 \rightarrow Zn\,(CH_3)_2$ oder $Zn\,(C_2H_5)_2$. Damit waren die *metallorganischen Verbindungen* entdeckt, und in weiterer experimenteller Übertragung auf andere Metalle und Metalloide schuf FRANKLAND die Basis für die sogen. *Sättigungskapazität* oder Atomizität (Valenz) der Elemente (1853 u. ff.). Nachdem nun im J. 1858 KEKULÉ sowie COUPER die *Vierwertigkeit* des *Kohlenstoffs* und seine *Kettenbildungsfähigkeit* erkannt hatten, ging man folgerichtig weiter und zu *rationellen Formeln* über. Es war COUPER, der erstmalig auseinandergezogene Formeln mit Berücksichtigung der Valenzwerte, die durch Striche angedeutet

wurden, benutzte, z. B. für Alkohol $C_2H_6O = C_2H_5OH$ :  $C\begin{cases} O\!-\!H \\ -\!H_2 \\ C\!-\!H_3 \end{cases}$

Dies gab schon die „*Struktur*", die *Konstitution* des Alkohols wieder. KEKULÉ seinerseits forderte (1859) Formeln, um „. . . eine gewisse Vorstellung von der chemischen Natur einer Verbindung, also namentlich von ihren Metamorphosen und von den Beziehungen, in welchen sie zu anderen Körpern steht", zu gewinnen. Eine Streitfrage war noch zu lösen, nämlich: Haben die Elemente eine „*unveränderliche Atomizität*" wie es KEKULÉ noch 1864 hervorhob (C. r. 58, 510), oder ist die *Valenz wechselnd*, z. B. für Stickstoff drei- und fünfwertig? Dies nahmen an: FRANKLAND, GERHARDT, KOLBE, WURTZ, NAQUET, BLOMSTRAND. So gab es nach KEKULÉ nur einwertige Halogene, zweiwertige Sauerstoff- und Schwefelverbindungen (z. B. Schwefelsäure H. Ö. Ö. S. Ö. Ö. H.), nur dreiwertige N-, P-, As-Verbindungen. Die diesem Prinzip entsprechend zusammengesetzten Verbindungen wurden als *atomistische*, die abweichenden — z. B. $NH_4Cl$, $PCl_5$ — als *molekulare Verbindungen* unterschieden: $NH_3$ : HCl, bzw. $PCl_3$ : $Cl_2$.

c) Diese Streitfrage griff hinüber in das Gebiet der wahren *Molekulargewichte* der umstrittenen Verbindungen, also der *Dampfdichten* derselben, und als es sich erwies, daß Chlorammonium, Phosphorpentachlorid u. ä. Stoffe sogenannte „*anomale*" *Dampfdichten* (d. h. niedriger als der Theorie entsprechend) ergaben, wurde es problematisch, ob die physikalischen Grundlagen der benutzten Methode überhaupt zuverlässig genug sind, bzw. ob die AVOGADROsche Regel anwendbar ist? Aus der Diskussion und den eingehenden (Diffusions-) Versuchen an den Dämpfen erwies sich eine Zunahme der Moleküle durch *thermische* „*Dissoziation*" [SAINTE-CLAIRE DEVILLE (1857 u. ff.), CANNIZZARO, H. KOPP (1858), PEBAL (1862)], z. B. $NH_4Cl \rightarrow NH_3 + HCl$ usw. Die AVOGADROsche Regel wurde gerettet, und auch das Problem der wechselnden Valenz mit einem maximalen Grenzwert fand eine ausdrucksvolle Lösung (1870) in den acht Familien des MENDELEJEFFschen periodischen Systems der Elemente mit den Sauerstofftypen I $R_2O$ . . . . . bis VIII $R_2O_8$ (= $RO_4$).

d) Die Theorie von der konstanten Vierwertigkeit des Kohlenstoffs führt zwangsläufig KEKULÉ (1865) zu der Ringformel des *Benzols* mit den abwechselnden Doppel- und einfachen Bindungen und regt ihn zu der Frage nach dem „*chemischen Ort*" der Substituenten an: Diese „Ortsbestimmung" wird dann von W. KOERNER (1867 u. ff.) experimentell ausgeführt. KEKULÉ stellt auch Betrachtungen über die *räumliche* Anordnung der „vier Verwandtschaftseinheiten des Kohlenstoffs" in einem Tetraëdermodell (1867) an und zeichnet damit einen Weg für die Weiterentwicklung der Strukturlehre vor, den wenig später sein ehemaliger Schüler J. H. VAN'T HOFF betritt, als er 1874 von den *ebenen* Strukturbildern zu einer *räumlichen Strukturformel* übergeht, und zwar mit Hilfe des *asymmetrischen* vierwertigen Kohlenstoffatoms ($C(R_1R_2R_3R_4)$) und des räumlichen *Kohlenstofftetraëders*. In einer eigenartigen *Duplizität* der Ideenmanifestation gelangt gleichzeitig und unabhängig J. A. LE BEL — von den krystallographischen Vorstellungen L. PASTEURS über optisch aktive Weinsäuren ausgehend — zu dem gleichen Raumbild des Kohlenstofftetraëders. Damit ist der Begriff der *optischen Isomerie* fundiert. Es sei daran erinnert, daß das Säurepaar: *Weinsäure* (1769 von SCHEELE entdeckt) und *Traubensäure* (= „Vogesensäure", von KESTNER entdeckt und 1819 von JOHN benannt) von BERZELIUS (1829) als gleichzusammengesetzt erkannt und als Hauptstütze für die Bildung des *Isomeriebegriffs* (1830) verwendet worden war. Nach BIOT war die Weinsäure rechtsdrehend (1815), während die Traubensäure den polarisierten Lichtstrahl *nicht* ablenkte (1842). Die beim Krystallisieren des traubensauren $Na-NH_4$-Salzes auftretende Spaltung in rechtshemiëdrische Weinsäurekrystalle *und* linkshemiëdrische linksdrehende Weinsäure hatte LOUIS PASTEUR (1848) entdeckt. Dieses Weinsteinsäurepaar, das die Chemie mit der Physik und Krystallographie verknüpft hatte, sollte auch die Brücke zur Biologie schlagen und einen Markstein für die künftige *Biochemie* bedeuten. Denn PASTEUR entdeckte (1858), daß Lebewesen (Penicill. glauc.) in der Traubensäurelösung (die zu gleichen Teilen die Rechts- und die Links-Weinsäure enthält) nur die Rechts-Weinsäure zerstören, d. h. *die lebende Zelle verhält sich selektiv zu den optisch-isomeren Strukturformen.* Es war dann EMIL FISCHER, der (seit 1894) diese sterische Spezifität auch an den Enzymen (Emulsin usw.) gegenüber Glucosiden nachwies.

e) An den Problemkomplex vom Molekülbau, von der *Bestimmung* der Molekulargrößen und dem Zerfall (oder der „Dissoziation") der Moleküle reiht sich nun entwicklungsgemäß eine Reihe grundlegender Erkenntnisse; von diesen seien zwei hervorgehoben. Im Jahre 1884 tritt J. H. VAN'T HOFF mit seinem Werk „Etudes de dynamique chimique" (Amsterdam, 1884) hervor, es handelt von den Anwendungen der Thermodynamik auf chemische Prozesse, vom Gleichgewicht als Folge von vorhandenen entgegengesetzt gerichteten Reaktionsvorgängen; für die Rolle der Temparatur findet er, daß für je $10^0$ Temperaturzunahme die Reaktionsgeschwindigkeit sich verdoppelt bis verdreifacht, und daß im allgemeinen bei niederen Temperaturen die unter Wärmeentwicklung stattfindenden chemischen Vorgänge (Assoziationen), bei hohen dagegen die unter Wärmeabsorption verlaufenden Spaltungen *(Dissoziationen)* vorwiegend anzutreffen sind; er bestimmt die Umwandlungstemperaturen von Salzhydraten u. ä., die *Dissoziationswärme* fester Stoffe usw. Als er 1885 mit der geistigen Weiterverarbeitung dieser Affinitätsprobleme beschäftigt ist, wird er während eines Spazierganges von seinem botanischen Kollegen DE VRIES auf die merkwürdigen Messungsergebnisse eines jungen Pflanzen-Physiologen WILH. PFEFFER in dessen Werk „Osmotische Untersuchungen" hingewiesen[1]. Dieser hatte mittels einer künstlichen Zelle mit verschiedenprozentigen Rohrzuckerlösungen osmotische Drucke bis zu mehreren Atmosphären erzielt. Übrigens hatte DE VRIES selbst festgestellt (1884), daß äquimolekulare Lösungen *isosmotisch* oder *isotonisch* sind. Das Studium der

---

[1] WILH. PFEFFER: „Osmotische Untersuchungen". Leipzig 1877. — PFEFFER (1845 bis 1920, seit 1878 Prof. in Tübingen, seit 1887 in Leipzig) machte seine Messungen als Privatdozent in Bonn; bei deren Begutachtung durch den großen Physiker R. CLAUSIUS „schüttelte dieser nur den Kopf und war fortgegangen, ohne ein Wort zu sagen" (so berichtete nachher W. PFEFFER).

PFEFFERschen Zahlenwerte des osmotischen Druckes bei verschiedenen Konzentrationen und Temperaturen überzeugte alsbald J. H. VAN'T HOFF, daß es sich um eine überraschende Analogie mit Gasgesetzen handelt, wobei die Gesetze von BOYLE-MARIOTTE sowie GAY-LUSSAC u. AVOGADRO und die Gaskonstante R Geltung haben, d. h. es gilt für den osmotischen Druck P einer gelösten Substanz die Gasgleichung $P . v = R . T = 0, 821 T$ (absol. Temp.) Literatmosphären. Diese geniale Ablesung aus den PFEFFERschen Zahlen entwickelte nun VAN'T HOFF zu einer *osmotischen Lösungstheorie*, die zugleich die kurz vorher von F. M. RAOULT empirisch entdeckten Gesetzmäßigkeiten vorausberechnen ließ. Die *Ermittlung der Molekulargewichte der Stoffe in beliebigen Lösungsmitteln* - aus den Messungen des osmotischen Druckes, bzw. der Gefrierpunkts- oder Siedepunkts- (Dampfdrucks-) Änderungen — erhielt dadurch ihre theoretischen Grundlagen und gewann in der chemischen Praxis eine beherrschende Stellung. Diese bahnbrechenden Studien VAN'T HOFFs erschienen unter dem Titel: „Lois de l'équilibre chimique dans l'état dilué ou dissous" (Stockh. Akad. d. Wiss. 1886).

f) Für eine Reihe von chemischen Verbindungen (z. B. Salzen) hatte VAN'T HOFF bemerkenswerte Abweichungen von der Theorie (nach den Messungen von RAOULT) berechnet und dieses durch einen Faktor i ($>$ 1) in der Gasgleichung ausgedrückt: $P . v = i . R . T$, d. h. die Versuche entsprechen nicht der einfachen theoretischen Molekülzahl, sondern einer verdoppelten, dreifachen usw., als ob jedes gelöste Molekül in zwei, drei usw. Bruchmoleküle zerfallen wäre. Hatten wir nicht schon ähnliches vorhin bei den „anomalen Dampfdichten" gesehen? Was dort im Dampf und gasförmigen Zustand eingetreten war, konnte auch hier in den starkverdünnten Lösungen, in denen ja die Gasgleichung tatsächlich (s. o.) gilt, stattfinden. Doch worin konnte z. B. ein so „starkes" (festgebundenes) Salz wie KCl dissozieren, da eine Hydrolyse desselben ausgeschlossen war? Die Antwort darauf gab 1887 der 28jährige schwedische Stipendiat SVANTE ARRHENIUS (1859—1927). Im März 1887 befand er sich während seiner Studienreise in Amsterdam bei VAN'T HOFF, dort gelangte er in den Besitz eines Sonderdrucks der VAN'T HOFFschen Untersuchung mit dem rätselhaften Koeffizienten i in der Gasgleichung $P . v = i . R . T$. Welch eine katalytisch-auslösende Wirkung auf ARRHENIUS' Geist die Lektüre dieser Arbeit ausgeübt hat, entnehmen wir seiner Schrift „Aus meiner Jugendzeit" (1913): „Ich verschlang sie mit einem Male am selben Abend, nachdem ich die Tagesarbeit im Institut geschlossen hatte. Sogleich war mir klar, daß *man aus der Abweichung der Elektrolyte in wässeriger Lösung vom* VAN'T HOFF-RAOULTschen *Gesetz* der Gefrierpunktserniedrigung *den kräftigsten Beweis für ihren Zerfall in Ionen erhält* ......... ich konnte offen die Dissoziation der Elektrolyte aussprechen. *Man kann sich mein enormes Glück Vorstellen*". Und so traf es sich, daß auf den im I. Bande von OSTWALDS „Zeitschrift für physikalische Chemie" (S. 481 u. ff.) veröffentlichten Auszug aus der obenerwähnten Abhandlung von J. H. VAN'T HOFF über die „osmotische Lösungstheorie" — mit ihrer Problem*stellung* — alsbald (in demselben I. Band, S. 631) von SVANTE ARRHENIUS die Problem*lösung* durch seine Abhandlung „*Elektrolytische Dissoziation in wässerigen Lösungen*" erfolgte.

Große Theorien sind geistige Kampfansagen, sie bedürfen eines standhaften Herolds und eines schöpferischen Protagonisten. VAN'T HOFFs Raumchemie fand in HERM. KOLBE ihren unversöhnlichen Gegner, während JOH. WISLICENUS ihr Schutzpatron und frühester Promotor war (seit 1877), und zwar — ironischerweise — als KOLBES Nachfolger in Leipzig (1885—1902). ARRHENIUS' Habilitationsschrift — die Erstfassung der elektrolytischen Dissoziationstheorie vom Jahre 1884 — fand in Uppsala nur ein bedenkliches Kopfschütteln. Als WILH. OSTWALD damals gerade

ARRHENIUS besucht und auch bei den chemischen Koryphäen seine Aufwartung gemacht hatte, war dort die Frage nach den „freien Ionen" in der Kochsalzlösung zur Sprache gekommen. Auf die Frage an OSTWALD, „ob *er* daran glaube ?" und seine Bejahung warf der Fragende „...... einen schnellen Seitenblick auf mich, der einen aufrichtigen Zweifel an meiner chemischen Vernunft zum Ausdruck brachte" (W. OSTWALD, Lebenslinien, I. Bd., S. 223 u. f. 1928). Doch der erste Erfolg der Ionendissoziation war dadurch gegeben: Die Habilitation an der Universität, damit ein Reisestipendium für mehrjährige Studienreisen und die Möglichkeit einer Vorbereitung zur wissenschaftlichen Laufbahn waren gesichert. „Ohne deinen damaligen Besuch wäre es nicht gegangen", schrieb später ARRHENIUS an OSTWALD.

Es sind die *freien Ionen*, welche beim Auflösen der Elektrolyte in Wasser sich spontan bilden, den elektrolytischen „Dissoziationsgrad" $\alpha_v$ bei der Verdünnung v lit. ermittelt ARRHENIUS aus dem Verhältnis der äquivalenten Leitfähigkeit $\lambda_v$ bei dieser Verdünnung v zu der Grenzleitfähigkeit $\lambda_\infty$ bei äußerster Verdünnung $v_\infty$ also $\alpha_v = \lambda_v/\lambda_\infty$. Für die Ermittlung der $\lambda$-Zahlenwerte dient eine vorbildliche Methode nebst ausgedehnten Messungsergebnissen des Physikers F. KOHLRAUSCH (1840—1910). Wenn z. B. der Dissoziationsgrad $\alpha$ in einer normalen NaCl-Lösung $\alpha = 0,7$ ist, so sind in der letzteren $(1 + 0,7) = 1,7$ freie Moleküle vorhanden und in osmotischer Beziehung wirksam, d. h. $i = (1 + \alpha)$. ARRHENIUS weist nun (1887) an zahlreichen Beispielen für gute Elektrolyte (Salze, starke Säuren und Basen) die zahlenmäßige Übereinstimmung der aus seiner Ionentheorie bzw. den Leitfähigkeiten abgeleiteten i-Werte mit den aus der osmotischen Lösungstheorie — durch Gefrierpunktserniedrigung, Siedepunktserhöhung usw. — ermittelten i-Werten nach. Damit wird eine *totale Umbildung der Vorstellungen über die Existenz und Wirkung* sowie die Stärkeverhältnisse von Salzen, Säuren und Basen in wässerigen Lösungen eingeleitet, es sind nicht mehr die Moleküle NaCl, NaBr, $AgNO_3$, HCl, $Li_2CO_3$ usw., die da wirken, sondern die spezifischen Kationen Na $+$, Ag $+$, H $+$, Li $+$, bzw. Anionen Cl $-$, Br $-$, $CO_3^{--}$ usw.[1].

Damit haben wir in großen Zügen die wissenschaftlichen Theorien herausgehoben, welche auf dem Boden der exakten Naturforschung — z. B. Krystallographie, Pflanzenphysiologie, besonders allgemeine Physik — erwachsen sind und nun zur *Entstehung und Entwicklung der klassischen organischen Chemie* sowie der *klassischen physikalischen Chemie* im letzten Viertel des 19. Jahrhunderts hinüberleiteten. Insbesondere waren es die dem Althergebrachten zuwiderlaufenden „freien Ionen", das epochebildende Vordringen der Ionenlehre in alle Gebiete der Naturwissenschaften und die von der Leipziger Schule WILH. OSTWALDS getragene stürmische Forschung, die das Scherzwort von dem „wilden Heer der Ionier" in den Reihen der älteren Chemikergenerationen aufkommen ließen. Übrigens war es vordem nicht anders, als die begeisterten Schüler LIEBIGS im Gießener Chemischen Institut sich den Rufnamen der „Barbarenkohorte" zuzogen.

g) Die Chemie des 19. Jahrhunderts verdankt ihre *besondere Entwicklung — neben* der Übernahme *physikalischer Denkmittel* und der durch *Experimente* geprüften eigenen *Theorien* — auch der *Neugestaltung des chemischen Unterrichts* überhaupt. Dieses setzte aber voraus eine Neuordnung der Chemie im Lehrplan der Hochschulen bzw. ihre *Verselbständigung als wissenschaftliche Disziplin* in den *Philosophischen Fakultäten*. Es war ja so, wie LIEBIG es (1840) rückschauend geschildert hat: „Die Chemie war die Dienerin des Arztes, dem sie Purganzen und Brechmittel bereitete; eingepfropft in die medizinischen Fakultäten, konnte sie nicht

---

[1] Vgl. a. P. WALDEN: Die Molekulargrößen von Elektrolyten in nichtwässerigen Lösungen. Dresden u. Leipzig 1923.

zur Selbständigkeit gelangen. Nur notdürftig lernte sie der Mediziner kennen, außer ihm und dem Pharmazeuten existierte sie nicht".

Diese Emanzipation der Chemie bedeutete in *organisatorischer* Hinsicht einen Bruch mit der traditionsgefestigten akademischen Ordnung, und dem *geistigen Wesen* nach war sie eine schroffe Absage an PARACELSUS, der (um 1530) die Chemie „zur Bereiterin der Arkana" bestimmt hatte: *Die Chemie sollte fernerhin in freier Forschung sich zur selbständigen exakten Wissenschaft emporarbeiten.* Diese Revolution der Chemie auf akademischem Boden *begann* im Jahre 1789, als der Staatsminister, Dichter und Naturforscher GOETHE, ohne die Fakultäten zu befragen, *an der Universität Jena den Apotheker* JOH. FRIEDR. AUG. GÖTTLING *direkt zum Professor der Chemie in der Philosophischen Fakultät ernannte,* und diese Revolution setzte sich besonders wirkungsvoll fort *im Jahre 1824 mit der Ernennung des 21jährigen Dr. phil.* JUSTUS LIEBIG *zum „Professor der Philosophie" — mit dem Lehrauftrag für Chemie in der Philosophischen Fakultät* der Universität Gießen, auch hier unter dem Bruch der „generellen" historischen Zuordnung der Chemie zur Medizin! Der Widerstand der Universität und Professorenschaft gegen den jugendlichen Eindringling (der nicht einmal das Gymnasium beendet hatte) war durchaus ungekünstelt, und LIEBIG selbst schrieb (im Sept. 1824 seinem Freunde A. WALLOTH): „..... Meine Anstellung in Gießen war den meisten Professoren ein Greuel". Seine erste Sorge galt der Beschaffung eines Raumes für ein Laboratorium und die Einrichtung desselben, als nächste Aufgabe war dann die Schaffung eines geeigneten Laboratoriumsunterrichts (seit Sommer 1825). Vgl. z. JAC. VOLHARD: JUSTUS LIEBIG. 2 Bde. Leipzig 1909. Es war dann LIEBIG, der im Gießener Chemischen Institut eine *vorbildliche Unterrichtsmethode schuf und eine Schule von Forschern und Entdeckern in der Chemie begründete.* Zweierlei Ziele wurden hierbei aufgestellt und erreicht: Erstens: Die Chemie als eine Experimentalwissenschaft zu lehren und im Laboratorium praktisch erlernbar zu machen, und zweitens: Die Heranbildung eines *Nachwuchses* von künftigen chemischen Forschern bewußt einzuleiten. War doch auch in Frankreich während der Lehrjahre LIEBIGS in Paris (1822—1824) nur ein einziges chemisches Unterrichtslaboratorium — dasjenige von LOUIS NIC. VAUQUELIN (1763—1829) — vorhanden.

Die *erste* große (internationale) *chemische Schule* gründete LIEBIG in Gießen (1825—1851), *er* machte diesen Ort (nach einem Ausdruck von H. HELMHOLTZ) zum „Mekka der Chemiker". In Berlin wirkte seit 1821 der geistvolle EILH. MITSCHERLICH (1794—1863), doch unter sehr ungünstigen Arbeitsverhältnissen. Dagegen konnte ein FRIEDR. WÖHLER (1800—1882, ebenfalls ein BERZELIUS-Schüler) seit 1836 in Göttingen eine weitreichende chemische Lehrtätigkeit entfalten. Ein ganz Großer, ROB. BUNSEN (1811—1899) wirkte von Marburg (1839 bis 1851) und Heidelberg (1852—1889) aus als Lehrer und Forscher bahnbrechend. Dann sei noch BUNSENs Marburger Assistent HERM. KOLBE (1818—1884) genannt, der — zugleich als sein Nachfolger — in Marburg (1851—1865), dann in Leipzig (1865—1884) eine berühmte chemische Lehrtätigkeit ausübte. Der große LIEBIG-Schüler AUG. WILH. HOFMANN (1818—1892) sollte erst in London (1845) ein „(Royal) College of Chemistry" und eine chemische Schule begründen, bevor er (seit 1865) in Berlin als gefeierter Lehrer und Organisator in Wirkung trat.

h) Ein weiteres Charakteristikum der Chemie des 19. Jahrhunderts ist die durch schöne Erfolge ausgezeichnete Verwendung der Wärme, der Elektrizität und des Lichts, teils für präparative Zwecke bei der Darstellung der chemischen Stoffe, teils bei analytischen und konstitutionschemischen Untersuchungen (z. B. über den Zusammenhang zwischen chemischer Konstitution und physikalischen Eigenschaften), teils in ihrer *praktischen* Anwendung auf dem Gebiete der *chemischen Technik und Industrie*. Die Entwicklung der anorganischen chemischen Industrie, „diese in ihrer Gesamtheit betrachtet, größte aller eigentlichen chemischen Industrien im engeren Sinne, führt in gerader Linie auf LIEBIG zurück" (A. SCHMIDT, „Die industrielle Chemie", 1934, S. 274). Die ernährungswirtschaftliche Bedeutung der Bodendüngung — im Sinne LIEBIGS mit den „künstlichen" Düngemitteln — manifestiert sich darin, daß z. B. während der Periode 1888—1928 in Deutschland der natürliche Bevölkerungszuwachs etwa das Anderthalbfache betrug, wobei parallel der Ernteertrag je Hektar sich rund verdoppelte.

Es sei nur auf die hervorragende Rolle der Thermochemie und Thermodynamik, der Elektrochemie (Elektrolyse, Elektrothermie[1]), der Photochemie (Photographie, Spektralanalyse, Spektrochemie usw.) verwiesen. Die chemische Industrie knüpfte hauptsächlich an das zu Beginn des 19. Jahrhunderts in England entstandene Baumwollproblem (Entfetten und Bleiche der Baumwolle) an: Künstliche Soda (LEBLANC), Schwefelsäure (CLÉMENT u. DÉSORMES) und Chlorkalk (TENNANT) wurden dadurch Industrieprodukte und Handelsgüter. In der zweiten Hälfte des Jahrhunderts empfing die chemische Industrie neue Impulse von dem LIEBIGschen Buche „Die organische Chemie in ihrer Anwendung auf Agrikultur und Physiologie" (1840), das gleich bedeutend ist wegen des Uneigennutzes und wissenschaftlichen Kampfes seines Verfassers, als auch wegen der unschätzbaren Auswirkung auf die Ernährung der Weltmenschheit — infolge der chemisch erzeugten künstlichen Düngemittel. Die Zufallsentdeckung des ersten künstlichen Teerfarbstoffes „Mauvein" durch den 18jährigen WILH. HENRY PERKIN (1856) löste das Zeitalter der künstlichen organischen Farbstoffe usw. aus. Gegen Ende des Jahrhunderts eröffnete die technische Schmelzelektrolyse neue Perspektiven für die Leichtmetalle, während die Elektrothermie insbesondere das prometheusähnliche Acetylen allgemein zugänglich machte. An der Schwelle des Jahrhunderts steht die Verflüssigung der Luft, die Entdeckung der Edelgase, die Entdeckung des Radiums Eine Zeit des neuen chemischen Denkens und technischen Vollbringens kündigt sich an.

# VI. Periode: Das zwanzigste Jahrhundert.

## Chemische Groß-Synthesen von Natur- und Kunststoffen; Elementenumwandlung und Atomchemie.

Neue Sinngebung des periodischen Systems der Elemente; Untersuchung des Feinbaus der Materie mit Röntgenstrahlen; Ausweitung der Katalysatoren- und Enzymforschung, Gemeinschaftsforschung zwischen Chemikern, Physikern und Biologen (Biochemie, Biophysik, Wirk- und Hemmstoffe, Hormone, Vitamine, Fermente, Viren, Gene usw.); Chemie der Hochmolekularen.

### A. Anorganische und allgemeine Chemie.

1900 MAX PLANCK: Entdeckung des „Wirkungsquantums" [vgl. a. Naturwiss. 31, 153 (1943)].

1900 Internationale Atomgewichtskommission begründet.

1900 E. DORN: Radium-Emanation „Radon" aufgefunden (Abh. Naturf. Ges., Halle, 1900).

---

[1] *Werner v. Siemens* erfand (1866) die Dynamomaschine; *Heräus* stellte (1899) Quarzglas her. Die Uviollampe wurde 1903 von *Schott* konstruiert.

1900    R. WEGSCHEIDER: Katalytische Umlagerung des Cinchonins durch Säuren; in einer kontinuierlichen Folge von Zwischenzuständen tritt der Katalysator mit den reagierenden Körpern in Wechselwirkung [Z. Physik. Chem. **34**, 290 (1900)].

1901 u. ff.    Erste Zuerkennung der alljährlich zur Verteilung bestimmten *Nobelpreise* für Chemie, Physik und Medizin.

1901    WILH. OSTWALD: „Über Katalyse", Vortrag auf der Naturforsch.-Vers. in Hamburg.

1901 u. ff.    G. BREDIG: „Anorganische Fermente"(Metallsole). Leipzig 1901. [Z. Physik. Chem. **70**, 35 (1909); B. **47**, 546 (1914)].

1902    R. SCHENCK: Hellrote Phosphormodifikation dargestellt [B. **35**, 351 (1902); **36**, 980 (1903)].

1901/04    RICH. ABEGG: Entwicklung des Begriffes der Elektrovalenz [Z. anorg. Chem. **39**, 39, 343 (1904); **20**, 453 u. ff.].

1902/03    ERNEST RUTHERFORD und F. SODDY: Theorie der Desintegration (Radioaktivität) der Elemente [Phil. Mag. (6) **5**, 455, 561 (1903); Soc. **61**, 321 (1902)].

1902/03    P. WALDEN: „Autoionisation" anorganischer und organischer Solventien [Z. anorg. Chem. **30**, 156 (1902; Z. physik. Chem. **43**, 385 (1903)].

1902 u. ff.    C. PAAL: Platin- und Palladiumsole als Reduktionsmittel [B. **35**, 2195 (1902); **37**, 124 (1904); **38**, 1398 (1905) u. ff.].

1902/03    WILH. OSTWALD: Katalytische $NH_3$ - Oxydation zu Salpetersäure (Patent); seit 1914 großtechnisch. Als Vorgeschichte für diese Entdeckung diente die von OSTWALD 1900 in Angriff genommene Ammoniak-Synthese aus Stickstoff und Wasserstoff, mit Hilfe von Katalysatoren bei erhöhter Temperatur und hohem Druck; über die mißlungenen Versuche vgl. W. OSTWALD, Lebenslinien, II. Bd. S. 279—299.

1903    *Deutsches Museum* in München durch OSKAR v. MILLER gegründet (vgl. 1925).

1903    RICH. ZSIGMONDY und H. SIEDENTOPF: Ultramikroskop erfunden [Ann. Phys. (4), **10**, 1 (1903)].

1903/04    WILL. RAMSAY und F. SODDY: Helium als weiteres Zerfallsprodukt der strahlenden Radiumemanation erkannt [Nature **68**, 246 (1903); Proc. Roy. Soc. **73**, 346 (1904)].

1904    G. URBAIN und LACOMBE: Scheidung des Elementes Europium [C. r. **138**, 627 (1904)].

1904    SMOLUCHOWSKI gibt eine Deutung der BROWNschen Molekularbewegung.

1904/05    FRITZ HASENÖHRL weist die Proportionalität zwischen Masse und Strahlungsenergie nach (1904), und A. EINSTEIN gibt die Proportionalitätskonstante $\lambda^2$ (d. h. $E = m \cdot \lambda^2$).

1905    A. EINSTEIN: Lichtquantenhypothese [Ann. Phys. **17**, 145 (1905)].

1905    GUST. TAMMANN: Beginn der Studien über Legierungen usw.

1905 u. f.    J. H. VAN'T HOFF: Zur Bildung der ozeanischen Salzablagerungen, I. Heft. Braunschw.

1905    A. WERNER: Neuere Anschauungen auf dem Gebiete der anorganischen Chemie. Braunschw.

1905/07    OTTO HAHN: Entdeckung von Radiothorium und Mesothorium [B. **40**, 1462, 3304 (1907)].

1906    WALT. NERNST: Aufstellung des III. Hauptsatzes der mechan. Wärmetheorie.

1906    P. LEBEAU und unabhängig PRIDEAUX: Entdeckung von $BrF_3$ (C. r. **141**, 1015; J. chem. Soc. **89**, 316).

**1906 u. ff.**   OTTO RUFF: Beginn der Untersuchungen über Fluoride und Umsetzungen in HF [B. **39**, 67 (1906); vgl. a. Z. anorg. Chem. **98**, 27; **172**, 417 (1928)]. Vgl. a. die Monographie „Chemie des Fluors", 1920; B. **69**, 181.

**1906 u. ff.**   „Zeitschrift für Kolloidchemie" von WOLFG. OSTWALD herausgegeben.

**1906 u. ff.**   THE SVEDBERG: Beginn der Untersuchungen über die BROWNsche Molekularbewegung [Z. Elektrochem. **12** (1906)].

**1906**   P. WALDEN: Experimentelle Aufstellung der „Viskositätsregel" $\lambda \cdot \eta = $ const. [Z. physik. Chem. **54**, 129; **55**, 207 (1906) u. ff.; **165**, 241 (1933); **168**, 419 (1934). Für Lösungmittelgemische vgl. a. J. C. JAMES, Soc. **1950**, 1095; **1951**, 157].

**1906/07**   G. TAMMANN: Regeln für die Verbindungsfähigkeit der Elemente [Z. anorg. Chem. **49**, 113 (1906)].

**1907**   BOLTWOOD sowie O. HAHN, gleichzeitig W. MARCKWALD: Entdeckung des Uranzerfallselementes Ionium [Amer. Journ. of Science (4) **24**, 370 (1907); B. **41**, 49 (1908); **40**, 4415 (1907)].

**1907/09**   G. URBAIN       } Zerlegung des } in Neo-Ytterbium und Lutetium, bzw. Aldebarium
             AUER V. WELSBACH } Elementes } und Cassiopeïum
                          Ytterbium
[C. r. **145**, 759 (1907); Ann. **351**, 458 u. ff. (1907); Z. anorg. Chem. **67**, 149 (1910)].

**1908 u. ff.**   JEAN PERRIN: Nachweis der körnigen (atomist.-molekularen) Struktur der Materie [C. r. **147**, 967; **148**, 530 (1908)].

**1908/09**   FRITZ HABER mit ROB. LE ROSSIGNOL: Die katalytische Hochdruck-Synthese des Ammoniaks aus $N_2$ und $H_2$ wird entdeckt [Patent; Z. Elektrochem. **19**, 53 (1913)]. Vgl. a. F. HENGLEIN, Chem. Z. **75**, 345 (1951)].

**1909**   E. MADELUNG: Erstmalige Formulierung der Krystallgitterhypothese.

**1909**   S. P. L. SÖRENSEN: Maßgebende Bedeutung der H-Ionenkonzentration bei enzymatischen Vorgängen festgestellt und den „$P_H$-Wert" eingeführt (Biochem. Z. **21**, 131).

**1909 u. ff.**   A. MITTASCH u. Mitarb.: Technische Ammoniaksynthese mittels Mischkatalysatoren.

**1909**   ARNOLD EUCKEN: Ein Vakuumkalorimeter wird konstruiert.

**1910**   NIK. KURNAKOW: Abnorme Viskositätskurven von Gemischen [Z. physik. Chem. **83**, 481 (1913); **88**, 401 (1914) u. ff.; Journ. Russ. Physik.-chem. Ges. **42**, 1334 (1910) u. ff.].

**1910 u. ff.**   P. WALDEN: Einführung des Begriffes „Solvolyse" (1910) und ebullioskopische Messungen an binären Salzen in schwachen Ionisierungsmitteln, über Polymerie (Assoziation) und Solvolyse [Bull. Acad. Sci St. Petersburg **1914**, 1161; **1915**, 233; Z. physik. Chem. **94**, 295 (1920)].

**1910**   W. RAMSAY und WHYTLAW GRAY: Emanation als einatomiges Element Niton vom At.-Gewicht 222,4 erkannt [Proc. Roy. Soc. **84**, A., 536 (1911)].

**1910**   F. SODDY: Aufstellung des Isotopie-Begriffes.

**1910 u. ff.**   K. V. AUWERS: Beginn seiner spektrochemischen Untersuchungen [B. **43**, 806, 827 (1910)].

**1910 u. ff.**   A. F. HOLLEMAN: „Die direkte Einführung von Substituenten in den Benzolkern." 1910; Rec. Trav. chim. Pays-Bas, **42**, 355 (1923). Vgl. a. die Untersuchungen von D. VORLÄNDER [B. **34**, 1633 (1901); **35, 36, 37, 52**, 263 (1919); **58**, 1893 (1925)]. Die jüngste Entwicklung dieser Substitutions- und Orientierungsproblematik steht im Zeichen der Resonanztheorie und des Wasserstoffersatzes durch ein positives Ion oder Radikal (R. ROBINSON und C. K. INGOLD, 1920—1934).

**1910 u. ff.**   O. DIMROTH: Lösungsmittel- und Löslichkeitseinflüsse bei (monomolekularen) Umlagerungen auf deren Gleichgewichtslage [Ann. **377**, 12 (1910); **399**, 97 (1913)

u. ff.; **438**, 58, 75 (1934)]; vgl. a. H. v. HALBAN [Z. physik. Chem. **82**, 325 (1913); Z. Elektrochem. **24**, 65 (1918)].

1911 KAMERLINGH-ONNES: Entdeckung der Supraleitfähigkeit (Comm. Leyden 122b).

1911 NIELS BJERRUM: Temperaturabhängigkeit der Schwingungswärme von Gasen [Z. Elektrochem. **17**, 731; **18**, 101 (1912)].

1911/12 SACKUR und TETRODE: Auf quantentheoretischer Grundlage werden Gleichungen zur Berechnung chemischer Gleichgewichte entwickelt (Ann. Phys. **36**, 958; **38**, 434; **40**, 67).

1911 u. ff. MOESE und FRAZER: Präzisionsmessungen des osmotischen Druckes (Amer. chem. J.).

1911 E. RUTHERFORD: „Theorie der Struktur des Atomkerns" [Phil. Mag. (6) **21**, 669 (1911); **27**, 488 (1914)].

1911 L. KNORR bzw. K. H. MEYER: Isolierung der Enolform des tautomeren Acetessigsäureesters auf chemischem Wege (Zersetzung der alkalischen Lösung durch Mineralsäure bei niedriger Temperatur). [Ann. **380**, 212 (K. H. M.); B. **44**, 1138 (L. KNORR, 1911)].

1912 G. F. HOPKINS: „Feeding Experiments illustrating the Importance of *Accessory Factors* in Normal Dietaries" (1912) — so vermag die Zugabe von wenig Milch und Butter bei rachitischen Ratten die Krankheit zu beheben.

1912 CAS. FUNK: Aus Reiskleie ließ sich ein Stoff isolieren, dessen Zugabe zur künstlichen Nahrung die Beri-Beri-Krankheit beseitigte (vgl. CHRIST. EYKMANN 1897): FUNK nannte diesen Stoff „*Vitamin*". Das fettlösliche antirachitische Vitamin wurde von H. STEENBOCK und BOUTWELL auch im Lebertran vorausgesetzt (1920), und 1924 unterwarfen H. STEENBOCK sowie A. F. HESS die ganze Diät der rachitischen Kinder einer Quarzlampenbestrahlung.

1912 P. DEBYE: Theorie der Dipolmomente der Molekeln [Physik. Z. **13**, 97 (1912); Angew. **50**, 3 (1937)].

1912 A. WILM entdeckt die Leichtmetall-Legierung „Duralumin" (Patentanmeld. 1909).

1912 u. ff. A. STOCK beginnt die Erforschung der Borwasserstoffe [B. **45**, 3539 (1912) usw.; **59**, 2226 (1926) u. ff.)].

1912 u. ff. J. D'ANS und W. FRIEDRICH erweitern ihre (seit 1910 unternommenen) Untersuchungen über *Persäuren* [Z. anorg. Chem. **73**, 325—359 (1912); vgl. a. Z. Elektrochem. **17**, 850 (1911); B. **48**, 1136 (1915)].

1912 u. ff. J. ARVID HEDVALL: Über Rinmans Grün (B. **45** (1912)]; Beginn der systematischen Untersuchungen des Reaktionsvermögens im festen Zustande. [Vgl. a. Z. anorg. Chem. **92**, (1915) u. ff.; **162**, 170, 203 bis 251 (1943)].

1912 MAX VON LAUE, FRIEDRICH und KNIPPING: Röntgenstrahlenbeugung an Krystallgittern wird entdeckt [Sitz. Ber. München **1912**, 303; Ann. Phys. **41**, 971 (1913)].

1912 A. EINSTEIN: Einführung des „photochemischen Äquivalentgesetzes" [Ann. Phys. (4) **37**, 832 (1912)]; vgl. a. unabhängig: C. WINTHER [Z. wiss. Photogr., Photophysik, Photochem. **11**, 92 (1912)].

1912 PASCAL: Theorie des Magnetismus organischer Verbindungen [Ann. chim. phys. (8) **25**, 289 (1912)].

1913 NIELS BOHR: Atommodell mit Hilfe der Elektronen- und Quantentheorie [Phil. Mag. (6) **26**, 857 (1913)].

1913 H. G. J. MOSELEY: Zusammenhang zwischen Ordnungszahl und Schwingungszahl der Röntgenstrahlen der chemischen Elemente [Phil. Mag. (6) **26**, 1024 (1913); **27**, 703 (1914)].

1913       RUSSELL [Chem. News **107**, 49 (1913)]; F. SODDY [Chem. News **107**, 97 (1913)];
           K. FAJANS [B. **46**, 422 (1913)]; G. v. HEVESY [Physik. Z. **14**, 49 (1913)] stellen
           das Verschiebungsgesetz für die $\alpha$- und $\beta$-strahlenden Elemente auf.

1913 u. ff.  M. BODENSTEIN beginnt seine photochemischen Kettenreaktionen mit Quanten-
           ausbeuten [Z. physik. Chem. **85**, 329 (1913) u. ff. Z. Elektrochem. **38**, 911 (1932);
           B. **70**, 17 (1937); Z. physik. Chem. Abt. B. **20**, 451; **21**, 469 (1933); **48**, 239, 268
           (1941); B. **75**, 119 (1942)]. Die Bezeichnung „*Ketten*reaktion" schuf J. A. CHRI-
           STIANSEN 1921. Vgl. a. E. K. RIDEAL, Soc. 1951, 1640.

1913       In Oppau beginnt die *technische* Darstellung des synthetischen Ammoniaks nach
           dem Verfahren von HABER-BOSCH und A. MITTASCH.

1913       I. LANGMUIR: Erfindung der mit Argon gefüllten Wolframlampe [Trans. Illum.
           Eng. Soc. **8**, 1895 (1913)].

1913/14    W. H. BRAGG und W. L. BRAGG: Reflexion von Röntgenstrahlen an Krystall-
           netzebenen und Krystallgitterbestimmung [Proc. Roy. Soc. **88**, 423 (1913); **89**,
           428 (1913); Z. anorg. Chem. **90**, 153 (1915)].

1915       O. HÖNIGSCHMID und ST. HOROVITZ ermitteln für *Uranblei* (RaG) das Atomgew.
           206,0 [Monatsh. **36**, 355 (1915)].

1916       Infolge Entdeckung der Isotopie geben F. PANETH (Z. physik. Chem. **91**, 171
           (1916)] und O. HÖNIGSCHMID [B. **49**, 1860 (1916)] eine andere Fassung des Ele-
           mentenbegriffs.

1916 u. ff.  P. DEBYE und P. SCHERRER: Ermittlung der Pulverdiagramme mit Röntgen-
           strahlen [Physik. Z. **17**, 277 (1917); **18**, 291 (1918); **19**, 474 (1918)]; A. W. HULL
           [Physic. Rev. **10**, 661 (1917)].

1916       W. KOSSEL: Elektronenaffinität heteropolarer Verbindungen [Ann. Phys. **49**,
           229 (1916)].

1916       G. N. LEWIS: Elektronenvalenz homöopolarer Verbindungen [J. Amer. chem.
           Soc. **38**, 762 (1916)].

1916       IRVING LANGMUIR: Oberflächenspannung zwischen zwei Flüssigkeiten, „aktive
           Gruppen" [J. Amer. chem. Soc. **38**, 2221 (1916); **39**, 1848 (1917)].

1917       Beginn der Produktion von Helium aus Naturgas in U.S.A.

1918/19    Das Element Protaktinium Pa wird entdeckt von O. HAHN und L. MEITNER
           [Naturwiss. **6**, 324 (1918); B. **54**, 69 (1921)]; rein erhalten von A. v. GROSSE [B. **61**,
           233 (1928)].

1919       E. RUTHERFORD führt am Stickstoff erstmalig eine „Atomzertrümmerung" durch
           Beschießen mit $\alpha$-Strahlen aus [Phil. Mag. (6) **37**, 537 (1919); Proc. Roy. Soc.
           Ser. A. **97**, 374 (1920)].

1919       SÖDERBÄCK: Freies Rhodan $(SCN)_2$ wird isoliert [Ann. **419**, 217 (1919)].

1919       J. LANGMUIR tritt mit seiner Oktettheorie hervor [J. Amer. chem. Soc. **41**, 868,
           919, 1543 (1919); Z. Elektrochem. **23**, 217 (1917)].

1919       M. BORN-LANDÉ Gittertheorie polarer Körper entwickelt.

1919 u. ff.  F. W. ASTON entdeckt und bestimmt die Isotopen mit dem „Massenspektro-
           graphen" [Phil. Mag. (6) **39**, 449, 611 (1920); **40**, 628 (1920)].

1920       NIELS BOHR gibt eine neue Theorie des Atomaufbaus und der Anordnung der
           Elemente des periodischen Systems [Nature **107**, 104 (1921); Naturwiss. **11**, 607
           (1923)].

1920       W. NERNST und MOERS: Salznatur des Lithiumhydrids und dessen Schmelz-
           elektrolyse [Z. anorg. Chem. **113**, 179 (1920)].

1921       GUST. TAMMANN: „Aggregatzustände." Leipzig 1921. [Vgl. a. Z. anorg. Chem.
           **107**, 96 (1919).]

1922    J. N. Brönsted und G. v. Hevesy: Trennung der Hg-Isotopen durch „Molekular-destillation" [Phil. Mag. 43, 31 (1922)].

1922    F. Hein: Der Nichtleiter $C_2H_5Na$ wird im nichtleitenden Diäthylzink zum Elektro-lyten, und zwar als Komplexverbindung $[Zn(C_2H_5)_3]Na$ [Z. Elektrochem. 28, 469 (1922); vgl. a. Z. physik. Chem. (A) 151, 24 (1930)].

1922    W. Schottky: Endgültige statistische Deutung des Nernstschen Wärmesatzes [Ann. Phys. 68, 481 (1922)].

1923 u. ff.    A. Hantzsch: Theorie der Pseudosäuren u. -basen [Z. Elektrochem. 29, 221 (1923); B. 58, 626 (1925)].

1923    F. M. Jaeger: Über die molekulare Asymmetrie [Bull. Soc. chim. France (4) 33, 853 (1923)].

1923    G. v. Hevesy und D. Coster: Entdeckung (röntgenoskopisch) des Elementes Hafnium [B. 56, 1503 (1923); Nature, 111, 79 (1923)].

1923/39    V. M. Goldschmidt: Grundlagen der Geochemie, geochemische Verteilung der Elemente (I bis IX, Skr. Norske Videnskaps-Akad. Oslo. I Mat.-Naturv. Klasse). V. M. Goldschmidt: Grundgesetze der Krystallchemie (Geochem. Verteilungs-gesetze N. 8).

1923    P. Debye und E. Hückel: Theorie der totalen Ionenspaltung der starken Elektro-lyte [Physik. Z. 24, 185 (1923)].

1923/25    W. Biltz, G. F. Hüttig, H. G. Grimm: Gesetzmässigkeiten der Bildung von Ammoniakaten [Z. anorg. Chem. 130, 93 (1923); 145, 63 (1925)].

1923 u. ff.    A. Sieverts: Metallhydride als feste Lösungen erkannt [Z. anorg. Chem. 131, 65; 146, 150 u. ff.)].

1923    H. Rupe: Über das optische Drehungsvermögen [J. Chim. physique 20, 87 (1923)].

1923    I. Plotnikoff: Grundriß der Photochemie. Berlin 1923.

1924    E. C. Franklin: Entwicklung eines auf Ammoniak als Solvens bezogenen Stoff-systems [J. Amer. chem. Soc. 46, 2137 (1924); „Nitrogen System of Compounds" N. Y. 1935]. Vgl. a. L. F. Audrieth [Angew. 45, 385 (1932)].

1924    P. Walden: Salpetersäure als Lösungs- und Ionisierungsmittel: Die starke Auto-ionisation gibt Nitroniumionen: $NO_3H \rightleftharpoons NO_2^+ + OH^-$ [Angew. 37, 390 (1924)]. Das Nitroniumion wurde angenommen von: G. N. Lewis (1927), C. C. Price (1941), insbesondere von C. K. Ingold u. E. D. Hughes (Nature 1946, 158, 448, 514; 1949, 163, 599) sowie G. M. Bennett u. Mitarb. (Soc. 1946, 869, 875), wobei Ingold die Bedeutung des Ions für die Nitrierungsvorgänge hervorhebt; (Zur „Autodissoziation": Soc. 1950, 2552).

1924 u. ff.    L. M. Dennis: Germaniumwasserstoffe [J. Amer. chem. Soc. 46, 657 (1924)].

1924 u. ff.    H. S. Taylor (u. Mitarb.): Theorie der festen Oberflächen mit aktiven Zentren [J. Amer. chem. Soc. 46, 43 (1924); 53, 578 (1931); 56, 586, 1685, 2259 (1934); Z. Elektrochem. 35, 542 (1929)].

1924 u. ff.    Gust. F. Hüttig: Reaktionen im festen Zustande [6. Mitt. 1924; 16. Mitt. 1929 (Z. anorg. Chem. 184, 180); 96. Mitt. ib. 228, 112; 130. Mitt. ib. 250, 36 (1942) u. ff.].

1924    P. Walden: Elektrochemie nichtwässeriger Lösungen. Leipzig 1924. (515 Seiten.)

1925    R. Swinne: Über Elektronenisomerie [Z. Elektrochem. 31, 422 (1925)].

1925 u. ff.    W. A. Roth: Mikrobombe für kalorimetrische Präzisionsmessungen; vgl. a. seine Korrektur (1910) des Wärmeaustausches mit der Umgebung [Z. Elektrochem. 49, 322, 332 (1943)]; Überblick über seine Erfahrungen mit der kalorimetrischen Bombe [Chem. Technik 15, 63 (1942)].

1925    J. Heyrovsky: Entwicklung der Polarographie unter Verwendung von Hg-Tropfelektroden.

1925    G. Uhlenbeck und S. Goudsmit: Einführung des Elektronendralles in die Lehre vom Atomkern [Naturwiss. **13,** 953 (1925)].

1925    W. Pauli: „Pauli-Verbot" und Deutung des periodischen Systems auf Grund der Elektronen im Atom [Z. Physik **21,** 765 (1925)].

1925 u. ff.    The Svedberg: Mit Hilfe der (1923 mit Rinde konstruierten verbesserten) „Ultrazentrifuge" werden die Mol.Gew. von Hämoglobin (= 68000), dann (1926) des Ovalbumins (= 34500) und (1927) des Phykocyans (= 106000) ermittelt.

1925 u. ff.    R. Willstätter, H. Kraut und K. Lobringer: Über molekulare gelöste Kieselsäure [B. **58,** 2462 (1925); **61, 62, 64,** 1709 (1931)].

1925 u. ff.    Walter und Ida Noddack (mit O. Berg): Entdecken röntgenoskopisch und isolieren erstmalig das Element Rhenium [Naturwiss. **13,** 567 (1925); Z. physik. Chem.]. (Rhenium wird seit 1930 durch W. Feit aus den Abraumsalzen technisch zugänglich.)

1925    Eröffnung des durch Oskar von Miller gegründeten *Deutschen Museums* in München.

1926    Hopkins, Harris und Yntema signalisieren das Element mit der Ordnungszahl 61, sie nennen es Illinium (nach der neuen Nomenklatur heißt es Promethium (Segré)].

1926 u. ff.    W. Heisenberg: Quantenmechanik [Naturwiss. **14,** 989 (1926)] und ihre Weiterentwicklung durch Heisenberg, Born, Jordan, Schrödinger.

1926    Die Fermi-Dirac-Statistik wird begründet: E. Fermi (Z. Physik **36,** 902) und P. M. Dirac (Proc. Roy. Soc. Ser. A. **112,** 661).

1927    Onsager: Neue Ableitung der totalen Ionendissoziation [Physik. Z. **28,** 277(1927)].

1927    A. Sommerfeld: Zustand der Metalle, Elektronentheorie derselben [Naturwiss. **15,** 825; Z. Physik. **47,** 1 (1928)].

1927    W. Heitler und F. London: Deutung der homöopolaren Bindung [Z. Physik **44,** 455 (1927)].

1927 u. ff.    R. Schenck: Katalytische Affinitätsbeeinflussung durch Zusätze [Z. anorg. Chem. **166,** 148 (1927) u. ff., **206,** 273 (1932)].

1927    Raney: Darstellung von pyrophorem Nickel (aus einer Ni-As-Legierung durch warme Natronlauge) als Hydrierungskatalysator „Raney-Nickel". [Vgl. Eucken, Angew. **61,** 386 (1942).]

1827/28    L. H. Thomas (Proc. Cambridge philos. Soc. **23,** 542) und E. Fermi (Z. Physik **48,** 73; **49,** 550); Entwicklung eines statistischen Atommodells.

1928    R. D. Hartree: Neues Atommodell [Proc. Cambridge philos. Soc. **24,** 89 (1928)].

1928    C. V. Raman: Entdeckung des „Ramaneffektes" [Nature **121,** 619 (1928)].

1928 u. ff.    W. L. Bragg: Aufklärung der Struktur von Silikaten [Z. Kristallogr. **74,** 237 (1930)].

1928    C. Hinshelwood: „Reaktionskinetik gasförmiger Systeme." (Deutsch von Pietsch und Wilke.)

1928    A. Hantzsch: Säuren in Wasser als Hydroxoniumverbindungen wirksam [Z. physik. Chem. **134,** 406 (1928); vgl. a. B. **60,** 1933 (1927)].

1928 u. ff.    I. N. Stranski: Theorie des Krystallwachstums [Z. physik. Chem. **136,** 259 (1928); Z. physik. Chem. (B) **17,** 127 (1932); **38,** 451 (1938)].

1928    E. Wiberg: Neue Borwasserstoffe und ihre Konstitution [Z. anorg. Chem. **173,** 199 (1928); **256,** 177, 285, 307 (1948)]. Vgl. a. Goubeau: Über die Struktur der

Borverbindungen [Angew. **60**, 78 (1948); **61**, 340 (1949)]; A. B. Burg [J. Amer. chem. Soc. **69**, 747 (1947)].

1928 u. ff. W. Hieber: Neue Metallcarbonyle [B. **61**, 558, 1717, 2421 (1928)].

1929 u. ff. K. F. Bonhoeffer und P. Harteck: Über p-Wasserstoff [Z. physik. Chem.; B. **4**, 113 (1929)], seine katalytische Umwandlung [mit A. Farkas: **10**, 419 (1930); **12**, 231 (1931); **21**, 225 (1933)]; vgl. G. Rienäcker, [Z. anorg. Chem. **257**, 41 (1948)].

1929 J. N. Brönsted: Neue Formulierung des Säure- und Basenbegriffs [B. **61**, 2049 (1929)]: Ein Molekül oder Ion ist eine Säure als Protonenspender, eine Base als Protonenempfänger [vgl. a. Lowry, Trans. Faraday Soc. **20**, No. 18 (1924)]; Brönsted, Rec. Trav. chim. Pays-Bas **42**, 71g (1923).

1930 u. ff. Arn. Eucken: „Lehrbuch der chemischen Physik." (3. Aufl. 1948/49, mehrbändig.)

1930 u. ff. H. Staudinger und V. Heuer: Aufstellung quantitativer Beziehungen zwischen Viskosität und Molekulargröße gelöster Kolloide, bzw. das „Viskositätsgesetz" [B. **63**, 222 (1930); vgl. a. Angew. **45**, 276 (1932); **49**, 804 (1936). Über den Gültigkeitsbereich des einfachen Visk.-Gesetzes: Die makromolek. Chemie 1, 20, 34 (1947)]. Eine andere Viskositätsgleichung gaben G. V. Schulz und F. Blaschke [J. pr. Chem. **158**, 130 (1941); **161**, 161 (1943)].

1931/32 P. Walden: Über den Zustand geschmolzener Salze [Z. physik. Chem. [A] **157**, 389 (1931); **160**, 45 u. ff. (1932)].

1931 u. ff. K. Fredenhagen: Flüssiger Fluorwasserstoff als Lösungs- und Ionisierungsmittel [Z. Elektrochem. **37**, 684 (1931); Z. physik. Chem. [A] **164**, 176 (1933)].

1931 R. Criegee: Blei(IV)-Salze zur Oxydation [B. **64**, 260 (1931); **81**, 263 (1939)].

1931 u. ff. H. Brintzinger: Dialysenmethode zur Molekulargewichtsbestimmung [Z. anorg. Chem. **196**, 33 (1931) u. ff.; **235** (1937); B. **65**, 988 (1932)]; vgl. H. Spandau [Angew. **63**, 41 (1951)].

1931 H. S. Taylor: Theorie der aktiven Punkte oder Zentren in der Oberfläche der Festkörper-Katalysatoren. Vgl. dazu die Hypothese von Schweigger über metallische (elektrisch geladene) Spitzen im Platinschwamm, und besondere „Anlegepunkte" der Katalysatoren [Schweigg. Journ. **39**, 211, 231 (1823); **40**, 1 (1824)]. Vgl. 1924.

1931 R. Wierl: Elektroneninterferenz bei Gasen [Ann. Phys. 8, 521 (1931); Physik. Z. **31**, 1028].

1931 Hume-Rothery-Regel über die Gesetzmäßigkeit bei der Bildung von Metallkrystallen (The Structure of Metals and Alloys. London, 1936).

1932 H. Freundlich: Kapillarchemie. IV. Aufl. Leipzig 1932.

1932 D. A. McInnes und Longworth: Überführungsmessungen [Chem. Rev. **11**, 171 (1932)].

1932 u. ff. E. Zintl: Beginn der Untersuchungen über intermetallische Verbindungen.

1932 C. D. Anderson: Entdeckung der (positiv geladenen) „Positronen".

1932 J. Chadwick: Entdeckung der (elektrisch ungeladenen) „Neutronen" von der Masse des Protons.

1932 J. D. Cockcroft und Walton: Atomzertrümmerung durch Protoneneinwirkung.

1932 H. C. Urey: Entdeckung des schweren Wasserstoffs „Deuterium" (At.Gew. = 2).

1933 u. ff. R. Schenck: Chemie der Erdalkali-Schwermetallsulfid-Systeme und die Elementarvorgänge bei der Lichtemission erregter Sulfidphosphore [Z. anorg. Chem. **211**, 209, 303 (1933); **236**, 27 (1938); Z. Elektrochem. **46**, 27 (1940); **55**, 1 (1951)]. Vgl. a. A. Schleede [Angew. **63**, 173 (1951)].

1933 u. ff. ROB. FRICKE: Beginn der systematischen Untersuchungen über *aktive* feste Stoffe und Katalyse [Z. physik. Chem. [B] **23**, 319 (1933); Z. anorg. Chem. **214**, 177 (1933); vgl. a. **253**, 29 (1945); Z. Naturforsch. **1**, 649 (1946); Angew. **61**, 386 (1949)].

1934 I. CURIE und JOLIOT: Atomzertrümmerung durch $\alpha$-Strahlen und induzierte Radioaktivität.

1934 E. FERMI: Künstliche Radioaktivität durch Neutroneneinwirkung.

1934 u. ff. G. RIENÄCKER: Katalytische Untersuchungen an Legierungen [Z. Elektrochem. **40**, 487 (1934); Z. anorg. Chem. **227**, 353 (1936); 12. Mitt. **257**, 41 (1948); vgl. a. Angew. **57**, 85 (1944, Atombaueinfluß)].

1934 W. BILTZ: „Raumchemie der festen Stoffe." 1934.

1935 A. J. DEMPSTER: Isotopenbestimmung schwerer Elemente mit verbessertem Massenspektrographen, erstmalig Uran 235 entdeckt.

1935 u. ff. GMELINS Handbuch der anorganischen Chemie. Achte Auflage (seit 1922) wird von E. PIETSCH (seit 1935) herausgegeben. Verlag Chemie.

1936 BONHOEFFER: Intermetallische Umsetzungen [B. **69**, 1456 (1936)].

1936 W. SEITH: Ionenleitfähigkeit in festen Salzen [Z. Elektrochem. **42**, 635 (1936)].

1936 u. ff. E. WIBERG: Dem Borwasserstoff $B_2H_6$ wird eine Ionenstruktur beigelegt [B. **69**, 2816 (1936)]; dem Borwasserstoff $B_6H_6$ wird eine Benzolstruktur beigelegt [B. **73**, 209 (1940)].

1936/37 ARNE TISELIUS: Untersuchungen über Elektrophorese der Proteine und Konstruktion der Apparatur.

1935–1938 OTTO HAHN mit LISE MEITNER und F. STRASSMANN: Spaltung des Urans (238) in vermeintliche „Transurane" [Naturwiss. **24**, 158 (1936); B. **69**, 217, 905 (1936)].

1936 W. KLEMM: Magnetochemie. Leipzig, Akad. Verlagsges. 1936.

1937 OTTO HAHN mit LISE MEITNER und F. STRASSMANN: Nachweis eines künstlichen Uran-Isotops der Masse 239 [B. **69**, 905 (1935); **70**, 1374 (1937)].

1938 O. HAHN und F. STRASSMANN: *Uranspaltung* (durch Neutronenbeschuß) in Barium und Krypton [vgl. Naturwiss. **27**, 11, 89, 163 (1939)].

1937 C. D. ANDERSON: Entdeckung des 1935 von H. YUKAWA vermuteten „Mesons" [Physic. Rev. **51**, 884 (1937)].

1937 HICKMANN: Entwicklung der Zentrifugal-Molekulardestillation [Ind. Eng. Chem. **29**, 968 (1937); vgl. a. **39**; **40**, 135 (1948)].

1937 u. ff. K. CLUSIUS und G. DICKEL: Isotopentrennung durch Thermodiffusion [Chlor; Neon (1939); Sauerstoff (1943); Krypton (1941); Stickstoff (1943/47)] usw. [Naturwiss. **26**, 546 (1938); Z. physik. Chem. (B) **44**, 397, 451 (1939); **48**, 50 (1940); **52**, 348 (1942); (A) **193**, 274 (1944)].

1937 G. PERRIER, E. SEGRÉ: Entdeckung des Elements 43 „Technetium" [J. chem. Physics **5**, 712 (1937)].

1937 u. ff. B. V. BORRIES und E. RUSKA; E. KRAUS, M. V. ARDENNE und B. BEISCHER; E. BRÜCHE u. a.: Konstruktion von Elektronenmikroskopen.

1938 C. N. HINSHELWOOD u. Mitarb.: Über Aktivierungsenergie (Soc. 1938, 648).

1938 K. F. BONHOEFFER, K. CLUSIUS, K. H. GEIB, C. K. INGOLD und WILSON u. a.: Chemie der Deuteriumverbindungen und Austauschreaktionen [Z. Elektrochem. **44**, 1—98 (1938)].

1938 A. SIMON: Ramanspektren anorganischer Verbindungen [Angew. **51**, 783, 808 (1938)].

1939 E. ZINTL: Intermetallische Verbindungen [Angew. **52**, 1 (1939)].

1939   E. WEITZ: Ionisationsvorgänge an festen Oberflächen, erkennbar durch das Auftreten gefärbter Ionen in den Adsorbaten [B. 72, 1740, 2099; Z. Elektrochem. 46, 222 (1940); Angew. 59, 164 (1947)].

1939   M. PEREY: Das Element 87 (MENDELEJEFFs Eka-Cäsium) wird entdeckt und „Francium" benannt [J. Physique Radium 10, 435, 439 (1939)].

1939   H. BREDERECK: Berylliumchlorid $BeCl_2$ als Katalysator [Angew. 52, 445 (1939)].

1939   M. VOLMER: „Kinetik der Phasenbildung." Dresden-Leipzig.

1939/40   VLAD. IPATIEFF, CORSON und KURBATOV: Über Mischkatalysatoren [J. physic. Chem. 43, 589 (1939); 44, 679 (1940)].

1939 u. ff.   G. JANDER und H. SPANDAU: Über den Anwendungsbereich der Dialysenmethode zur Molekulargewichtsbestimmung [Z. physik. Chem. (A) 185, 325 (1939)]; vgl. dazu: H. BRINTZINGER [ib. 187, 317 (1940)] sowie SPANDAU und GROSS [B. 74, 362 (1941)].

1939 u. ff.   K. SCHÄFER: Über die Unterschiede der Sublimations- und Molwärme sowie der Dampfdrucke von Ortho- und Parawasserstoff [Z. physik. Chem. (B) 42, 380 (1939); 45, 451 (1940)]. Zur Thermodiffusion beider Wasserstoffe [Naturwiss. 33, 92 (1946)].

1939   WOLFG. OSTWALD: Adsorptionsisotherme (von Elektrolyten an Kohle), Ersatz der Gleichungen von H. FREUNDLICH und LANGMUIR durch Einführung des DEBYE-HÜCKELschen Aktivitätskoeffizienten [Kolloid-Z. 87, 128 (1939)].

1939   W. SEITH: „Diffusion in Metallen." Berlin 1939.

1940 u. ff.   R. MECKE: Spektroskopische und elektroskopische Messungen der Assoziation und Assoziationsenergie, der Wasserstoffbrücken usw. [Z. physik. Chem. (B) 46, 229 (1940); 49, 309 (1941); Naturwiss. 31, 248 (1943); Z. Elektrochem. 50, 57 (1944) u. ff.].

1940   HINSHELWOOD: „Kinetics of Chemical Change." Oxford 1940.

1940   CORSON, McKENZIE und SEGRÉ: Entdeckung des Elements 85 (MENDELEJEFFs Ekajod), das „Astatine" genannt wird [Physic. Rev. 57, 1037 (1940); 58, 672 (1940)].

1940   E. ZINTL: Siliciumoxyd SiO erhalten [Z. anorg. Chem. 245, 1 (1940)]; vgl. a. K. F. BONHOEFFER [Z. physik. Chem. 131, 363 (1928)]; G. GRUBE [Z. Elektrochem. 53, 339 (1949)].

1940   O. HÖNIGSCHMID: „30 Jahre chemische Atomgewichtsforschung" [Angew. 53, 177 (1940)].

1940   TH. SVEDBERG und K. O. PEDERSEN: Die Ultrazentrifuge. Dresden-Leipzig 1940.

1941   H. A. STUART: Die molekulare Struktur von Flüssigkeiten im Modellversuch [Z. Elektrochem. 47, 110 (1941)].

1941 u. ff.   BONHOEFFER u. Mitarb.: Über den Zustand des passiven Eisens [Z. Elektrochem. 47, 441, 536 (1941); 52, 29, 60 (1948); Z. physik. Chem. 196, 142 (1950)].

1942   FR. FICHTER: „Organische Elektrochemie." Steinkopff, Dresden 1942.

1942   A. EUCKEN: Die Summe aus der „Schmelzentropie" und „Umwandlungsentropie" ist konstant (Angew. 55, 163), dies als Verbesserung der von P. WALDEN [Z. Elektrochem. 14, 713 (1908)] gegebenen Regel. Eine Korrektur zu EUCKEN gab A. LÜTTRINGHAUS [Angew. 59, 228 (1947)], indem er die EUCKENschen Entropiesummen durch die Molekeloberfläche dividierte.

1943 u. ff.   WILH. KLEMM (und E. VOSS mit K. GEIERSBERGER): Aluminiumsubhalogenide AlX, ebenso $Al_2S$ und $Al_2Se$ werden erkannt [Z. anorg. Chem. 251, 233 (1943); 256, 15, 24 (1948); 255, 287].

## Entdeckung der Transurane:

1940/42 McMILLAN und ABELSON: Element 93 als „Neptunium" [Physic. Rev. 57, 1185 (1940)]; OTTO HAHN und FR. STRASSMANN: Isolierung des Neptuniums in wägbarer Menge [Naturwiss. 30, 256 (1942)].

1941 G. T. SEABORG, SEGRÉ, KENNEDY und LAWRENCE: Das (für den Komplex Atomenergie wichtige) Element 94: „Plutonium" wird aus Uran dargestellt [SEABORG, The Impact of Nuclear Chemistry. Ind. Eng. Chem., News Edit. 24, 1192 (1946)].

1944 SEABORG: Durch Uranbestrahlung mit $\alpha$-Teilchen wird Element 95: „Americium" erhalten (a. a. O.).

1944 SEABORG: Ebenso (aus Americium durch Neutronenanlagerung und $\beta$-Strahlung das Element 96 „Curium").

1944 G. F. HÜTTIG: Das „Erinnerungsvermögen" fester Stoffe [Kolloidchem. 106, 166 (1944)].

1944 WOLFG. OSTWALD: Die Welt der vernachlässigten Dimensionen, XII. Aufl. 1944. Dresden-Leipzig.

1944 u. ff. H. SUESS: Experimentelle und theoretische Untersuchungen über Deuteriumaustauschgleichgewichte [Z. physik. Chem. 1944 u. ff.; Naturwiss. 32, 372 (1944)].

1944 WOLFG. OSTWALD: Kritische Zusammenfassung der Funktionen Viskosität-Teilchengröße [Kolloid-Z. 106, 1 (1944). Vgl. a. K. H. MEYER, ib. 95, 70 (1941)].

1944 G. KORTÜM: Über die Struktur konzentrierter wässeriger Salzlösungen [Z. Elektrochem. 50, 144 (1944)].

1944 G. RIENÄCKER: Heterogene Katalyse und Atombau [Angew. 57, 85 (1944); Z. anorg. Chem. 227, 353 (1936); 236, 252 (1938); 242, 302 (1939); 248, 45 52, (1941); 251, 55 (1943)].

1945 GLENDENIN und MARINSKY: Element 61 — „Promethin" (vgl. 1926).

1945/47 E. G. ROCHOW: Eine „Chemie der Silicone" wird begründet [J. Amer. chem. Soc. 63, 798 (1941); 67, 963 (1945); Monographie N. Y. 1947].

1946 u. ff. A. EUCKEN: Über die Konstitution des flüssigen Wassers: Assoziation der Molekeln zu Achter-, Vierer- und Zweieraggregaten [Nachr. d. Gött. Ak., math.-naturw. Kl., 1946, 38. Z. Elektrochem. 51, 6 (1947); 52, 255; 53, 102 (1949)].

1948 F. ALDRICH und NIER: Feststellung des leichten $^3$He-Isotops [Physic. Rev. 74, 1590 (1948)].

1948 R. LINDNER: Trennung von seltenen Erdmetallen mittels Harzaustauschern [Z. Naturforsch. 3$^b$, 219 (1948)]. Vgl. a. R. KLEMENT [Z. anorg. Chem. 260, 267 (1949)] für präparative Zwecke.

1948 JOHN EGGERT: Lehrbuch der physikalischen Chemie. Leipzig, VII. Aufl. (I. Aufl. 1926).

1948 JOHN EGGERT: Über den Mechanismus der photographischen Sensibilisation [Helv. Chim. Acta 31, 1163 (1948)].

1948 u. ff. H. J. EMELÉUS: Halogenfluoride als Ionisierungsmittel und chemische Umsetzungen in denselben (Soc. 1948, 1991; 1949, 2206, 2861; 1950, 164 1046, 2118).

1948 W. HÜCKEL: Anorganische Strukturchemie. Stuttgart, Enke 1948.

1949 G. JANDER: „Die Chemie in wasserähnlichen Lösungsmitteln." Springer-Verlag 1949.

1949 G. KORTÜM: Von der Thermodynamik zur Quantentheorie [Angew. 61, 123 (1949)].

1949 L. F. AUDRIETH: „Acids, Bases and nonaqueous Solutions." Penns., U. S. A. 1949.

1949 G. GRUBE u. Mitarb.: Aluminiumsuboxyd $Al_2O$ nachgewiesen [Z. anorg. Chem. 260, 120 (1949)].

1949 P. NIGGLI: „Grundlagen der Stereochemie." Basel 1949.

1949/50  G. T. SEABORG, A. GHIORSO und ST. G. THOMPSON: Durch Beschuß von Americium $_{95}$Am mit $\alpha$-Teilchen wird Transuranelement 97, genannt Berkelium, und aus Curium ein Element 98, genannt Californium Cf, erhalten [Chem. Eng. News 28, 326, 1030 (1950)].

1950  G. T. SEABORG, A. GHIORSO und ST. G. THOMPSON: Auch die Elemente 99 und 100 (Centurium) werden signalisiert. Durch Beschießen von Uran $^{238}$U mit nackten C-Kernen erhielten dieselben Forscher das Californium $^{244}$Cf, daneben noch ein Isotop $^{246}$Cf [Physic. Rev. 81, 154 (1951)].

1949  JOS. MATTAUCH und ARN. FLAMMERSFELD: ,,Tabellarische Übersicht der Eigenschaften der Atomkerne." Tübingen 1949.

1950  F. HEIN: ,,Chemische Koordinationslehre." Leipzig 1950.

1950  P. HARTECK und V. FALTING: Über das starke Vorkommen von Tritium $^3$H od. $^3$T in dem atmosphärischen Wasserstoff [Z. Naturforsch. 5$^a$, 438 (1950); Angew. 63, 6, 175 (1951)].

1950  W. KLEMM: Über die Neugliederung der Metalle; Halbmetalle und Metametalle [Angew. 62, 133—142 (1950)]. Anomale Wertigkeiten: Angew. 63, 396 (1951).

1950  U. HOFMANN und G. OHLERICH: Oberflächenchemie des Kohlenstoffs [Angew. 62, 16—21 (1950)].

1950  C. K. INGOLD, E. D. HUGHES und R. I. GILLESPIE: Kryoskopische Messungen in Schwefelsäure insbesondere in Beziehung auf die Existenz des Nitroniumions (Soc. 1950, 2473—2551), sowie des Acetylium-($CH_3CO$)  und Benzoylium-Ions (J. chem. Soc. 1950, 2997). Vgl. a. zum $CH_3CO$-Ion: H. BURTON und PRAILL (Soc. 1950, 1203; 1951, 522). Hingewiesen sei darauf, daß P. WALDEN (1902/03) aus der Eigenleitfähigkeit von $CH_3COBr$ auf die Bildung des Kations $CH_3CO^+$ geschlossen hatte.

1950  C. K. INGOLD, E. D. HUGHES und R. I. GILLESPIE: Kryoskopische Messungen in Salpetersäure (Soc. 1950, 2552).

1950  INGOLD, D. J. MILLEN und J. D. S. GOULDEN: Untersuchung der Raman-Spektren von festen und gelösten Nitroniumsalzen, $N_2O_5$, $HNO_3$, $N_2O_4$ usw. im Hinblick auf ihre Ionisation (Soc. 1950, 2576—2627).

1950  C. K. INGOLD, E. D. HUGHES u. Mitarb.: Kinetik und Mechanismus der Nitrierung aromatischer Verbindungen (Soc. 1950, 2400—2473, 2628—2684). Vgl. a. H. v. EULER, Kem. Arbet. Ny förjd B, 14, III, 1951.

1950  C. K. INGOLD, E. D. HUGHES und D. R. GODDARD: Chemie der krystallin. Nitroniumsalze, z. B. $(NO_2^+)(ClO_4^-)$  oder $(NO_2^+)(HS_2O_4^-)$  oder $(NO_2^+)_2$ $(S_2O_4^{--})$ (Soc. 1950, 2559—2575).

1950  O. SCHMITZ-DUMONT: Komplexchemische Reaktionen in Wasser und in flüssigem Ammoniak [Angew. 62, 212, 560 (1950)].

1950  GEORG MASING: Lehrbuch der allgemeinen Metallkunde. Springer-Verlag 1950.

1950 u. ff.  LANDOLT-BÖRNSTEINS Physikalisch-chemische Tabellen. VI. Aufl. 1950 u. ff.

1950 u. ff.  ULLMANNS Enzyklopädie der technischen Chemie. Dritte Auflage, herausgegeben von W. FOERST. Verlag Chemie.

1951  H. C. UREY: Cosmochemische Studien über Ursprung und Entwicklung der Erde und anderer Planeten [Geochim. et Cosmochim. Acta, I, 209 (1951)].

## B. Organische Chemie.

1900  WILL. POPE, PEACHEY und SMILES: Optisch aktive Sulfoniumverbindungen dargestellt [Soc. 77, 1072, 1174 (1900)].

1900  WILL. POPE: Erstmalige optische Spaltung einer vierwertig asymmetrischen Verbindung mit zentralem Metallatom: $R_1R_2R_3Sn.J$ [Proc. Roy. Soc. 16, 42, 116 (1900)].

1900    M. Gomberg: Erstmalige Isolierung eines freien Radikals $(C_6H_5)_3C$- [B. **33**, 3150 (1900)].

1900/01    V. Grignard: Entdeckung der Alkyl- und Arylmagnesiumsalze R. Mg. X (Doktordissert. 1901).

1900    W. Manchot: Über freiwillige Oxydation (Leipzig 1900).

1901    A. Eichengrün u. Becker: Katalysierte Acetylierung von Cellulose (Patentanmeldung).

1901    Wilh. Ostwald: Über Katalyse (Vortrag auf der 73. Naturforscherversammlung in Hamburg; vgl. Ostw. Klass. No. 200).

1901    A. v. Baeyer: Oxoniumtheorie [B. **34**, 2679, 3612; Dimethylpyron ist amphoter: P. Walden, B. **34**, 4190 (1901)].

1901    E. Fischer: Beginn der Polypeptidsynthesen [B. **34**, 2868 (1901)].

1901    R. Bohn: Erster Indanthrenfarbstoff hergestellt.

1901    Beginn der technischen Camphersynthese (Schering-Berlin).

1901 u. ff.    N. Zelinsky: Synthese von cyclischen Polymethylenverbindungen mittels magnesiumorganischen Verbindungen [B. **34**, 2879 (1901); **35**, 2683 (1902) u. ff.].

1901    Erstes Hormon Adrenalin isoliert. Jok. Takamine u. Thom. B. Aldrich [Amer. J. Pharm. **73**, 457 (1901)].

1901 u. ff.    Beginn *katalytischer* Untersuchungen an Alkoholen usw. bei *hohen Temperaturen* unter besonderer Berücksichtigung der Gefäßwände (Metalle und Metalloxyde, Kupfer, Zink u. -oxyd, Tonerde usw. als Kontaktsubstanzen. Wl. Ipatieff [B. **34**, 596, 3579 (1901); **35**, 1057 (1902)].

1901/03    R. Willstätter: Synthesen von Tropinon und Tropin [Ann. **317**, 204 (1901); **236**, 1 (1903)].

1902 u. ff.    A. v. Baeyer: Carboniumverbindungen [B. **35**, 1189, 3013 (1902); **38**, 571 (1905)]. Vgl. das folgende.

1902/03    P. Walden: Auf Grund der meßbaren elektrolyt. Eigenleitfähigkeit („Selbstionisation") von nichtwässerigen Lösungsmitteln und sog. „Nichtelektrolyten" wird ganz allgemein angenommen, daß in Systemen von organischen und anorganischen (reaktionsfähigen) „Nichtelektrolyten" Ionenbildung und Ionenreaktionen stattfinden. [B. **35**, 2019 (1902); Z. physik. Chem. **43**, 385 (1902); **46**, 103 (1903); 168 (A), 107 (1933); B. **75**, 1893 (1942)]. Halogen. Kationen: R. Bell, Soc. 1951.

1902    W. Normann: Katalytische Fetthydrierung mittels Nickel (Patent).

1902 u. ff.    C. Harries: Untersuchungen über die Konstitution des Kautschuks; Bildung von Ozoniden, Ozonolyse und Polymerisation des Isoprens usw. [B. **35**, 3257, 44301 (1902); **38**, 1195; **39**, 3732 (1905); Ann. **383**, 228 (1911) u. ff.]. Um diese Zeit waren am gleichen Problem tätig: W. Ipatieff (Isoprensynthese, 1897), A. Faworsky (ungesätt. Kohlenwasserstoffe, seit 1887); I. Kondakow (Polymerisation von Dimethylbutadien, 1901 u. ff.); S. Lebedew (Kautschuksynthese, 1908 u ff.).

1902    Marc Tiffeneau: Darstellung der Chlorhydrate tertiärer Alkohole vom Typus $R(CH_3).C(OH).CH_2Cl$ [C. r. **124**, 774 (1902)]; E. Fourneau erhält daraus durch Substitution Aminoalkohole von therapeutischer Wirkung [C. r. **138**, 766 (1904)].

1902    Emil Fischer und E. F. Armstrong: Enzymatische Synthese der Isolaktose aus Galaktose und Glucose mittels Kefirlaktase [B. **35**, 3144 (1902)].

1903    H. D. Dakin: Enzyme (aus Schweineleberesterase) spalten die optischen Antipoden von razemischen Estern mit verschiedener Geschwigkeit.

1903    F. Stolz: Technische Synthese des Adrenalins (Patent).

1903    ALBIN HALLER: Partielle Synthese des Camphers [B. **36**, 4332 (1903)].

1903 u. ff.    H. LEUCHS: Über Zersetzungsprodukte von N-carboäthoxylierten Aminosäure-chloriden [B. **36**, 857; **40**, 3235 (1907); **41**, 1721; **55**, 2943 (1922)].

1904    „F. ULLMANN-Reaktion": Darstellung von Diphenylderivaten aus Arylhalogeniden mittels Kupferbronze bzw. Cu-Pulver [B. **29**, 1876 (1896); Ann. **332**, 38 (1904); bzw. B. **36**, 2382 (1903); Ann. **350**, 85 (1906)].

1904    „H. TH. BUCHERER-Reaktion", Austausch der OH-Gruppe in gewissen Phenolen durch den Aminorest durch Erhitzen mit Ammoniumsulfit und Ammoniak [J. pr. Chem. (2) **69**, 49, 85 (1904); **80**, 201 (1909)].

1904    „L. BOUVEAULT u. G. BLANC-Verfahren": Reduktion der Säureester zu Alkoholen mittels Na in siedendem (Butyl-)Alkohol [Bull. Soc. chim. France (3) **31**, 666 (1904)]; vgl. a. H. ADKINS [J. Amer. chem. Soc. **53**, 1095 (1931)]; W. SCHRAUTH [B. **64**, 1314 (1931)].

1904    A. PICTET und RETSCHY: Synthese des Nicotins (B. **37**, 1225; vgl. a. **28**, 1904).

1904    W. IPATIEFF: Über katalytische Dehydrierung und Dehydratation bei hohen Drucken und Temperaturen (B. **37**, 2961, 2986).

1904    TH. CURTIUS: Über Peptidsynthesen [J. pr. Chem. **70**, 57 (1904)].

1904    H. LEY: „Innere Metallkomplexsalze" begrifflich und experimentell erfaßt (Z. Elektrochem. **10**, 954), gleichzeitig

1904    G. BRUNI und C. FORNARA [Atti R. Accad. Lincei (5) **13**, II, 26 (1904)].

1904 u. ff.    E. FOURNEAU u. Mitarb.: Über die Ephedrine, ihre Synthesen und optische Spaltungen [J. pharm. chim. (6) **20**, 488 (1904); Bull. Soc. chim. France (4) **35**, 614 (1924); **37**, 1112 (1925); **47**, 894 (1930); (5) **12**, 985 (1945)].

1904    HARDEN und YOUNG: Der Begriff „Coenzym" wird geschaffen [bei der Unter-suchung der Zuckergärung durch Hefe und der Zerlegung des Hefesaftes durch Dialyse in einen Protein und einen Nichtprotein führenden Anteil, [Proc. Chem. Soc., London, **21**, 189 (1905)].

1905    L. TSCHUGAEFF: Komplexsalzbildung der $\alpha$-Mono- und Dioxime mit Schwer-metallen; Dimethylglyoxim-Nickelreagens [B. **38**, 2520 (1905); Z. anorg. Chem. **46**, 144 (1905)]; reaktionskinetische Unterschiede der Stereoisomeren [B. **41**, 1678, 2219 (1908); C. r. **151**, 1361 (1910)]; Rolle bei der Beizenfarbstoffbildung [J. pr. Chem. (2) **75**, 88 (1907)].

1905    H. STAUDINGER: Entdeckung der Ketene $(R)_2C:O$ (B. **39**, 968; **41**, 1025; Ann. **356**, 50).

1905    P. WALDEN: Optisches Drehungsvermögen. Vortrag [B. **38**, 345 (1905)].

1905    A. WINDAUS und F. KNOOP: Konstitutionsaufklärung von Histidin [Beitr. chem. Phys. Pathol. **7**, 144; **8**, 406 (1906)].

1905    OSSIAN ASCHAN: „Chemie der alicyclischen Verbindungen." Braunschweig.

1905    GUSTAV KOMPPA: Totalsynthese des razemischen Camphers ausgeführt, nachdem 1903 die razemische Camphersäure synthetisiert worden war. [B. **36**, 4332 (1903)] — der ausführliche Bericht erfolgte 1909 [Ann. **370**, 209 (1909); B. **42**, 485 (1909).]

1905 u. ff.    P. RABE (teils mit K. KINDLER, H. HUNTENBERG u. a.): Zur Konstitution, Stereo-chemie und Synthese der Chinaalkaloide [Ann. **373**, 85 (1910); B. **55**, 522 (Nomen-klatur, (1922); synthet. Versuche: B. **44**, 2088 (1911); **51**, 466, 1360 (1918); **55**, 532 (1922); **64**, 2487 (1931); **66**, 120 (1933); **72**, 263 (1939) u. ff.].

1906    E. H. STARLING: Der Begriff „*Hormone*" = „chemical messengers" oder chemische Sendboten für die „chemischen Korrelationen im Organismus" (L. KREHL) wird geprägt. An solchen Hormonen lagen bereits vor: Adrenalin (vgl. 1901 und 1903), der aus den Nebennieren gewonnene und den Blutdruck steigernde Stoff; das Thyrojodin aus den Schilddrüsen (vgl. 1895 BAUMANN bzw. 1915, KENDALLS „Thyroxin"); die von BROWN-SÉQUARD (1889 u. ff.) benutzten inneren Sekrete der Tierhoden. Als nun 1927 S. ASCHHEIM und B. ZONDEK [Klin. Wochenschr. **6,** 1322 (1927); **8,** 8 (1928)] mitteilten, daß durch Implantation von Hypophysenvorderlappen infantile Mäuse zu einer vorzeitigen Geschlechtsreife gebracht wurden, und daß weibliche Sexualhormone in der Schwangerschaft durch den Harn ausgeschieden bzw. im Harn nachweisbar werden, war das Problem der Reindarstellung derselben von einer chemischen Aktualität geworden: SLOTTA (1927); DOISY (1928); WADEHN u. GLIMM (1929); MARRIAN u. PARKES (1929); BUTENANDT (1929).

1906    M. TSWETT: Chromatographische Analyse eingeführt.

1906    R. WILLSTÄTTER: Chlorophylluntersuchungen begonnen [Ann. **350,** 1, 48; **354,** 205 (1907)].

1906    EMIL FISCHER: „Über Aminosäuren, Polypeptide und Proteine" [B. **39,** 530 (1906)]

1906    LEO HEND. BAEKELAND: Erfindung des Kunstharzes „Bakelit". Zur Phenolharzchemie vgl. a. H. v. EULER [Angew. **54,** 458 (1941)]; K. HULTZSCH [**63,** 168 (1951)].

1906    W. TSCHELINZEFF: Nachweis der richtigen Zusammensetzung von GRIGNARDS Mg-Verbindungen [B. **39,** 773, 1674 (1906); **41,** 646 (1908); über die Katalyse unter Zusatz tertiärer Amine: ib. **37,** 4534 (1904)].

1906    M. BODENSTEIN und DIETZ: Synthese von Amylbutyrat mittels Rizinuslipase [Z. Elektrochem. **12,** 605 (1906)].

1906    EMIL FISCHER: Untersuchungen über Polypeptide und Proteine. Berlin, Springer 1906.

1907    EMIL FISCHER: Untersuchungen in der Puringruppe 1882—1906. Berlin, Springer 1907.

1907    GATTERMANN: Direkte Einführung der Aldehydgruppe CHO in aromatische Kohlenwasserstoffe in flüssiger Blausäure mit $AlCl_3$ (A. **357**).

1907    TH. ZEREWITINOFF: Bestimmung des „aktiven Wasserstoffs" [B. **40,** 2032 (1907); **41,** 2233 (1908)].

1907    H. HÖRLEIN: Prognose der Chininformel (B. **40,** 2013, 2042).

1906/08    O. DIELS und WOLF: Entdeckung des Kohlensuboxyds $C_3O_2$ aus Malonsäure durch $P_2O_5$ [B. **39,** 689 (1906); **41,** 82, 906 (1908)].

1907 u. ff.    G. BREDIG (mit K. FAJANS, J. CREIGHTON a. a.): „Asymmetrische Katalyse", makrohoterogene Modelle für enzymatischen Abbau und Aufbau [B. **41,** 752 (1908); Z. Physik. Chem. **73,** 25; **75,** 232 (1910); **81,** 543 (1913) u. ff.; **112,** 448 (1924); Biochem. Z. **250,** 414 (1932); **282,** 88 (1938)].

1908    „FRIESsche Reaktion": Überführung eines acylierten Phenols durch Erhitzen mit $AlCl_3$ in isomere o- oder p-Hydroxyketone [B. **41,** 427 (1908); vgl. a. Soc. 1950, 3606].

1908    J. MEISENHEIMER: Entdeckung der optischen Spaltbarkeit von Verbindungen des Typus $R_1R_2R_3N:O$ [B. **41,** 3966 (1908); Ann. **428,** 252 u. ff. (1922)].

1908    H. LEUCHS: Beginn der Untersuchungen über Strychnin und Brucin [B. **41,** 1711 (1908), — 97. Mitt. B. **70** (1937) usw. **77,** 408 (1944)].

1908    K. FEIST: Konfigurationsbestimmung des Benzaldehydcyanhydrins (d-Form!) im Amygdalin und Synthese der L-Form [Arch. Pharm. **246,** 206 (1908); vgl. a. L. ROSENTHAL, ib. **246,** 365 (1908) u. Biochem. Z. **17,** 264 (1909)].

1909    P. FRIEDLÄNDER: Antiker Purpur als p-Dibromindigo erkannt [B. **42,** 765 (1909)].

1909(1921)  E. FISCHER: Untersuchungen über Kohlenhydrate und Fermente (1884—1908). Berlin, Springer 1909 (I. Band). Der zweite Band wurde nach dem Tode E. FISCHERS (1852—1919) von MAX BERGMANN herausgegeben (Berlin, Springer 1921). Die Bezeichnung ,,*Kohlenhydrate*'' ist durch E. FISCHERS Forschungen klassisch geworden — sie wurde in die Chemiegeschichte eingeführt durch CARL SCHMIDT (Ann. **51**, 30 1844) aus dem LIEBIGschen Institut und entspricht den Formen: Kohlen*stoff*, Kohlen*wasserstoff*, Kohlen*säure*, Kohlen*oxyd*, Kohlen*dioxyd* usw. Wozu die Neuerung ,,Kohlehydrate'' ?

1909  FR. HOFFMANN u. C. COUTELLE: Erstmalig synthetischer Methyl-Kautschuk durch Wärmepolymerisation dargestellt (im Handel 1913).

1909  PAUL EHRLICH: Darstellung von ,,Salvarsan'' (Arsphenamin).

1909  G. BARGER bzw. K. W. ROSENMUND } Isolierung und Synthese von Hordenin und Tyramin. [Soc. **95**, 1123, 1720 (1909), bzw. B. **42**, 4778 (1909); **43**, 306 (1910)].

1910  VLAD. IPATIEFF entdeckt die Verstärkung der katalytischen Hydrierung von Amylen durch *Misch*katalysatoren [Eisen + CuO, B. **43**, 3387 (1910)]. Vgl. 1913.

1909  C. S. HUDSON (mit JANOWSKY): Regeln für die Superposition und Konfigurationsbestimmung der Zucker [J. Amer. chem. Soc. **31**, 66 (1909); **32**, 338; **33**, 405; **37**, 1264; **38** u. ff.; **61**, 1525, 1658 (1939)]. Andere Drehungsregeln gaben: K. FREUDENBERG und W. KUHN in der sogen. ,,Vizinalregel'' [B. **63**, 207, 2367; **64**, 703 (1931) u. ff. sowie FR. WEYGAND, B. **73**, 1280 (1940)].

1910  Viscoseseide (vgl. 1891) kommt in den Handel.

1910  W. SCHLENK, T. WEICKEL u. A. HERZENSTEIN: Erstes freies monomolekulares Triarylmethyl-Radikal dargestellt [Ann. **372**, 1 (1910)].

1910  K. AUWERS beginnt seine spektrochemischen Untersuchungen [J. pr. Chem. (2) **82**, 65 (1910) u. ff.].

1910  P. EHRLICH u. S. HATA: ,,Die experimentelle Chemotherapie der Spirillosen''. Berlin 1910.

1910  H. MEERWEIN (u. Mitarb.): Pinakolin -und Retropinakolin-Umlagerung in Abhängigkeit von der Struktur der Glykole, den Versuchsbedingungen und Katalysatoren [Ann. **376**, 152 (1910); **396**, 200 (1913); **419**, 121 (1919); Retropinakolinumlagerungen: Ann. **405**, 129 (1914); **417**, 255 (1918); J. pr. Chem. (3) **104**, 289 (1922) u. ff. Vgl. a. TIFFENEAU (1924), INGOLD, Soc. **1928**, 365, und P. WALDEN (1899)].

1911  W. SCHLENK u. T. WEICKEL: Entdeckung der Metallketyle [B. **44**, 1182 (1911)]; vgl. a. SCHLENK und BERGMANN [A. **464**, 18 (1928)].

1911  H. WIELAND: Freie Diarylstickstoffe $R_1R_2N$ — erhalten [Ann. **381**, 200 (1911); B. **44**, 2550 (1911); **47**, 2111 (1914); vgl. a. **48**, 1078 (1915); **55**, 1804 (1922)].

1911  A. WERNER: Optische Isomerie bei Metallkomplexsalzen erstmalig nachgewiesen B. **44**, 1887 (1911)].

1911  W. H. PERKIN und ROB. ROBINSON: Synthese des Narkotins [Soc. **99**, 777 (1911)].

1911  P. PFEIFFER: Theorie der ,,Farblacke'' als innerer Komplexsalze [B. **44**, 2653 (1911); Ann. **398**, 138 (1913)].

1911/12  WOLF-KISHNER (1911): Methode zur Reduktion von Ketonen und Aldehyden — über das Hydrazon und dessen Spaltung durch $Na.OC_2H_5$ [Vgl. a. LOCK und STACH, B. **76**, 1252 (1943); **77**, 293 (1944); D. TODD, J. Amer. chem. Soc. **71**, 1356 (1949); **72**, 4308 (1950)].

1912  Technische katalytische Synthese des Äthylalkohols aus Acetylen — Aldehyd (vgl. o. 1881 und 1891/92).

1912  A. SKITA: ,,Katalytische Reaktionen organischer Verbindungen''. (Stuttgart 1912).

1912 u. ff.   H. WIELAND: Theorie der intramolekularen Dehydrierung — Hydrierung [B. 45, 488, 2606 (1912); 46, 3227; 47, 2085; 54, 2353 (1921); Ann. 467, 95—157 (1928); 483, 244 (1930), CANNIZZAROsche Reaktion 1853; Ann. 486, 226 (1931); 520, 520 (1935)].

1912   H. HÖRLEIN: Synthese des Dauerschlafmittels „Luminal".

1912   E. FISCHER u. K. FREUDENBERG: Penta-digalloyl-glucose als Prototyp der Tannine [B. 45, 915, 2709 (1912); 55, 2813 (1922)].

1912   WILL. POPE: Modifizierte Spaltungsmethode von Razemverbindungen (Halbneutralisierung).

1912 u. ff.   J. BÖESEKEN: Konfigurationsbestimmung von Polyoxyverbindungen aus der elektrischen Leitfähigkeit ihrer bei Borsäurezusatz sich bildenden Komplexe, z. B. der cis- bzw. $\alpha$-Form der Zucker [B. 46, 2612 (1913); 56, 2411 (1923); 58, 1472 (1924)]; über die optische Aktivität der Borsalicylsäure [Rec. Trav. chim. Pays-Bas 44, 750 (1925)]; zur Tetraёderkonfiguration von Pentaerythrit [B. 61, 787, 1855 (1928)].

1912 u. ff.   BOURQUELOT und HÉRISSEY: Darstellung der $\alpha$-Glucoside enzymatisch aus Glucose und Alkoholen durch $\alpha$-Glucosidase [J. pharm. chim. (7) 6, 246 (1912); 14, 225 (1916), — u. ff.; C. r. 163, 312 (1916)].

1912   WILL. KÜSTER erschaut erstmalig die richtige Konstitutionsformel des Hämins [Hoppe-Seylers Z. physiol. Chem. 82, 463 (1912)].

1913   R. WILLSTÄTTER und WIRTH: Vinylacetylen wird dargestellt [B. 46, 538 (1913)].

1913   R. WILLSTÄTTER: Die Blütenfarbstoffe (Anthocyane) erstmalig isoliert und aufgeklärt [ Ann. 401, 189 (1913); 408 (1914/15); 412 (1916)].

1913   Technische Harnstoffsynthese aus $CO_2$ und $NH_3$ (C. BOSCH).

1913   FR. BERGIUS: Beginn der Arbeiten über die katalyt. Druckhydrierung („Verflüssigung") der Kohle (Patentanmeldung).

1913   *Acetatseide* (vgl. o. 1901) wird technisch erzeugt.

1913   E. CLEMMENSEN: Methode zur Reduktion von Ketonen mittels amalgam. Zn und Salzsäure [B. 46, 1837 (1913); vgl. a. BRADLOW, J. Amer. chem. Soc. 69, 1254 (1947)].

1913   E. FISCHER mit K. FREUDENBERG und B. HELFERICH: Synthese von hochmolekularen Tetra- bzw. Hexa- und Hepta-(tribenzoylgalloyl)-zuckerderivaten mit Molekulargewichten bis zu M = 4021 [B. 46, 1116 (1913)], — in betreff dieses hohen Mol.-Gewichtes sagte E. FISCHER: „Ich glaube, daß es auch den meisten natürlichen Proteinen überlegen ist" [B. 46, 3288 (1913)]. Die Messungen der nächsten Jahrzehnte ergaben für die einfachsten Proteine das Mol.-Gew. = 34000 bis 39000, für den Tabakmosaikvirus ca. 40000000.

1913   J. MEISENHEIMER: Asymmetrische Aminoxyde $R_1R_2R_3$(OH) N. OH werden mittels $\alpha$-Bromcamphersulfosäure in optische Antipoden gespalten (Ann. 397, 273).

1913   A. TSCHITSCHIBABIN: Hexa-$\beta$-naphthyläthan und Radikalspaltung [J. pr. Chem. 88, 515 (1913)].

1912/14   FRITZ PREGL: Begründung der quantitativen organischen Mikroanalyse.

1914   G. BREDIG und CARTER: Ameisensäure-Synthese aus Kaliumbicarbonat durch Wasserstoff und Platinschwarz [B. 47, 541 (1914)].

1914   OTTO WALLACH: Terpene und Campher. II. Aufl. 1914.

1914 u. ff.   „A. TSCHITSCHIBABIN-Reaktion": Einwirkung von Natriumamid auf Pyridin [Journ. Russ. Physik.-chem. Ges. 46, 1216 (1914); 47, 703 u. ff.; Bull. Soc. chim. France 1936, 762—779].

1914    R. Pummerer: Freie Radikale mit einwertigem Sauerstoff synthetisiert [B. 47, 1472, 2597 (1914); vgl. a. Lewis, Proc. Nat. Acad. Sci. U.S. 2, 586 (1916)].

1914 u. ff.    E. Fischer u. B. Helferich: Synthetische Glucoside der Purinreihe (B. 47, 210); weitere Synthesen lieferte B. Helferich [B. 53, 17 (1920). Über die Spaltbarkeit der Glucoside durch Emulsin bzw. dessen Spezifität: B. Helferich: Ergeb. Enzymforsch. 2, (1933); 7 (1938); Ann. 534, 276 (1938); B. 72, 1953 (1939) u. ff.]. Ein einfaches künstliches Saponin mit ausgezeichneter Seifenwirkung synthetisierte B. Helferich in dem p-tert.-Butyl-$\beta$-d-glucosid [B. 73, 1300 (1940); vgl. a. Angew. 60, 220 (1948)].

1914 u. ff.    Technisch-katalytische Essigsäuresynthese aus Aldehyd (P. Duden, J. Hess).

1914    W. Schlenk: Alkalimetalle lagern sich an freie oder ungesättigte Valenzen an [B. 47, 1664 (1914); 48, 527 (1915) u. ff.].

1914 u. ff.    E. Fischer: Entdeckung einer dritten Form, des „$\gamma$-Methylglucosids", das sich optisch, enzymatisch und strukturell verschieden verhält [B. 47, 1980 (1914)]. Die Weiterentwicklung dieser „$\gamma$-Zucker-Reihe" übernehmen:

1915 u. ff.    I. C. Irvine, der (nach der Methylierungsmethode von Th. Purdie (seit 1903) mit Methyljodid und Silberoxyd) Derivate dieser neuen Form darstellte [Soc. 107, 524 (1915); 109, 1305 (1916)]. W. N. Haworth [Soc. 109, 1314 (1916); 117, 199 (1920); 1926, 1864] und Irvine [Soc. 117, 1478 (1920); 125, 1343 (1924)] führen die Untersuchungen weiter, und W. N. Haworth und E. L. Hirst stellten fest, daß Methylglucosid ein 1,5-Oxyd oder Pyranosid ist (Soc. 1926, 96, 350, 1860, 1864; 1927, 3139), die labilen oder $\gamma$-Zucker gehören zum Furantypus.

1915    K. Hoesch: Kondensation von Phenolen mit aliphatischen oder aromatischen Nitrilen mittels HCl ($ZnCl_2$) zwecks Darstellung von Ketonen [B. 48, 1122 (1915); 50, 462 (1917); vgl. a. Fischer, 50, 612 (1917)]; Karrer [Helv. Chim. Acta 3, 261 (1920)].

1915 u. ff.    H. Wieland: Nachweis freier Radikale bei chemischen Reaktionen [B. 48, 1098 (1915), 55, 1816 (1922); Ann. 446, 31, 49 (1925); 452, 1 (1927); 480, 157 (1930); 513, 93 (1934); 514, 145 (1935)].

1915    E. C. Kendall: Reindarstellung des Schilddrüsenhormons, das er „Thyroxin" nennt und empirisch als $C_{11}H_{10}O_3NJ_3$ formuliert [J. biol. Chem. 20, 501 (1915); 39, 125 (1919)].

1915 u. ff.    M. Busch: Isomerisation stereoisomerer Hydrazone durch Säuren und Basen [J. pr. Chem. (2) 92, 1 (1915); 93, 67 (1916); B. 57, 1784 (1924); 64, 1589 (1931)].

1916 u ff.    M. Busch: Katalytische Halogenabspaltung mittels Hydrazin und Palladium [B. 49, 1063 (1916); Angew. 38, 519 (1925); 47, 536 (1934)].

1916 u. ff.    E. Abderhalden: Synthese optisch-aktiver Polypeptide [B. 49, 2449 (1916); 63, 1945 (1930); 64, 2070].

1916    G. N. Lewis: Valenzelektronische Deutung homöopolarer Verbindungen [J. Amer. chem. Soc. 38, 762 (1916)].

1916    H. Wieland und H. Sorge: Die sogen. „Choleinsäure" wird als eine stabile verkappte Molekularverbindung aus 8 Mol. Desoxycholsäure + 1 Mol. Fettsäure erkannt [Hoppe-Seylers Z. physiol. Chem. 97, 1 (1916); vgl. a. H. Rheinboldt [Ann. 451, 258 (1927); 473, 253 (1929); Hoppe-Seylers Z. physiol. Chem. 180, 180 (1929); 260, 279 (1939)]. Vgl. a. die Harnstoffmolekularverbindungen: W. Schlenk 1949.

1917    Rob. Robinson: Prinzipien und erste Synthesen (Tropin) „....unter physiologischen Bedingungen" [Soc. 111, 762, 876 (1917); vgl. a. J. Roy. Soc. Arts (1948), 96, 795. Nature (1948), 162, 156, 524; Cl. Schöpf, Chimia (1948), 2, 206].

**1917 u. ff.**    A. Hantzsch: Unterscheidung zwischen echten und Pseudoformen der Carbonsäuren [B. **50**, 1422 (1917)], bzw. der Oniumsalze [B. **52**, 1544 (1919) u. ff.].

**1917**    W. Schlenk und Holtz: Verbindungen des fünfwertigen Stickstoffs $NR_1R_2R_3R_4R_5$ sowie das Salz $N(CH_3)_4{}^+ [(C_6H_5)_3]^-$ werden dargestellt [B. **50**, 274 (1917)].

**1918**    E. Mohr: Theorie spannungsfreier cyclischer Verbindungen [J. pr. Chem. (2) **98**, 322 (1918)].

**1918**    „Rosenmund-Reaktion": Umwandlung einer Carbonsäure (als Chlorid) in Aldehyd mittels $H_2$ und Palladium auf wenig Bariumsulfat (als Inhibitor).

**1918**    Begründung der Zeitschrift „*Helvetica Chimica Acta*".

**1918 u. ff.**    E. Späth: Beginn der Untersuchung von Alkaloiden der Isochinolinreihe (Cystisin, Laudanin usw.), Monatsh. **40**, 15 (1918) u. ff.

**1919**    A. Windaus: Abschluß der Konstitutionsaufklärung der Cholsäure [Vgl. a. O. Diels, Angew. **60**, 77 (1948)].

**1919**    C. F. Harries: „Untersuchungen über die natürlichen und künstlichen Kautschukarten". Springer, Berlin 1919.

**1919 u. ff.**    Ch. Moureu (gest. 1929) und Ch. Dufraisse: Über Autoxydation und Antioxygene (Inhibitoren, Antikatalysatoren) [C. r. **169**, 1068 (1919); **170**, 26 (1920); **174**, 285; Inhibitoren 1922; **175**, 127 (1922); **176**, 83, 797 (1923); **179**, 237; Brom, S und S-produkte wirken antikatalytisch; Dufraisse; Bull. Soc. chim. France (4) **31**, 1158 (1932); Chem. Rev. **3**, 113 bis 162; Polymerisation 1927].

**1920**    K. H. Meyer: Trennung tautomerer Formen (bzw. der Enolform) durch „aseptische Destillation" [B. **53**, 1410 (1920); **54**, 579 (1921)].

**1920 u. ff.**    J. Böeseken und H. G. Derx: Beiträge zur Bestätigung der Mohrschen Theorie (vgl. 1918) von den spannungsfreien, nicht in einer Ebene liegenden Ringkohlenstoffsystemen [Rec. Trav. chim. Pays-Bas **39** (1920) bis **41**, 334 (1922); B. **56**, 2410 (1923): Cis- und Trans-Isomerie der Cyclodiole, Spaltung des Cyclohexandiols — 1,2 in die optischen Antipoden (1922)].

**1920 u. ff.**    H. von Euler und K. Josephson: Eine Elektronen-Übertragungsreaktion („Dien-Synthese") vom Dien auf die dienophile Substanz [B. **53**, 822 (1920); vgl. a. Arkiv Kemi, Mineral. Geol. II, Nr. 23, 367 (1950)].

**1920 u. ff.**    H. Staudinger: Beginn der grundlegenden Untersuchungen an Hochpolymeren auf Grund normaler Valenzformeln [B. **53**, 1073 (1920)].

**1920**    Ch. Moureu: Isolierung von Acrylnitril mittels $P_2O_5$ aus Äthylencyanhydrin [Bull. Soc. chim. France (4), **27**, 909 (1920)].

**1917/1920 u. ff.**    C. Mannich (und Mitarbeiter): Die „Mannich-Reaktion" und die „Mannich-Basen" entdeckt: Aus Carbonsäuren mit reaktionsfähigen $\alpha$-Wasserstoffatomen werden durch Umsetzung mit Formaldehyd und Aminen N-substituierte Aminosäuren erhalten [Arch. Pharm. **255**, 261 (1917); B. **53**, 1368 (1920); **55**; **57**, 1108, 1116 (1924); Ann. **453**, 177 (1927); vgl. a. Nisbet, Soc. **1938**, 1237; Burger, J. Amer. chem. Soc. **60**, 1538 (1938); Butenandt u. H. Hellmann, Hoppe-Seylers Z. physiol. Chem. **284**, 168 (1949); Arndt u. Eistert, B. **69**, 2388 (1936)].

**1920**    H. H. Schlubach: Tetraalkylammoniumsalze geben in flüssigem Ammoniak bei der Elektrolyse an der Kathode das die Lösung blaufärbende Ion $R_4N$ [B. **53**, 1689 (1920); **56**, 1892 (1923)].

**1921 u. ff.**    Leop. Ruzicka: Beginn der Untersuchungen über Poly- bzw. Triterpene [Helv. Chim. Acta **4**, 505 (1921) u. ff.; **16**, 1143 (1933), Selenhydrierung gibt Diels Kohlenwasserstoff; **23**, 1311 (1940); **28**, 195 (1945); **32**, 1075 (1949); **33**, 700 (1950). Vgl. a. über Triterpene: E. R. H. Jones, T. R. Ames und Mitarbeiter: Soc. **1940**. 456, 1335; V. Mitteil. über optische Drehung **1944**, 659; VII. Mitt. **1951**, 450 u. ff.],

Über optisch-aktive „Triterpenoide" vgl. H. R. BARTON, Soc. **1944**, 659; **1946**, 1116; **1951**, 1444.

1921 u. ff.  H. WIELAND (mit CL. SCHÖPF, W. KOSCHARA, E. DANE u. a.): Über die Alkaloide der Lobelia-Pflanze [B. **54**, 1784 (1921); Ann. **473**, 83 (1929), **491**, 14 (1931), **540** 103 (1939)].

1921  M. DELÉPINE: „Aktive Razemate" [Bull. Soc. chim. France (4) **29**, 651 (1921)].

1922 u. ff.  E. FOURNEAU (und SANDULESCO): Spaltung razemischer (aromatisch-substituierter) Säuren mit Hilfe verschiedener Alkaloide und Einfluß des geometrischen Orts auf die Krystallisation der l-oder d-Form [Bull. Soc. chim. France (4) **31**, 988 (1922), **33**, 459 (1923), **41**, 450 (1927)].

1922  S. FRÄNKEL und K. GALLIA: Bildung des (+)-Tyrosins (statt des normalen (—)-Tyrosins) bei langdauernder tryptischer Verdauung des Caseins, als Folge einer „WALDENschen Umkehrung" durch ein spezif. Enzym „Waldenase" [Biochem. Z. **134**, 308 (1922)]. Vgl. a. Z. OTANI und K. ICHIBARA: Desaminierung mittels Oid. lactis führte sowohl mit d-, als auch l-Alanin nur zur einen aktiven (+)-Milchsäure [Chem. Zentralbl. **1927** I, 1605)].

1922  W. SCHLENK und H. MARK: Pentaphenyläthyl als freies Radikal [B. **55**, 2285 (1922)].

1922  „G. WAGNER-MEERWEIN-Umlagerung" von Campherchlorhydrat in Isobornylchlorid, und zwar mit wechselnder Geschwindigkeit je nach dem Katalysator und dem ionisierenden Lösungsmittel [B. **55**, 2500 (1922), vgl. a. 1927 (als Umlagerung des organischen Ringkations); CHR. WILSON und Mitarbeiter verfolgten die Umlagerung mittels Deuterium-Radiochlorid, Soc. **1939**, 1188].

1922  B. HELFERICH: Für die Cyclo-Form der freien Zucker und ihrer Derivate wird der 1.5-Ring vorgeschlagen (B. **55**, 703).

1922  F. G. HOPKINS: Entdeckung des in den meisten Zellen vorkommenden Tripeptids „Glutathion", das aus Glutaminsäure, Cystein und Glykokoll besteht [J. biol. Chem. **54**, 527 (1922); **84**, 269 (1929)]; er stellt auch Tryptophan rein dar (1901).

1922  K. RAST: Kryoskopische Molekulargewichtsbestimmung in Campher [B. **55**, 1051, 3727 (1922)].

1922  J. KENNER: Optische Spaltung von Diphenylderivaten [Soc. **121**, 614 (1922) u. ff.].

1922  A. MITTASCH, M. PIER u. K. WINKLER: Katalytische Methanolsynthese aus CO (bzw. $CO_2$) und $H_2$ (Patent).

1922 u. ff.  K. FREUDENBERG: „Sterische Reihen" bzw. optische Drehungsrichtung und chemische Konfiguration [B. **47**, 2027; **55**, 1339 (1922); **56**, 195; **57**, 1547; **58**, 148 1753, 2399; 8. Mitt. B. **60**, 2447 (1927); **61**, 1083; vgl. a. FREUDENBERG: Stereochemie 1933]; Acetonzucker und Toluolsulfoglucose-Reihe [B. **55**, 929, 3233 (1922), 23. Mitt. B. **66**, 27 (1933)]; optische Superposition bei Polysacchariden [Ann. **494**, 41 (1932)].

1922  R. WILLSTÄTTERS „Trägertheorie": „Das Molekül eines Enzyms besteht aus einem kolloiden Träger und einer rein chemisch wirkenden aktiven Gruppe" [B. **55**, 3606 (1922)]. Dafür spricht THEORELLS Zerlegung des gelben Flavinferments in Eiweiß und Farbstoffkomponente [Biochem. Z. **272**, 155; **275**, 37 (1934) u. ff.].

1923/24  K. ZIEGLER: Bildung und Eigenschaften der freien Radikale (des dreiwertigen Kohlenstoffs) [Ann. **434**, 34 (1923); **437**, 227 (1924) u. ff.; 21. Abh.: **551**, 222 (1942). Vgl. dazu K. ZIEGLER: 25 Jahre „Zur Kenntnis des dreiwertigen Kohlenstoffs", Angew. **61**, 168—179 (1949); Mesomerie- und Resonanzvorstellung; Modellbetrachtungen zur Radikalbildung; Radikalkettenreaktionen bei Autoxydationen und Polymerisationen].

1922 u. ff. FRANZ FISCHER und H. TROPSCH: Katalyt. Benzinsynthese aus $CO + H_2$ ohne Überdruck (Patent).

1923 R. WILLSTÄTTER: Synthese des natürlichen Cocains [Ann. **434**, 111 (1923)].

1923 B. HEYMANN, R. KOTHE und O. DRESSEL: „Bayer 205" oder „Germanin" gegen die Schlafkrankheit bewährt (1916 entdeckt, Angew. **37**, 585).

1923 A. SKRABAL: Über die Geschwindigkeit der alkalischen Verseifung der Weinsäureester : d $= l >$ meso [Monatsh. **43**, 633 (1923); vgl. a. zum Mechanismus der Verseifung: ib. **47**, 31 (1926); Z. Physik. Chem. **111**, 127 (1924)].

1923 u. ff. J. EGGERT: Umlagerung von Maleinsäure und Ester (in $CCl_4$ oder $H_2O$) durch geringe Brommengen im Licht [grüne, blaue und ultraviolette Strahlen sind am wirksamsten, Physik. Z. **24**, 504 (1923); **25**, 19 (1924); **26**, 865 (1925)].

1924 u. ff. TIFFENEAU: Wanderung der Gruppen von Kohlenstoff zu Kohlenstoff in Aldehyden, alicyclischen Äthylenoxyden; Pinakolinumlagerungen und Deutung derselben [Bull. Soc. chim. France (4) **35**, 1639 (1924); **37**, 430 (1925); **39**, 763 (1926); **49**, 1738 (1931) — Zusammenfassung: Helv. Chim. Acta **21**, 404 (1938); vgl. a. ferner: C. r. **146**, 697 (1908); **201**, 277 (1935); **202**, 67 (1936); **207**; **209**, 465, 918 (1939) u. ff. Über „Retropinakolinumlagerung": Rev. gén. sci. **18**, 583 (1907)].

1923/24 B. HELFERICH: „Tritylchlorid" $(C_6H_5)_3$ C. Cl zum Ersatz des H-Atoms in Zuckern empfohlen [Ann. **440**, 1 (1924); B. **56**, 766 (1923)].

1924 A. F. HESS, auch H. STEENBOCK: Entdeckung des Belichtungseffekts an Speisen bei Rachitis [Science **60**, 224, bzw. 269 (1924) J.

1924 G. N. LEWIS: Über den Magnetismus der chemischen Bindungen [Chem. Rev. **1**, 231 (1924); vgl. a. J. Amer. chem. Soc. **46**, 2027 (1924)].

1924 u. ff. R. ROBINSON: Systematische Konstitutionsuntersuchung der STRYCHNOS-Alkaloide [Soc. **125**, 1751 (1924) u. ff., 51. Mitt. **1939**, 603; Nature **157**, 438 (1946); **159**, 263 (1947); **160**, 18 (1948); **161**, 433 (1948); **162**, 177. Vgl. a. H. WIELAND, Ann. **469**, (Vomicin) 193 (1929), mit R. HUISGEN: Ann. **555**, 9 (1943); **556**, 162 (1944); **559**, 174, 191 (1948); **561**, 193 (1949) — ferner V. PRELOG und Mitarbeiter, Helv. Chim. Acta **28**, 1669 (1945); **31**, 237, 505 (1948); **32**, 1052, 1851 (1949). Vgl. a. G. R. CLEMO und Mitarbeiter (Soc. **1932**, 767; **1946**, 891; **1948**, 1661; **1949**, 663; Nature **162**, 296, 693 (1948); Zusammenfassung von R. HUISGEN (Angew. **62**, 527—534 (1950)].

1924 u. ff. N. V. SIDGWICK: Verwendung des Begriffes „chelate rings", „chelation", z. B. bei Tautomerie — eine intramolekulare H-Bindung von der OH-Gruppe zur CO-Gruppe, oder intermolekular zwischen den (assoziierten) Carbonsäuren [Soc. **125**, 527 (1924)]. Vgl. a. SIDGWICK: „The Electronic Theory of Valency", 1927; L. PAULING u. G. W. WHELAND: „Resonanztheorie" [J. chem. Physics **1**, 362 (1933)].

1925 W. HÜCKEL: „Isolierung von cis- und trans-Dekalin" im Sinne der MOHRschen Theorie (1918) [Ann. **441**, 1 (1925); B. **58**, 1449 (1925); Ann. **451**, 132 (1926); **453**, 163 (1927); B. **66**, 563 (1933)].

1925 u. ff. G. SCHEIBE: (Ultraviolett-)Lichtabsorptionsspektren gelöster (Farb-)Stoffe in ihren Veränderungen durch Lösungsmittel, Konzentration, Lösungsgenossen usw. werden auf Deformation der Molekeln durch das Lösungsmittel oder durch Umlagerung bzw. Anlagerung infolge VAN DER WAALSscher Kräfte oder auf reversible Polymerisation (z. B. Monoionen $\rightleftarrows$ Polyionen) zurückgeführt [B. **58**, 586, 598 (1925); **59**, 1321, 2618, 2625; **60**, 1406 (1927); Angew. **50**, 212 (1937); **52**, 631 (1939); **61**, 300 (1949); **63**, 174 (1951)].

1925   W. N. HAWORTH: Formulierung der Zucker als $\delta$-oxydische Cyclohalbacetale. Vgl.
a. Vortrag von HAWORTH: B. 65 (A), 43 (1932). Nekrolog: Soc. 1951, 2790—2806.

1925   H. PHILLIPS u. J. KENYON: Die optische Spaltbarkeit der Sulfoxyde ($R_1R_2$SO
entdeckt [Soc. 127, 2552 (1925); 128, 2079 (1926)].

1925/26   „MEERWEIN-PONNDORF-Methode" der Reduktion von Ketonen in Benzollösung
durch Aluminiumisopropyloxyd [Ann. 444, 221 (1925); Angew. 39, 138 (1926);
J. pr. Chem. (2) 147, 211 (1936); vgl. a. VERLEY (Bull. Soc. chim. France (4) 37,
537 (1925), 41, 708 (1927); LUND (B. 70, 1520 (1937)].

1925   R. ROBINSON u. J. M. GULLAND: Feststellung der Konstitutionsformel des Morphins [Mem. Proc. Manchester Lit. &. Phil. Soc. 69, 79 (1925) dazu ebenso C.
SCHÖPF, Ann. 452, 211 (1927)].

1925   P. WALDEN: Vergangenheit und Gegenwart der Stereochemie [Naturwiss. 13,
No. 15—18 (1925)].

1925 u. ff.   E. WALDSCHMIDT-LEITZ: Zur Konstitution der Eiweißkörper, Spezifität der
Proteasen, Ablehnung der Diketopiperazine als Polypeptidbausteine [B. 58, 1356
(1925), 59, 300 (Clupeinaufspaltung); 60, 359 u. ff.; 62, 956 (1929). Ferner: Angew.
43, 573 (1930); Hydrolysen in Organismen ib. 44, 573; Aktivierung von Enzymen:
Z. Elektrochem. 40, 483 (1934)].

1925 u. ff.   H. H. SCHLUBACH: Umlagerungen der Acetochlorglucose bei Substitution und
in Abhängigkeit von der ionisierenden Kraft der Lösungsmittel [B. 59, 840; 60,
1488 (1927); 61, 287, 1220 (1928); 63, 2295 (1929); vgl. a. 58, 1842 (1925)].

1925   K. FREUDENBERG: Konstitutionserforschung der Catechine [Ann. 442, 309
(1925)].

1925 u. ff.   CH. PRÉVOST: Katalytische $H_2O$-Abspaltung mittels $Al_2O_3$ aus Carbinolen bzw.
Wanderung der Hydroxylgruppe in ungesättigten Verbindungen [Bull. Soc. chim.
France (4) 37, 704 (1925); C. r. 182, 853, 1475 (1926); 208, 7589 (1939), bzw. C. r.
187, 1052 (1928); Ann. chim. (10) 10, 155 (1928)].

1925 u. ff.   A. J. VIRTANEN: Erfindung des „AJV-Verfahrens" zur Konservierung von
Futter- und Nahrungsmitteln durch Verhinderung der Milch- und Buttersäuregärung bzw. des Rückganges im Albumin- und Vitamingehalt mittels entsprechender Normierung des pH-Gehaltes.

1926   G. N. LEWIS: Definition von Säuren und Basen: „Säuren und Basen sind Stoffe,
die $H^+$-Ionen abgeben bzw. aufnehmen", oder allgemeiner: „Eine Base ist ein
Stoff mit einem einsamen Elektronenpaar, mit dessen Hilfe er die stabile Gruppe
eines anderen Moleküls vervollständigen kann" (sie *liefert* also ein Elektronenpaar), „eine Säure ist ein Stoff, der ein einsames Elektronenpaar eines anderen
Moleküls anlagern kann" (also als *Empfänger* des Elektronenpaares fungiert).
Vgl. G. N. LEWIS: „Die Valenz und der Bau der Atome und Moleküle", S. 158
u. ff. (1927). Vgl. a. BRÖNSTED (1929) und T. M. LOWRY (1924).

1926 u. ff.   L. RUZICKA: Durch trockene Destillation der Thorium- (und Yttrium-)Salze
von Dicarbonsäuren mit 9 bis 21 Kohlenstoffatomen werden Ringketone von mehr
als 34 C-Atomen erhalten, das gesättigte $C_{16}$-Keton hat Muscongeruch, $C_{17}$ entspricht reinem Zibeton; d, l-Muscon wurde dann synthetisiert [Helv. Chim. Acta
9, 339 (1926) bis 17, 1308 (1934)]; gleichzeitige Synthese durch K. ZIEGLER,
1933 u. ff.

1926 u. ff.   R. ROBINSON: Anthocyan-Synthesen [vgl. 1913, WILLSTÄTTER; Biochem. J.
XXV (1931), XXVI (1932), XXVII (1933), XXVIII (1934); vgl. a. B. 67A, 85
85 (1934)].

1926   J. MEISENHEIMER: Optische Spaltbarkeit der Phosphinoxyde $R_1R_2R_3$PO entdeckt [Ann. 449, 213 (1926); vgl. a. B. 44, 356 (1911); Ann. 397, 273 (1913)].

1926      E. WEITZ u. SCHWECHTEN: Aminiumsalze (des 4-wert. Stickstoffs) interpretiert
          und dargestellt [B. **59**, 2307 (1926); **60**, 545, 1203 (1927)]. Vgl. a. den Nachweis
          der starken Salznatur [P. WALDEN, Z. physik. Chem. (A) **168**, 107 (1933)].

1926 u. ff.  E. S. WALLIS, L. W. JONES, F. H. ADAMS u. a.: Erhaltung des optisch aktiven
          Asymmetriezentrums bei intramolekularen Umlagerungen und scheinbar zeit-
          weiliger Lockerung der Valenzen am asymm. C-Atom [J. Amer. chem. Soc. **48**,
          169 (1928); **54**, 4753 (1932); **55**, 2598, 3838 (1933); **56**, 1715 (1934)]. Ebenfalls
          J. KENYON und Mitarbeiter (Soc. **1939**, 916; **1941**, 263; **1946**, 25; **1951**, 407),
          in Beziehung zu HOFMANN- und CURTIUS-Umlagerungen. Vgl. a. die Erklärungen
          von G. SCHROETER [B. **42**, 2336, 3356 (1909); **44**, 1201 (1911); **63**, 1308 (1930);
          bzw. F. C. WHITMORE (J. Amer. chem. Soc. **54**, 3274 (1932); **55**, 4153 (1933)].

1926 u.ff.  H. STAUDINGER und Mitarbeiter: Strukturerforschung der makromolekularen
          Kolloidteilchen durch Darstellung homologer Reihen bzw. durch polymeranaloge
          Umsetzungen [Helv. Chim. Acta **8**, 41 (1925); B. **59**, 3019 (1926); **60**, 1782; **62**,
          241 (1929) u. ff.].

1926 u. ff.  F. KÖGL: Isolierung und Konstitutionsaufklärung der Pilzfarbstoffe mit Dioxy-
          chinongerüst, u. zwar Polyporsäure [Ann. **447**, 78 (1926)], Atromentin [Ann. **465**,
          243 (1928)] und das rote Muscarufin des Fliegenpilzes [Ann. **479**, 11 (1930)].

1926 u. ff.  K. FREUDENBERG: Zur Konstitution des Lignins [I. Mitt. Ann. **448**, 121 (1926);
          XXXIV. Mitt. B. **73**, 167 (1940) u. ff.].

1926      C. R. HARINGTON u. G. BARGER: Synthese des Thyroxins [Biochem. J. **20**, 293
          (1926)].

1926      R. WILLSTÄTTER: Über Fortschritte in der Enzymisolierung [B. **59**, 1 (1926)].
          W. SCHULEMANN, F. SCHÖNHOFER u. A. WINGLER: Entdeckung des Malariaheil-
          mittels „Plasmochin".

1926      A. BINZ: „Uroselectan" als Kontrastmittel in der Röntgenologie entdeckt [Angew.
          **43**, 452 (1930)].

1926      JAM. SUMNER: Krystallisation des Enzyms Urease erreicht.

1926      Versuchsanlage zur synthetischen Fettfabrikation in Oppau errichtet.

1926      B. C. P. JANSEN und W. F. DONATH: Vitamin $B_1$ (Aneurin) rein isoliert [Proc.
          Konikl. Nederland. Akad. Wetenschap. **35**, 923 (1926)].

1926      A. WINDAUS, R. POHL und A. F. HESS: Die Bildung von Vitamin D durch Be-
          strahlung des Ergosterins wird entdeckt [Nachr. Ges. Wiss. Göttingen **175** (1926)].

1926 u. ff.  F. REICHSTEIN und H. STAUDINGER: Furfuryl-2-mercaptan u. ä. als künstliches
          Kaffeearoma (Patent) [Angew. **62**, 292 (1950)].

1926      TH. CURTIUS: Die Reaktionen der starren und halbstarren Säurehydrazide
          [B. **59**, (A) 37 (1929)].

1926 u. ff.  P. PFEIFFER u. Mitarb.: Untersuchungen über das Koordinationszentrum (d. h.
          die Gruppen OH-, CO=, $NH_2$-, C=C) von normalen organischen Molekularverbin-
          dungen, Salzkomplexen mit Aminosäuren, Peptiden [Naturwiss. **14**, 1100 (1926);
          Ann. **460**, 138, 156 (1928) u. ff.].

1927 u. ff.  H. MEERWEIN: Komplexbildung schwacher Elektrolyte (bzw. sog. Nichtelektro-
          lyte) führt zur Vergrößerung der Ionisationsfähigkeit — auch organische Reak-
          tionen können dann als Krypto-*Ionenreaktionen* gedeutet werden [Ann. **453**, 33;
          **455**, 227 (1927)]: Oxoniumsalzbildungen mit $BF_3$ od. $SbCl_5$ od. $AlCl_3$ [B. **61**, 1840
          (1928), **66**, 411 (1933); J. pr. Chem. (2) **154**, 83 (1939)] und deren Leitfähigkeit in
          Schwefeldioxyd; Umlagerung von Camphenhydrochlorid in Isobornylchlorid
          [WAGNER-MEERWEIN, Ann. **435**, 190; B. **53**, 1815; **55**, 2500 (1922), als Folge einer
          Umgruppierung des Camphen-Kations]. Vgl. dazu: G. HESSE: „Ein halbes Jahr-

hundert Ionenreaktionen in der organischen Chemie" [Angew. **61**, 161 (1949)]; vgl. P. WALDEN, 1899. — Für die Übertragung der Idee von einem Reaktionsverlauf über Ionen bei den typischen organischen Umsetzungen wirkten besonders: T. M. LOWRY (1923 u. f.), CH. PRÉVOST und A. KIRMANN [Bull. Soc. chim. France (4), **49**, 194 (1931)], C. K. INGOLD und E. D. HUGHES (Soc. **1933**, 1126; **1935**, 1773; **1937**, 1196, 1256 u. ff.), R. ROBINSON (Chem. Zentralbl. 1933 I, 203 u. ff.), W. HÜCKEL [Ann. **533**, 1 (1937), Angew. **53**, 49 (1940)].

1927   O. DIELS: Die Methode der Selenhydrierung geschaffen und aus Cholesterin den charakteristischen Kohlenwasserstoff $C_{18}H_{16}$ erhalten [B. **60**, 2323 (1927); Angew. **60**, 79 (1948)].

1927   W. HÜCKEL: „Der gegenwärtige Stand der Spannungstheorie." Berlin 1927 [vgl. a. Ann. **455**, 123 (1927); **550**, 269 (1942)].

1927   HANS FISCHER: Die Konstitutionsformel des Hämins — in Anlehnung an W. KÜSTER (vgl. 1912) — wird festgestellt [B. **60**, 2622 (1927)].

1927   FRIES: Feststellung der größeren Reaktionsfähigkeit von chinoiden Systemen gegenüber den benzenoiden oder stabileren in einem polynuclearen Kohlenwasserstoff.

1927 u. ff.   C. MOUREU und DUFRAISSE: Über den Ringkohlenwasserstoff Rubren und Aktivierung des Sauerstoffs [Bull. Soc. chim. France **41**, 56 (1927); vgl. a. B. **67**, 1020; 69 u. ff.].

Dazu: H. BROCKMANN: Über photooxydable Helianthrenderivate [Angew. **60**, 216 (1948)].

1927   P. PFEIFFER: „Organische Molekülverbindungen." II. Aufl. 1927. Vgl. dazu den ausführlichen Beitrag PFEIFFERS in dem Werk: FREUDENBERG, Stereochemie. 1933.

1927   P. SABATIER: Die Katalyse in der organischen Chemie . (Deutsche Übersetzung von FINKELSTEIN); seine Theorie der Bildung von unbeständigen Zwischenprodukten. Vgl. dazu E. K. RIDEAL: Theorie der Chemisorption, wobei das Katalysatormetall als Elektronensieb und -spender wirkt (Soc. **1951**, 1640 u. ff.).

1927 u. ff.   W. LANGENBECK: Untersuchungen über die Synthese organischer Katalysatoren [B. **60**, 930 (1927) u. ff., vgl. a. 1949].

1928   P. WALDEN: Die Bedeutung der WÖHLERschen Harnstoff-Synthese. [Naturwiss. **16**, Heft 45—47 (1928)].

1928 u. ff.   R. KUHN und A. WINTERSTEIN: Über die Synthese der carotinähnlichen Diphenylpolyene [Helv. Chim. Acta **11**, 87, 427 (1928) u. ff.]: Crotonaldehydkondensationen mit aromat. Aldehyden mittels Piperdinacetat.

1928   F. G. FISCHER: Konstitutionsaufklärung und Synthese des (1909 von WILLSTÄTTER aus Chlorophyll gewonnenen) Phytols $C_{20}H_{39}OH$ [Ann. **464**, 69 (1928), **475**, 183 (1929)].

1928   L. ZECHMEISTER: Carotin $C_{40}H_{56}$ nimmt 11 Moleküle Wasserstoff auf und geht in $C_{40}H_{78}$ über [B. **61**, 566, 1534, 2003 (1928)].

1928 u. ff.   NAGAI und KANAO [J. Pharm. Soc. Japan **559**, 845 (1928); Ann. **470**, 157 (1929)]; E. SPÄTH und R. GÖHRING [B. **61**, 329 (1928), vorher Monatsh. **41**, 319 (1920); B. **58**, 197, 1268 (1925)]; A. SKITA [Angew. **42**, 501 (1929)]: Synthese der Ephedra-Alkaloide.

1928   E. SPÄTH: Isolierung und Synthese der Tabakalkaloide [I. Mitt. B. **61**, 327 (1928) u. ff. XVI. Mitt. **72**, 1809 (1939)].

1928   R. WILLSTÄTTER (gemeins. mit WOLFG. GRASSMANN, HEINR. KRAUT, RICH. KUHN und ERNST WALDSCHMIDT-LEITZ): „Untersuchungen über Enzyme." Springer, Berlin.

1928    A. v. SZENT-GYÖRGYI: „Ascorbinsäure" aus Früchten isoliert (Biochem. J. 22, 1387 (1928)].

1928    K. H. MEYER und H. MARK: Röntgenographische Konstitutionsbestimmung des Seidefibroins, gestreckte Peptidketten bei Faserproteinen [B. 61, 1932 (1928) u. ff.].

1928    B. HELFERICH u. H. BREDERECK: Synthese der natürl. Melibiose [Ann. 465, 166 (1928)].

1928    O. DIELS u. K. ALDER: Entdeckung der „Dien-Synthese" [Ann. 460, 98 (1928); 486, 191 (1931); B. 62, 2348 (1929); 69, (A), 196 (1936) u. ff.; Ann. 543, 79 (1940). Zur Theorie vgl. a. R. D. BROWN, Soc. 1950, 691, 2730; 1951, 1612; H. v. EULER, 1920].

1929 u. ff.    W. H. CAROTHERS: Kondensationspolymerisate von zweibasischen Säuren [J. Amer. chem. Soc. 51, 2548, 2560 (1929) u. 52], deren Glykolestern [52 bis 54 (1932)]; Polyamide, Poly- bzw. Superpolyanhydride und deren Gemische werden dargestellt [vgl. a. 26. Mitt., 57, 935 (1935)]; zum *Kautschukaufbau* [Trans. Faraday Soc. 32, 42 (1936), dazu STAUDINGER (Angew. 49, 806 (1936)]; R. PUMMERER [Kautschuk 10, 148 (1934)]; K. ZIEGLER [B. 61, 257; Angew. 49, 502; Ann. 542, 90 (1939)].

1929    HANS FISCHER u. K. ZEILE: Erstmalige Synthese des Hämins [Ann. 468, 48 (1929)]

1929    A. BUTENANDT sowie DOISY isolieren das erste Hormon „*Östron*" [Naturwiss. 17, 879 (1929); bzw. J. biol. Chem. 86, 499 (1929)].

1929    H. VON EULER und P. KARRER: Reinste Carotinpräparate lösen an Ratten andauerndes Wachstum aus, wirken also wie ein Wachstums-Vitamin (bzw. Provitamin) [Helv. Chim. Acta 12, 278 (1929); B. 62, 2445 (1929)].

1929 u. ff.
(1921)    K. FREUDENBERG: Zur Chemie der Cellulose [B. 62, 1844 (1929); 63, 1510 u. ff.; 69, 1252 73; Cellulosechemie 19, 131 (1941) u. ff.; Angew. 60, 125 (1948); B. 54, 767 (1921)].

1929
1913    R. WILLSTÄTTER und LASZLÓ ZECHMEISTER: Hydrolyse von Cellulose, Isolierung von Polysacchariden [B. 62, 722; 64, 854 (1931); Hoppe-Seylers Z. physiol. Chem. 215, 267 (1933)].

1929    B. HELFERICH und S. BÖTTGER: Cellulose in wasserfreiem Fluorwasserstoff leicht löslich gibt „Cellan" [Ann. 476, 150 (1929)].

1929    W. KUHN: Razemate werden durch zirkumpolarisiertes Licht gespalten bzw. optisch aktiv [Naturwiss. 17, 879 (1929)].

1930    R. D. HAWORTH: Konstitution des Santonins aufgeklärt (Soc. 1930, 1110, 2519).

1930    F. MICHEEL: Zur Konstitution der Digitoxose [B. 63, 346 (1930)].

1930    P. KARRER: Für den natürlichen Polyenfarbstoff Lycopin $C_{40}H_{56}$ wird eine symmetrische Konstitutionsformel aufgestellt [Helv. Chim. Acta 13, 1084; dasselbe vgl. R. PUMMERER, B. 64, 1349 (1931) und R. KUHN mit C. GRUNDMANN, B. 65, 1880 (1932)].

1930 u. ff.    K. W. F. KOHLRAUSCH: Ramanspektren organischer Verbindungen [B. 63, 267 (1930); 68, 893 (1935); 69, 729; 71, (A) 171 (1938); 73, 159 (1940); Z. Elektrochem. 40, 433 (1934) u. ff.].

1930    P. KARRER: Für das natürliche Carotin $C_{40}H_{56}$ wird die Konstitutionsformel (ohne asymm. C — Atom) aufgestellt [Helv. Chim. Acta 13, 1084 (1930)].

1930    JOHN HOW. NORTHROP: Die Fermente Pepsin und Trypsin werden in Krystallform erhalten.

1930 u. ff.    „STEVENS-SOMMELET-Umlagerung": Quaternäre Ammoniumsalze erleiden durch Na-alkoholat eine Umlagerung (Soc. 1930, 2107, 2119; 1932, 55, 69). Vgl. G. WITTIG [Ann. 560, 116 (1948)], der sie als Ylid-Reaktion deutet.

1931 R. KUHN und H. BROCKMANN: Aus natürlichem Carotin wird (chromatographisch ein hochdrehendes $\alpha$-Carotin neben einem $\beta$- und $\gamma$-Carotin isoliert [B. **64**, 1349 (1931); **66**, 407 (1933)].

1931 P. KARRER: Aufklärung der Konstitution von Vitamin A (Helv. Chim. Acta **14**, 1931).

1931 (seit 1905) P. RABE (mit K. KINDLER, H. HUNTENBERG): Synthese des Hydrochinins [B. **64**, 2489 (1931)].

1931 u. ff. E. SPÄTH: Untersuchungen über N-freie natürliche Giftstoffe [Cumarine, pflanzliche Fischgifte usw., B. **64**, 2203 u. ff.; **70**, 2276 (1937); **73**, 709; vgl. a. Vortr. B. **70**, (A) 83—107].

1931/32 A. WINDAUS (gemeins. mit A. LÜTTRINGHAUS, M. DEPPE, O. LINSERT, G. WEIDLICH): Zerlegung des Vitamins D in die Komponenten $D_1$ und $D_2$ [Ann. **489**, 252 (1931); **492**, 226 (1932); vgl. a. R. BOURDILLON, T. G. ANGUS, E. H. REERINK u. a., 1932].

1931 u. ff. NIEUWLAND u. CAROTHERS: Technische Darstellung von Vinylacetylen (J. Amer. chem. Soc. **53**, 4197 u. ff.).

1931 L. EBERT u. G. KORTÜM: Widerlegung der „induzierten Asymmetrie" der Zimtsäure [B. **64**, 346 u. ff., 1506 (1931)]; negative Spaltungsversuche durch optisch aktive Lösungsmittel, die Antipoden weisen keine Unterschiede in den physikalischen Eigenschaften auf. Die vermeintliche „induzierte Asymmetrie" und Drehung der Zimtsäure hatte E. ERLENMEYER jun. behauptet [B. **38**, 3503 (1905) bis Biochem. Z. **43** (1912 und **133** (1922)].

1931 A. BUTENANDT: Isolierung des Androsterons [Angew. **44**, 905 (1931) u. ff.].

1931 u. ff. F. KÖGL: Das Problem des „*Bios*", des „*Biotins*" und der „*Auxine*". LIEBIG (1871) hatte gegenüber PASTEUR auf die Notwendigkeit eines das Wachstum der Bakterien fördernden Faktors hingewiesen und WILDIERS (1901) hatte aus gekochtem Hefesaft ein wirksames Prinzip „Bios" extrahiert. Seinerseits konnte WENT jun. (1927) mittels Agar-Agarplättchen in Haferkeimlingen einen Wuchsstoff nachweisen. Die chemischen Untersuchungen von F. KÖGL (1931 u. ff.) führten zur Isolierung (aus Hafer- und Maiskeimlingen, Hefe und menschlichem Harn von zwei wirksamen, *Auxin-a* und *Auxin-b* genannten Stoffen $C_{18}H_{32}O_5$ bzw. $C_{18}H_{30}O_4$ sowie zu einem Heteroauxin, das sich als $\beta$-Indolylessigsäure erwies [Hoppe-Seylers Z. physiol. Chem. **214**, 241 (1933); **225**, 215; **228**, 113; **235**, 181, 261 (1935); **242**, 70 (1936); Ann. **518**, 217 (1935); B. **68**, (A), 16 (1935). Über Analoga von Auxin-a und Auxin-b vgl. die Untersuchungen von R. H. JONES u. Mitarb. Soc. 1949, 1419; 1950, 3628, 3634]. F. KÖGL (1935) isolierte auch durch Adsorption an Kohle aus dem Bios das krystallierte „*Biotin*" als einen Methylester $C_{11}H_{16}O_3N_2S$. Die weitere Aufklärung folgte.

1931 A. WINDAUS, A. LÜTTRINGHAUS u. M. DEPPE: Isolierung eines Präparates „Vitamin $D_1$" und Hinweis auf ein isomeres „Vitamin $D_2$" [Ann. **489**, 252 (1931)].

1932 A. WINDAUS, O. LINSERT, A. LÜTTRINGHAUS u. G. WEIDLICH: Reindarstellung von „Vitamin $D_2$" und dessen Identifizierung mit dem „Calciferol" der englischen Forscher [Ann. **492**, 226 (1932); **493**, 259 (1932); **499**, 188 (1933); engl. Forschergruppe: T. C. ANGUS, F. A. ASKEW, R. B. BOURDILLON, H. M. BRUCE u. a., Proc. Roy. Soc. (B) **107**, 76 (1930); **108**, 340 ,568 (1931); **109**, 488 (1932)].

1932 u. ff. H. BREDERECK: Untersuchung der Nucleoside [B. **65**, 1830 (1932); **66**, 198 (1933); der Nucleinsäuren (B. **69**, 1129 (1936); **71**, 408, 718, 1013 (1938); **72**, 121; **73**, 1058 (1940)], Nucleosidasen [Ergeb. Enzymforsch. **7**, 105 (1938)].

1932 R. KUHN: Die Anwesenheit heteropolarer Ringe in organischen Farbstoffen wird gewürdigt [Naturwiss. **20**, 618 (1932)].

1922 u. ff.  A. WINDAUS, R. TSCHESCHE u. H. RUHKOPFF: Feststellung des Schwefelgehaltes und der chemischen Formel $C_{12}H_{18}ON_4S$ des „Aneurins" od. Thiamins (Vitamins $B_1$). Die Konstitution wurde 1935 durch gleichzeitige Untersuchungen festgestellt: Durch A. WINDAUS, TSCHESCHE u. GREWE [Hoppe-Seylers Z. physiol. Chem. **237**, 100 (1935); G. BARGER u. Mitarb. (B. **68**, 2257 (1935)]; R. KUHN u. Mitarb. (B. **68**, 2375); die *Synthese* erfolgte 1936, vgl. 1936.

1932 u. ff.  M. BERGMANN: Polypeptidsynthesen mittels Blockierung der Aminogruppe durch Carbobenzyloxygruppe $C_6H_5CH_2OCO$ — [Vgl. Ann. **445**, 17 (1925); J. biol. Chem. **118**, 301 (1937), Science **86**, 187 (1937)].

1932  F. MIETZSCH u. H. MAUSS: „Atebrin" als Vertretungsmittel des Chinins entdeckt.

1932  Technische Großerzeugung von Leuna-Benzin begonnen (Vorarbeiten seit 1927 durch C. KRAUCH und M. PIER).

1932  O. ROSENHEIM u. H. KING [J. Soc. Chem. Ind. (London) **51**, 464 (1932)] sowie H. WIELAND u. E. DANE [Hoppe-Seylers Z. physiol. Chem. **215**, 268 (1932)]: Die neue Sterin-Formel wird (röntgenosk. und chem.) festgestellt.

1932  A. BUTENANDT (Mc CARTNEY u. HILGETAG): Konstitutionsformel des Fisch- und Insektengiftes Rotenon (aus Derriswurzeln) wird festgestellt [Ann. **494**, 17; **495**, 172; **506**, 158 (1933)].

1932  H. WIELAND u. G. HESSE: Über die Krötengiftstoffe [Ann. **493**, 272 (1932); **517**, 22 (1935); **524**, 203 (1936); **528**, 234 (1937) u. ff.].

1932  H. EMDE: Hydrierende Abbaumethode [Helv. Chim. Acta **15**, 1330 (1932); optische Superposition bei Chinaalkaloiden, ib. **15**, 557 (1932]).

1932  CLEMENS SCHÖPF: Erstmalig „Synthesen unter physiologischen Bedingungen" (mit Berücksichtigung der $p_H$-Werte) ausgeführt [Ann. **497**, 7 (1932) u. ff.; vgl. a. Ann. **558**, 109 (1947); **559**, 1 (1948); Angew. **61**, 31 (1949)].

1932  O. WARBURG: Entdeckung des Flavin-Enzyms (vgl. 1934).

1932 u. ff.  CH. MOUREU u. CH. DUFRAISSE: Peroxydbildung des (von MOUREU 1926 entdeckten) Rubrens $C_{42}H_{28}$ sowie analoger Kohlenwasserstoffe; DUFRAISSE: Über reversible Oxydierbarkeit, Photoxydbildung [Bull. Soc. chim. France (4) **51**, 799, 1486 (1932); **53**, 790, 844 (1933); B. **67**, 1020 (1934); **69**, 1228 (1936); C. r. **203**, 327 (1936); **208**, 1822 (1939) u. ff.].

1933 u. ff.  R. CRIEGEE: Peroxydbildung und -Darstellung im Bereiche der Olefine, ungesättigten Ringe usw. teils mit $OsO_4$ als Katalysator [Ann. **507**, 109 (1933); **75**, 84 (1936); **560**, 135 (1948); **564**, 9 u. **565**, 7 (1949); B. **72**, 1790 (1939); **73**, 563 (1940). Vgl. a. H. HOCK: Peroxyde B. **66**, 61 (1933); **75**, (1942) u. ff.].

1933  R. KUHN, P. GYÖRGY, TH. WAGNER-JAUREGG: Entdeckung der Naturfarbstoffklasse der „Flavine", Lactoflavin = Vitamin $B_2$ [B. **66**, 317 (1933)].

1933  R. J. WILLIAMS- „Pantothensäure" in der Tierleber wird als ein neuer Wuchsstoff isoliert bzw. erkannt [J. Amer. Chem. Soc. **61**, 454, 1421 (1939); **62**, 1776 (1940)].

1933  H. VON EULER: Vitamin J wird entdeckt.

1933  H. VON EULER u. C. MARTIUS: Entdeckung des Reduktons [Ann. **505**, 73 (1933)].

1933/34  T. REICHSTEIN, unabhängig W. N. HAWORTH u. E. L. HIRST, ferner F. MICHEEL führen die Synthese von Vitamin C aus [auch B. HELFERICH, B. **70**, 465 (1937)]; die Identität von Ascorbinsäure (1928) u. Vitamin C war inzwischen festgestellt worden.

1933 u. ff.  A. EUCKEN (u. WEIGERT): Mittels der Molwärme ermittelte Einschränkung der freien Drehbarkeit um die -C-C-Achse bei tiefen Temperaturen [Z. physik. Chem. (B) **23**, 265].

1933 u. ff.   W. T. Astbury: Röntgenographische Untersuchungen über die (gestreckte) Struktur der Faserproteide [Trans. Faraday Soc. 29, 193 (1933); 36, 871 (1940); Nature 147, 696 (1941)].

1933 u. ff.   K. Ziegler (mit A. Lüttringhaus): Synthese vielgliedriger Ringsysteme unter Verwendung von Dinitrilen — mit Phenyläthyllithiumamid als Kondensationsmittel in verdünnter (!) Lösung — es wurde das razemische d,l-Muscon erhalten und optisch gespalten [Ann. 504, 94 (1933); 511, 1; 512, 164; 513, 43 (1934); 528, 155 (1937); B. 67, (A), 139 (1934); 72, 887, 908 (1939); 73, 137 (1940)]. Andere Synthesen für Muscon bzw. Zibeton: Hunsdiecker (1943), Blomquist (1948); M. Stoll (1947).

1933 u. ff.   A. Treibs: Nachweis der Porphyrin-Molekülverbindungen [Ann. 476, 1 (1926); 513, 65 (1934)]; Vorkommen von Anthrachinon- u. Hexaoxyanthrachinonderivaten in Tonschiefer [Ann. 506, 171 (1933)]; Porphyrine in Ölschiefer, Kohlen, Erdöl [Ann. 509, 103; 510, 42 (1934); 517, 520, 144 (1935)]; Porphyrin im Schweizer Mergel enthält V statt Mg [Angew. 49, 686 (1936)]. Dies alles weist auf einen pflanzlichen Ursprung des Erdöls hin. [Ähnliches hatte P. Walden 1899, 1906 (Chem. Z. 30, No. 34 u. 93) auf Grund der optischen Drehung des Erdöls angenommen.]

1933   A. Stoll u. E. Wiedemann: Entdeckung der optischen Drehung des Chlorophylls-b und des Phäophorbids-b [Helv. Chim. Acta 16, 307 (1933); Konstitutionsformeln des Chlorophylls-a vgl. Naturwiss. 20, 792 (1932) und Helv. Chim. Acta 17, 163 (1934)].

1933   R. Kuhn u. A. Winterstein: Crocetin-dimethylester lagert sich durch Belichtung aus der stabilen trans-Form (Schmp. 221°) in die labile cis -Form um [B. 66, 209 (1933); 67, 344].

1933   K. Freudenberg: „Stereochemie". Leipzig u. Wien 1931/33.

1934 u. ff.   H. A. Stuart: „Molekülstruktur. Berlin 1934"; [vgl. Z. physik. Chem. (B) 27, 350 (1934); Ann. 528, 222 (1937); Angew. 59, 232 (1947)]; G. Briegleb: Neuberechnung der Stuart-Atomkalotten, [Fortschr. chem. Forsch. 1, 642—684 (1950); Angew. 62, 262; vgl. a. 476 (1950)].

1934   K. Freudenberg: Über die Gültigkeit der „Vizinalregel" [Ann. 510, 230 (1934)].

1934   L. Ruzicka: Synthese des Androsterons [Helv. Chim. Acta 17, 1935 (1934); 18, 19]; schon 1932 hatte Butenandt auf die Beziehung zu den Sterolen und auf eine Formulierung hingewiesen.

1934   Eug. Müller: Über den Paramagnetismus der freien Radikale [Ann. 517, 134 (1935); 14. Mitt. B. 71, 1778 (1938) u. ff.].

1921/1934   M. Delépine: Über „optisch aktive Razemate" [Bull. Soc. chim. France (4) 29, 656 (1921), (5) 1, 1256 (1934)]. Vgl. dazu: A. Fredga [Arkiv Kemi, Mineral. Geol. 11 B. No. 43 (1934) u. ff.]; ebenso H. Lettré [B. 69, 1594 (1936); Angew. 50, 581 (1937), wo auf die Beziehung zu Antigenkörpern hingewiesen wird]; vgl. a. G. Bruni [B. 73, 763 (1940)]. Nach C. K. Ingold (Soc. 1934, 93, 98) verlaufen Enolisierung (bei einem tautomerisierenden Asymmetriezentrum), Razemisierung und Bromierung gleichsinnig. Die Rolle des Lösungsmittels bei der Razemisierung kennzeichnet Th. Wagner-Jauregg [Wien — Monatsh. 53/54, 801 (1929)] durch das Dipolmoment: je größer dasselbe, umso größer die Razemierungsgeschwindigkeit. Vgl. a. P. Walden, B. 75, 1898 (1942).

1934   K. Meyer: Isolierung der hochviskosen polymeren Hyaluronsäure aus den Augenglaskörpern [J. biol. Chem. 107, 629 (1934); 114 u. ff. 176, 993 (1948); vgl. a. Angew. 63, 105 (1951)].

**1934 u. ff.** R. P. LINSTEAD: Entdeckung der Farbstoffklasse der Phthalocyanine (Soc. **1934,** 1016 u. ff., 20. u. 21. Mitt. **1950, 2975, 2981).** Parallel wurde von J. H. HELBERGER die Synthese der „Benzoporphyrine" ausgeführt [Ann. **529,** 205; **531,** 279 (1937); **533,** 197, **536,** 173 (1938)].

**1934** E. BAMANN u. LAEVERENZ: Lipase wird in krystallisierter Form erhalten.

**1934** Vollsynthetische Pe-Ce-Faser aus Vinylchlorid technisch erzeugt (I. G. Farben).

**1934** Der „*Mesomerie*"-Begriff kündigt sich an [C. K. INGOLD, Nature **133,** 946 (1934)].

**1934** O. WARBURG u. H. THEORELL: Die gelbe Hefeoxydase WARBURGS — das Flavinferment — durch Kataphorese krystallinisch erhalten, als Chromoproteid mit dem Mol.-Gew. 70—80000 [Biochem. Z. **272,** 155; **275,** 37 (1934)].

**1934** Das Hormon *Progesteron* wird isoliert in vier Laboratorien von A. BUTENANDT u. U. WESTPHAL [B. **67,** 1441, 1614, 1903, 2085 (1934)]; K. H. SLOTTA u. H. RUSCHIG [B. **67,** 1270, 1625, 1950 (1934)]; ALLEN u. WINTERSTEINER [vgl. a. B. **68,** 1746 (1935)] sowie HARTMANN u. WETTSTEIN.

**1935** *Testosteron* wird entdeckt [E. LAQUEUR u. Mitarb., Hoppe-Seylers Z. physiol. Chem. **233,** 281 (1935) und synthetisiert: A. BUTENANDT u. Mitarb., ebend. **237,** 57 (1935); B. **68,** 1859 (1935) sowie L. RUZICKA u. A. WETTSTEIN, Helv. Chim. Acta **18,** 986, 1264 (1935)]. Biochemisch durch gärende Hefe hat L. MAMOLI (mit A. VERCELLONE) das Dehydroandrosteron direkt zu Testosteron oxydiert [B. **71,** 2278 (1935)].

**1935** H. ERLENMEYER jr.: Darstellung des Deuterobenzols [Helv. Chim. Acta, **18,** 1464 (1935)]. Zur *Deuterochemie* vgl. Abt. A., 1938.

**1935** TH. FÖRSTER: Farbe und Konstitution organischer Verbindungen vom Standpunkt der modernen physikalischen Theorie [Z. Elektrochem. **45,** 548—573 (1939)].

**1935** R. KUHN bzw. } P. KARRER } Konstitutionsaufklärung und Synthese von Lactoflavin = Riboflavin = Vitamin $B_2$ [B. **68,** 1765 (1935) bzw. Helv. Chim. Acta **18,** 426, 522, 1435 (1935)]. Eine von der leicht zugänglichen Barbitursäure ausgehende Synthese von $B_2$ gab M. TISHLER (1947).

**1935** R. TSCHESCHE: Nachweis der (1915 von WINDAUS vermuteten) Zusammengehörigkeit der Herzgiftaglykone mit den Gallensäuren [B. **68,** 7 (1935); Hoppe-Seylers Z. physiol. Chem. **229,** 219; B. **69,** 1377, 1665], indem das Uzarigenin in ein Gallensäurederivat übergeführt wurde; dasselbe bewiesen gleichzeitig W. A. JACOBS für Digitoxigenin [Science **80,** 434 (1934)] und A. STOLL für das Aglykon des Scillarens [Helv. Chim. Acta **18,** 644 (1935)]. TSCHESCHE stellt auch die sterischen Verhältnisse der genannten Genine fest [B. **69,** 2443, 2497 (1936)] und isoliert (teils mit W. NEUMANN bzw. K. BOHLE [B. **69,** 2368; **70,** 1554; **71,** 654, 1928 (1938)] Glykoside der Oleanderblätter. Vgl. a. die Übersicht von R. TSCHESCHE [Angew. **59,** 224 (1947)].

**1935** „ARNDT-EISTERT-Reaktion": Umwandlung aromatischer Ketone (über das Diazoketon) in Säuren [B. **68,** 200 (1935); **69,** 2385]. Erweiterungen dazu: WILDE u. MEADER [J. org. Chem. **13,** 763 (1948)]; BADDELEY, HOLT u. KENNER [Nature **163,** 766 (1949)]; NEWMAN und BEAL [J. Amer. chem. Soc. **71,** 1506 (1949)]; F. NERDEL, [Angew. **63,** 174 (1951)].

**1935** F. PANETH u. Mitarb.: Über das freie Benzylradikal (Soc. **1935,** 380); Alkylradikale vgl. B. **62,** 1335 (1929); **64,** 2702 (1931).

**1935** R. KUHN sowie gleichzeitig P. KARRER: Konstitutionsaufklärung und Synthese von Lactoflavin [B. **68,** 1765 (1935); Helv. Chim. Acta **18,** 1935].

1935    WENDELL STANLEY: Tabakmosaikvirus wird in Krystallen erhalten und chemisch als ein Nucleoprotein erkannt.

1935    G. DOMAGK: „Invertseifen" als baktericid wirkende Stoffe erkannt (Dtsch. med. Wschr. 1935, 829).

1935    A. WINDAUS: Konstitutionsaufklräung von Vitamin $D_2$ erreicht (vgl. 1932).

1935    G. DOMAGK, F. MIETZSCH u. J. KLARER: „Prontosil" als Heilmittel für Streptokokken entdeckt (die Muttersubstanz p-Sulfanilsäureamid wurde von SELMO 1909 dargestellt).

1935    „Zellwolle" — synthetischer Textilstoff — erscheint auf dem Markt.

1935 u. ff.    C. R. HARINGTON [Biochem. J. 29, 1602 (1935)]    } Synthese des von *F. Hopkins* 1922
1936    V. DU VIGNEAUD [J. biol. Chem. 116, 469 (1936)] } entdeckten Tripeptids „Glutathion".

1935 u. ff.    H. BROCKMANN u. ROTH: Über Alkannin und Shikonin — zwei natürliche rote Naphthochinonfarbstoffe und optische Antipoden [Naturwiss. 23, 246 (1935); Ann. 540, 51 (1939)].

1935 u. ff.    J. GOUBEAU: Ramanspektren von Einzelstoffen, in Gemischen, in Bezug auf Dipolmomente usw. [B. 68, 912 (1935) — Tautomerie der Cyansäure. Angew. 51, 11 (1938) — synthet. Benzine; Angew. 60, 216 (1948) — Ketone; Angew. 61, 390 (1949), 62, 177 (1950) — ungesätt. Achterringe].

1936 u. ff.    K. FREUDENBERG: Über Schardingers Dextrine und neue Vertreter derselben, sowie über deren Aufbau aus Ringen von 5 Glucoseresten [Ann. 518, 102 (1935); B. 69, 1266 (1936); 71, 1596; 73, 612 (1940)].

1936 u. ff.    T. REICHSTEIN u. Mitarb.: Isolierung und Erforschung der zahlreichen Nebennierenrindenhormone; Corticosteron, Cortison [Helv. Chim. Acta 19, (1936); 23, 676, 729, 740 (1940) u. ff.]. In USA forscht KENDALL in gleicher Richtung: J. biol. Chem. 109 (1935) u. ff.; 123, 124, 459 (1938)]; HENCH entdeckt die spezifisch antirheumatische Wirkung des Cortisons. STEIGER und REICHSTEIN [Helv. Chim. Acta 20, 1164 (1937)] synthetisieren Cortison-Analoga.

1936    I. G.-„Buna"-Kautschuk (aus Butadien und Na) kommt auf den Markt. [Vorarbeiten 1926 durch E. KONRAD, Angew. 62, 491 (1950).]

1936    H. BILTZ: Harnsäurechemie [J. pr. Chem. (2) 145, 65—228 (1936), vgl. a. B. 53, 2327 (1920); 54, 1676; 69, 2750 (1936); dazu H. FROMHERZ u. A. HARTMANN, B. 69, 2420; 71, 1391 (1938)].

1936    F. KNOOP u. C. MARTIUS: Bildung und Abbau von Zitronensäure im Tierkörper [Hoppe-Seylers Z. physiol. Chem. 242, 1, 204; 246, 1; 247, 104 (1937)].

1936 u. ff.    P. PLATTNER u. A. ST. PFAU: Der die Blaufärbung vieler ätherischer Öle bewirkende Farbstoff Azulen, bzw. die Muttersubstanz der Azulenfarbstoffe wird — ausgehend von $\Delta^9$-Octalin — synthetisiert [Helv. Chim. Acta 19, 858 (1936); 20, 224, 469 (1937); vgl. a. PLATTNER u. L. LEMAY, ib. 23, 897, 907 (1940); 30, 910, 1091, 1100, 1320 (1947)]. Vorversuche von L. RUZICKA hatten ergeben, daß die Azulene ein bicyclisches System mit 5 Doppelbindungen enthalten [Helv. Chim. Acta 9, 118 (1926); 14, 1104, 1122 (1931)]. Vgl. a. H. ARNOLD [Angew. 56, 7 (1943)].

1936    R. KUHN: Erste Synthese eines natürlichen Fermentes aus Lactoflavin und Phosphorsäure [B. 69, 1543 (1936)].

1936    E. L. JACKSON u. C. S. HUDSON: Methode der Oxydation mit Überjodsäure zur Endgruppenbestimmung u. ä. in Kohlenhydraten.

1936    F. A. HENGLEIN (und G. SCHNEIDER): Über Pektinforschung — „Pektinsäure" ist eine Polygalakturonsäure, teilweise als Methylester [B. 69, 309 (1936); 70, 1611; 71, 1353 u. ff.; Angew. 62, 27 (1950)].

7*

1936    A. RIECHE: „Die Bedeutung der organischen Peroxyde." Stuttgart 1936.

1936    H. BROCKMANN: Endgültige Isolierung des antirachitischen Faktors D — und dessen Identifizierung mit dem von A. WINDAUS (1936) synthetisierten 7-Dehydrocholesterin (als $D_3$-Vitamin bezeichnet, da es bei Belichtung wie das Ergosterin stark antirachitisch wirksam wird), es wurde von WINDAUS (1937) auch im Tierreich gefunden.

1936    Synthese des „Aneurins" (= Thiamins od Vitamins $B_1$): H. ANDERSAG u. K. WESTPHAL [Hoppe-Seylers Z. physiol. Chem. **242**, 93 (1936); B. **70**, 2035 (1937)]; R. R. WILLIAMS u. I. K. CLINE [Amer. chem. J. **58**, 1504 (1936); **59**, 530 (1937)]; vgl. a. A. R. TODD u. F. BERGEL [Soc. **1936**, 1601; **1937**, 364, 1504; BURGER, BERGEL u. TODD B. **68**, 2257 (1935); vgl. a. Soc. **1951**, 534].

1936    T. REICHSTEIN: Isolierung und Reinigung der Herzgift-Glykoside (nach deren Acetylierung) durch Adsorption an der Aluminiumoxyd-Säule [Helv. Chim. Acta **21**, 329 (1936); **22**, 167, 437 (1937].

1937 u. ff.   O. BAYER (u. Mitarb.): Über neuartige Diisocyanat-polyadditionsverfahren [I. Mitt. Ann. **549**, 286 (1941); V. Mitt. **562**, 205 (1949); VI. Mitt. Angew. **62**, 57 (1950); vgl. a. **59**, 257 (1947)].

1937    C. A. ELVEHJEM: Antipellagra-wirksames Vitamin („PP-Faktor") wird als Nicotinsäureamid erkannt.

1937    R. KUHN: Synthese von Vitamin A [B. **70**, 853 (1937)].

1937    A. F. BLAKESLEE: Das Mitosegift Colchicin erzeugt bei Pflanzen polyploide Zellkerne [C. r. (1937) **205**, 476; J. Heredity **28**, 393].

1937    BRAUNSTEIN u. KRITZMANN: Entdeckung der biologischen „Umaminierung" zwischen Aminosäuren und Ketocarbonsäuren [Enzymologia **2**, 129, 138 (1937); vgl. dazu Einschränkung auf Links-Glutamin - bzw. $\alpha$-Ketoglutarsäure als Partnerin: COHEN, J. biol. Chem. **140**, 711 (1941); GREEN u. Mitarb.: ib. **161**, 559 (1945) — bzw. auf $\alpha,\alpha'$-Iminocarbonsäuren: P. KARRER, Angew. **63**, 39 (1951)].

1937/38   P. KARRER sowie E. FERNHOLZ, A. R. TODD, ebenso WALTER JOHN isolieren unabhängig die „Tocopherole" oder Antisterilitätsfaktoren.

1937 u. ff.   M. BERGMANN u. C. NIEMANN: Aufstellung eines „stöchiometrischen Gesetzes" für die Feinstruktur der Proteine [Science **86**, 187 (1937) u. ff.].

1938 (bzw. 1932)   W. H. CAROTHERS: Erfindung und Fabrikation der vollsynthetischen „Nylonfaser" aus Superpolyamiden [vgl. a. J. Amer. chem. Soc. **52**, 711 (1930); **54**, 1559 u. ff.].

1938    H. FREDENHAGEN u. K. F. BONHOEFFER: Über den Reaktionsmechanismus der CANNIZZAROschen Reaktion in schwerem Wasser $D_2O$ [Z. physik. Chem. (A) **181**, 379 (1938)]; direkter H-Austausch zwischen den Aldehydmolekülen, keine Kettenreaktion.

1938 u. ff.   R. KUHN, F. MOEWUS, D. JERCHEL: Für die einzellige Grünalge Chlamydomonas eugametos erweisen sich beim Sexualakt die Gamone als identisch mit dem stereoisomeren Gemisch von cis- und trans-Crocetindimethylester [B. **71**, 1541 (1938); vgl. a. **72**, 1702; **73**, 547. Vgl. a. F. MOEWUS, Angew. **62**, 496—502 (1950)].

1938 u. ff.   B. HELFERICH: Untersuchungen über die Emulsinspaltungen [Erg. Enzymforsch. **7**, 83—104 (1938); Ann. **534**, 276 (1938); 42. Mitt. B. **72**, 1953 (1939) u. ff.].

1938 u. ff.   B. HELFERICH: Methansulfosäurechlorid („Mesylchlorid") zur Veresterung der Hydroxylgruppen der Kohlenhydrate eingeführt [B. **71**, 712 (1938); **73**, 1049 (1940)].

1938    B. EISTERT: „Tautomerie und Mesomerie." Stuttgart 1938.

1937/39   A. Treibs u. P. Halbig: Vinylacetylen, Eigenschaften und Polymerisate (Angew. **60**, 289—297).

1938   V. Du Vigneaud u. Irish: Nachweis der (von Knoop 1910 entdeckten) biologischen Acetylierung der Aminosäuren und der Tatsache, daß der Organismus die unnatürlichen Rechts-Aminosäuren in die natürlichen Linksformen umwandelt [J. biol. Chem. **122**, 349 (1938)]. Die Natur bedient sich also der „Waldenschen Umkehrung" zur konfigurativen Ausrichtung der optischen Antipoden. Vgl. a. 1922 Fränkel.

1939   W. Jost: „Explosions- und Verbrennungsvorgänge in Gasen." Berlin 1939. Vgl. a. über Zündgrenzen: L. Sieg [Angew. **63**, 143 (1951)].

1939   R. Criegee: Über die Umlagerungsgeschwindigkeit cis-trans-isomerer Pinakone [B. **72**, 178 (1939)].

1939   G. Kränzlein: „Aluminiumchlorid in der organischen Chemie." 3. Aufl., Verlag Chemie 1939.

1939   A. E. Faworsky (u. A. J. Lebedeva): Synthese (aus Acetylen u. Aceton) des Acetylenalkohols $CH : C : C(OH)(CH_3)_2$, durch dessen elektrolytische Hydrierung das Dimethylvinylcarbinol $CH_2 : CH.(COH).(CH_3)_2$ erhalten wird [Bull. Soc. chim. France (5) **6**, 1347 (1939)].

1939   V. Du Vigneaud: Synthese des razem. Cystins nach der Phthalimidomalonester-Methode.

1939   O. Eistel u. Schaumann: „Dolantin" — ein künstliches Arzneimittel mit Morphiumwirkung [Dtsch. med. Wschr. **65**, 967 (1939); B. **74**, 1433 (1941)].

1939   A. Stoll: Methode der Darstellung von reinen genuinen Herzgiften durch rechtzeitige Blockierung der Glukoside bildenden Enzyme [Enzymologia 7, 362 (1939)]. Grundlegende Untersuchungen von A. Stoll finden sich in Helv. Chim. Acta **15**, 307, 703, 1049, 1390 (1933); **17**, 592; **18**, 1247; **20**, 1484; **22**, 1193 (1939) u. ff.

1939   O. Warburg: Isolierung des krystallisierten „oxydierenden Gärungsfermentes" aus Hefe.

1939   P. Kurtz: Technische Synthese von Acrylnitril aus Acetylen und Blausäure in wässeriger Lösung.

1939   A. Imhausen: Synthetische Speisefettdarstellung im technischen Maßstab.

1939   R. Kuhn (mit H. Andersag, K. Westphal u. G. Wendt): Synthese des Adermins (Vitamin $B_6$). [B. **72**, 305 (1939).]

1939   Hans Fischer: Konstitution von Chlorophyll a und b festgestellt [Ann. **538**, 157 (1939); **544**, 138 (1940)].

1939/40   P. Karrer u. H. Dam, ebenso E. A. Doisy u. S. A. Thayer, ferner B. T. Sah u. W. Brüll: Isolierung und Synthesen des Vitamins $K_1$ (Alfalfa), auch L. F. Fiesee [J. Amer. chem. Soc. **61**, 2559 (1939)] führte die Synthese aus.

1939 u. ff.   F. Smith: Über den chemischen Aufbau von Gummi arabicum (Soc. **1939**, 1724; **1940**, 1035); dazu E. L. Hirst und Jones (Soc. **1946**, 506, 1025; **1948**, 1278).

1939 u. ff.   Mlle. Staub: Bezeichnung „Antihistamine" wird geprägt in der Dissertation „Recherches sur quelques bases synthétiques antagonistes de l'histamine". Thèse de doctorat. Paris 1939.

1940 u. ff.   W. Hückel: Kettenassoziation, Doppelmolekülbildung unter Erhöhung der Dipolmomente usw. [Z. physik. Chem. (A) **186**, 129 (1940); **193**, 132 (1942); (B) **47**, 227 (1940); **51**, 144 (1942)].

1940   Garsner: Riesenformenbildung bei Bakterien durch Penicillin [Nature **146**, 837 (1940)].

1940    R. Kuhn u. Th. Wieland (B. **73**, 962), ebenso R. J. Williams (J. Amer. chem. Soc. **62**, 1776): Synthese der Pantothensäure.

1940    R. Pummerer: Über die cis-Reihe der Indigofarbstoffe [Ann. **544**, 206 (1940)].

1940    A. Skrabal: Additivität der katalytischen Wirkung in Gemischen von Lösungsmitteln [Z. Elektrochem. **46**, 146 (1940)].

1940/41    H. Wieland mit R. Purrmann u. P. Decker: Untersuchung und Synthese der „Pterine" genannten Pigmente der Schmetterlingsflügel [Ann. **544**, 163, 182 (1940) **547**, 180 (1941)].

1940/41    Cl. Schöpf mit R. Reichert: Zur Kenntnis der „Pterine" [Naturwiss. **28**, 478 (1940), Ann. **548**, 82].

1940    Woods und Fildes: p-Aminobenzoesäure (PABA) wird als ein wesentlicher Wuchsstoff der Bakterien und ein Inhibitor des Sulfonamids erkannt [Lancet I, 955 (1940)].

1940/42    R. Kuhn: Bakterien-Wuchsstoff H' aus Hefe ist p-Aminobenzoesäure [Z. angew. Chem. **55**, 4 (1942)]; die p-Sulfonamidgruppe macht Körper zu Antagonisten der Wuchsstoffe [B. **74**, 1617 (1941)].

1940    H. Wieland: Isolierung des hochtoxischen Polypeptids „Phalloidin" aus Fungusarten.

1940/42    György, V. Du Vigneaud u. A.: Vitamin H (von György) wird mit „Biotin" identifiziert; die Struktur des Biotins wird durch Kögl und definitiv durch Du Vigneaud (1942) festgestellt und durch eine Totalsynthese (Mercks Forschungslabor. 1943) bestätigt. [Science (N. Y.) **92**, 62 (1940)]. Vgl. a. 1931.

1940 u. ff.    G. M. Schwab: „Handbuch der Katalyse." Bd. I bis VII, Springer-Verlag, VII. Doppelband bringt unter der Schriftleitung von R. Criegee die „Katalyse in der organischen Chemie". 1943.)

1936 u. ff.    H. B. Hass u. Mitarb.: Nitrierung von Kohlenwasserstoffen mit flüssiger Salpetersäure [Ind. Eng. Chem. **28**, 339 (1936) bis **39**, 817, 919 (1947)].

1940 u. ff. 1942    O. v. Schickh: Chemie und Technologie der Nitroalkane [Angew. **62**, 547—556 (1950)].

1943 u. ff.    Ch. Grundmann: Nitrierung höherer (auch cyclischer) Kohlenwasserstoffe [Angew. **56**, 159 (1943); B. **77**, 82 (1944); Nitrierung von Cyclohexan in flüssiger Phase: Angew. **62**, 556 (1950)].

1946 u. ff.    I. D. Rose (u. Mitarb.): Nitrierung von Olefinen mit Stickstofftetroxyd bei niedrigen Temperaturen (Soc. **1946**, 1093, 1096, 1100; **1948**, 52; **1949**, 2627).

1941    G. Komppa: Totalsynthese des $\alpha$-Pinens ausgeführt [Ann. **547**, 185 (1941)].

1940 u. ff.    Der Bakteriologe Al. Fleming beobachtet die wachstumshemmende Wirkung von Penicillium notatum auf Bakterien und schreibt sie einem chemischen Stoff „Penicillin" zu (1928). Aus der 1938 in Oxford gegründeten Arbeitsgemeinschaft von Ärzten, Biologen und Chemikern entsteht eine Penicillin-Chemie und -Therapie der wichtigen Körperklasse der *Antibiotika*, wobei die chemische Konstitutionsforschung durch How. Walt. Florey und Ernst Chain gemeistert wird.
Seit 1943 ist durch die Entdeckung von Selman A. Waksman das „Streptomycin" aus Streptomyces-Stämmen als ein anderes (basisches) Antibiotikum in Gebrauch gekommen [J. Amer. Pharm. Assoc. **34**, 27 (1945/46)].

1941    R. Purrmann: Synthese von Pteridinderivaten [Ann. **546**, 98; **548**, 284 (1941)]. Vgl. a. Synthesen: R. Todd u. Mitarb. [Soc. **1951**, 3 (vgl. a. **1944**, 315)]; G. M. Jones, Boon und Ramage [Soc. **1951**, 96, 591, 1497); A. Albert, D. J. Brown u. Cheaseman (ib. 474). Vgl. a. die Synthesen von P. Karrer u. Schwyzer [Helv. Chim. Acta **32**, 423 (1949); **33**, 39 (1950)].

1942    L. F. FIESER: Alkylierung des Chinonringes mittels Peressigsäure oder Blei IV — acetat.

1942    R. KUHN, J. LÖW und F. MOEWUS: Inaktivierung von Wirkstoffen in Pflanzen durch Borate infolge von Komplexbildung mit Quercetinäther bzw. von Flavonol-borsäurekomplexen [Naturwiss. **30**, 407 (1942)].

1942    TH. POSTERNAK sowie H. O. L. FISCHER stellen die Konfiguration des natürlichen Inosits fest. Er galt als der phosphororganische Reservestoff „Phytin" [POSTER-NAK, C. r. **168**, 1216; **169**, 138 (1919) und 1928 wurde er krystallinisch aus dem „Biotin" abgeschieden.

1942    BLANKSMA und VAN DER WEYDEN: Derivate des m-Nitranilins werden als Intensiv-süßstoffe aufgefunden [Rec. Trav. chim. Pays-Bas **59**, 629 (1942)].

1942 u. ff.    Das von P. MÜLLER entdeckte Kontaktinsektizid „*DDT*" wird bei einem Groß-angriff auf die schwere Fleckfieberepidemie in Neapel erprobt. Dazu vgl. die folgenden Angaben 1944 und 1946:

1944    P. LÄUGER, H. MARTIN und P. MÜLLER: Über neue Insekten tötende Stoffe (Helv. Chim. Acta **27**, 892; **29**, 405).

1946    P. MÜLLER: Konstitution und insektizide Wirkung. I. [Helv. Chim. Acta **29**, 1560 (1946)].

1943    A. STOLL: Ergotoxin (1906 von BARGER entdeckt) wird in drei Alkaloide auf-geteilt.

1943/44    A. FREDGA: Konfigurationsbestimmungen optisch aktiver Säuren (durch Schmelz-punktkurven) nach dem Prinzip der „aktiven Razemate" [Arkiv Kemi, Mineral Geol., **16** A No. 21 (1943) u. ff.].

1944    MARTIN und SYNGE: Anwendung der Papierchromatographie zur Analyse der Aminosäuren in den Proteinen (Ornithin isoliert) [Biochem. J. **35**, 91, 1358, 1369 (1941); **38**, 224 (1944); **39**, 363 (1945), vgl. CRAMER (FRIEDR.), Angew. **62**, 73 (1950); BRAY, W. N. THORPE und WHITE, Biochem. J. **46**, 271 (1950); TH. WIELAND 1948 usw.].

1943/44    A. BUTENANDT mit W. WEIDEL, R. WEICHERT, W. VON DERJUGIN, J. NECKEL: Synthesen und optische Spaltung des d, l-Kynurenins sowie dessen Konstitutions-bestimmung [Hoppe-Seylers Z. physiol. Chem. **279**, 27 (1943); **281**, 120, 122 (1944)].

1944/45    G. WITTIG u. Mitarb.: Li-metallorganische Verbindungen, deren Isomerisierbar-keit und Ionisierbarkeit [Ann. **557**, 214 (1949)]. Vergl. a. Angew. **63**, 15 (1951).

1944    FR. KNOOP: Umkehrbarkeit physiologischer Reaktionen (Münch. med. Wschr. 1944, 282).

1944 u. ff.    L. ZECHMEISTER u. Mitarb.: Biogenesis und cis-trans-Isomerie der Carotinoide als Provitamine A [Science **100**, 317 (1944); Arch. Biochem. **5**, 47 (1944); **6**; **8**; **10**; **23**, 239 (1949)].

1945    VLAD. IPATIEFF und G. S. MONROE: Über die Methanol-Synthese aus $CO_2$ und $H_2$ [J. Amer. chem. Soc. **67**, 2168 (1945)].

1945 u. ff.    C. N. HINSHELWOOD u. Mitarb.: Über die Kettenreaktion $2H_2 + O_2 \rightarrow 2H_2O$, an der OH- und $HO_2$-Radikale teilnehmen [Proc. Roy. Soc. (Lond.) A. **185** u. ff. (1945)].

1945 u. ff.    F. BEILSTEIN: Handbuch der organischen Chemie. Vierte Auflage, herausgegeben und bearbeitet (seit 1924) von FRIEDR. RICHTER. Vom zweiten Ergänzungswerk sind seit 1945 die Bde. VI—XII erschienen. Springer, 1945—1950.

1946    O. WARBURG: Erforschung des enzymatischen „Atmungsferments"; vgl.: „Schwermetalle als Wirkungsgruppen von Fermenten." Springer-Verlag 1946.

1946   E. D. HUGHES: „Substitution" (Soc. **1946**, 968).

1947   SCHLESINGER u. Mitarb.: Darstellung des Reduktionsmittels LiAlH$_4$ aus LiH und AlCl$_3$ (J. Amer. chem. Soc. 69, 1199).

1947   NYSTROM und BROWN: Entdeckung der Reduktionswirkung von LiAlH$_4$ auf Ketone, Aldehyde, Ester [J. Amer. chem. Soc. **69**, 1197, 1548 (1947); **70**, 3738 (1948); vgl. a. H. H. INHOFFEN, Ann. **565**, 35 (1949)].

1947   ISLER: Synthese von Vitamin A (Patent).

1946/48   ANGIER u. Mitarb.: Das B-Vitamin „Folinsäure" (PGA) wird als Pteroylglutaminsäure und ein Syntheseprodukt der Bakterien erkannt [Science N. Y. **103**, 667 (1946); J. Amer. chem. Soc. **70**, 25 (1948)].

1947   BEADLE, MITCHELL und I. F. NYC: Neurospora crassa synthetisiert aus Tryptophan über Kynurenin und 3-Oxy-Kynurenin die Nicotinsäure [Proc. Nat. Acad. Sci. U. S. **33**, 155 (1947)].

1947   G. BERGOLD: Isolierung des Polyeder-Virus von Insektenlarven, dessen infektiöses Polyeder-Virus-Protein ein Partikelgewicht $= 2$ bis $5 \times 10^9$ hat [Z. Naturforsch. **2$^b$**, 122 (1947)].

1947   GERH. SCHRAMM: Über die Spaltung des Tabakmosaikvirus und die Wiedervereinigung der Spaltstücke zu (virus-inaktiven) höher molekularen Proteinen [Z. Naturforsch. **2$^b$**, 112, 249 (1947)].

1947   N. J. TOIVONEN mit NIININEN, ESKOLA, LAAKSO: Eine einfache Methode der Abspaltung von Carboxalkyl aus $\beta$-Keto- und $\beta$-Dicarbonsäureestern [Acta Chem. Scand. **1**, 133 (1947)].

1947 u. ff.   R. KUHN und J. LÖW: Rutin (mit seiner Vorstufe Quercetin) als pflanzlicher *Sterilitätsstoff* erkannt und aus Chlamydomonas und Forsythia isoliert [B. **77**, 269 (1944); Naturwiss. **34**, 283 (1947); B. **81**, 363 (1948); **82**, 474, 481 (1949); vgl. a. MOEWUS, Angew. **62**, 501 (1950)].

1947   TODD und BADDILEY: Synthese der Muskel-Adenylsäure.

1947   H. LETTRÉ: Zur Chemie und Biologie der Mitosegifte; Konstitution des Colchicins [Angew. **59**, 218 (1947); **60**, 217; **61**, 390 (1949); **63**, 421 (1951)].

1947   K. DIMROTH: Synthese von Modellen ungesättigter Steroide vom Typ des Ergosterins [Angew. **59**, 215 (1947); vgl. a. Ann. **520**, 98 (1935), **542**, 240 (1940); B. **69**, 1123 (1936), **70**, 376, 163 (1937)].

1947   A. STOLL (mit A. BRACK und J. RENZ): Antibakterielle Stoffe der Flechten; Usninsäure (1843 von ROCHLEDER isoliert) wirkt gegen Staphylococc. aur. [Experientia **3**, 3 ,111 (1947)]. Vgl. a. SHIBATA (1948); ferner K. O. VARTIA [Ann. Med. Exper. Biol. Fenniae (Helsinki) **27**, 1, 46 (1949); **28**, 1, 7 (1950)].

1947   J. H. NORTHROP (mit KUNITZ und HARRIOTT): Crystalline Enzymes. N. Y. 1947.

1947   H. BROCKMANN: Neue Verfahren in der Chromatographie (zur Trennung farbloser Verbindungen an fluoreszierenden Absorbentien [Angew. **59**, 199; **61**, 38 (1949); **63**, 133 (1951); B. **74**, 73 (1941); **80**, 77 (1947); **82**, 95 (1949)].

1947   V. PRELOG u. Mitarb.    ⎫ Darstellung von vielgliedrigen Ringverbindungen, wobei die reaktiven
sowie A. STOLL u. Mitarb. ⎬ Endgruppen der Kette in ihrer Bewegung gehindert sind durch Adsorption
                      ⎭ an der Oberfläche von metallischem Natrium
(PRELOG, Helv. Chim. Acta **30**, 1741; STOLL, ib. 1815, 1822).

1948   R. CRIEGEE: Über neue organische Peroxyde und deren chemisches Verhalten [Ann. **560**, 127, 135 (1948); vgl. a. B. **77**, 722 (1944)].

1948   J. W. BAKER: Darstellung von 1 : 3-Glycoldiacetaten aus Äthylenen Soc. [**1948**, 89; **1949**, 770; vgl. a. J. Amer. chem. Soc. **71**, 2860 (1949)].

1948   K. F. BONHOEFFER: „Physikalisch-chemische Modelle von Lebensvorgängen." Berlin 1948.

1948 u. ff.  K. H. MEYER, ED. H. FISCHER u. Mitarb.: $\alpha$-Amylase aus Pankreas und „Ptyalin“, sowie die pflanzliche krystallisiert erhalten [Helv. Chim. Acta **31**, 1851, 2158 (1948) Experientia **3**, 411 (1947)], ferner $\beta$-Amylase [Arch. Biochem. **27**, 235 (1950)]; Reindarstellung von Amylose und Amylopektin (Helv. Chim. Acta **31**, 1533; **33**, 210) und ihr Abbau durch Amylasen [Angew. **63**, 153 (1951)].

1948  K. H. MEYER: Zur Konstitution der Hyaluronsäure, ihre sich vielfach wiederholenden kleinsten Einheiten bestehen in Glucuronosido-N-acetylhexosaminen Helv. Chim. Acta **31**, 1409 (1948); Experientia **6**, 186 (1950)].

1948  P. KARRER und JUCKER: „Carotinoide.“ Basel 1948.

1948  N. J. TOIVONEN u. Mitarb.: Eine neue Totalsynthese der Camphersäure bzw. des Camphers [Acta Chem. Scand. **2**, 610 (1948)].

1948  R. GREWE und A. MONDON: Totalsynthese des Benzyl-octahydroisochinolins bzw. des tetracyclischen Ringsystems des Morphins oder „Morphinans“, mit morphinähnlichen Wirkungen [B. **81**, 279 (1948); Chem. Z. **74**, 316 (1950)]. ·

1948  H. MEERWEIN: Über die katalytische Zersetzung des Diazomethans (durch Borsäureester infolge von Komplexbildung) unter quantitativer Bildung von Stickstoff und festem Polymethylen (CH$_2$)x, wenn x $\sim$ 140 ist [Angew. **60**, 78 (1948)].

1948 u. ff.  RICKES, FOLKERS u. Mitarb. [Science N. Y. **107**, 396; **108**, 634 (1948)] und LESTER SMITH u. Mitarb. [Nature **161**, 638; **162**, 144 (1948); Proc. Roy. Soc. 1949, B. **136**, 592] entdecken in der Leber, im Milchpulver, Fleischextrakt u. a. das „Vitamin B$_{12}$“ — den antiperniziösen Anämie-Faktor als eine in dunkelroten Krystallen erhältliche Verbindung. Nach A. R. TODD, MILLS, JOHNSON und BUCHANAN (Soc. 1950, 2845) ist zu unterscheiden zwischen B$_{12a}$, B$_{12b}$ und B$_{12c}$, wobei den letzteren die Summenformel C$_{63}$ H$_{97}$ O$_{20}$ N$_{14}$ P Co, bzw. C$_{63}$ H$_{97}$ O$_{22}$ N$_{14}$ P Co zukommt. Kobalthaltig!

1948 u. ff.  TH. WIELAND und E. FISCHER: Trennung natürlicher Proteingemische — „Retentionsanalyse“ mittels Papierelektropherogrammen [Naturwiss. **35**, 29 (1948); Angew. **60**, 313 (1948), **62**, 473 (1950); Ann. **564**, 152 (1949)].

1949  F. KLAGES: Berechnung von Mesomerieenergie an aromatischen Stoffen [B. **82**, 359 (1949)].

1949  G. HESSE: Ein halbes Jahrhundert Ionenreaktionen in der organischen Chemie [Angew. **61**, 161 (1949)].

1949  R. KUHN und E. LUDOLPHY: Naphtho-triazoliumsalze als Reduktionsindikatoren für lebende Zellen [Ann. **564**, 35 (1949)].

1949  R. CRIEGEE: Konstitutionsfragen bei Peroxyden und Ozoniden [Ann. **564**, 9; **565**, 7 (1949); Angew. **61**, 392 (1949); vgl. Fortschr. chem. Forsch. **1**, 508—566 (1950)].

1949  R. WIZINGER-AUST: Neue Methode zur Darstellung von farbigen Triarylpyryliumsalzen [Angew. **61**, 391; vgl. a. **51**, 895 (1938); J. pr. Chem. (2) **157**, 139 (1941)].

1949  K. L. WOLF und R. WOLF: Übermolekeln und Assoziate, Grad, Art und Festigkeit derselben [Angew. **61**, 191—201 (1949)].

1949  W. LANGENBECK: Über die Beschleunigung der Formaldehydkondensation mit organischen Katalysatoren [Angew. **61**, 186 (1949)].

1949  O. DANN: Wachstumshemmende Eigenschaften von Nitroverbindungen [B. **82**, 76 (1949)].

1949  SAUNDERS: „The Aromatic Diazo-Compounds and Their Technical Applications.“ 1949.

1949  A. BUTENANDT, W. WEIDEL und H. SCHLOSSBERGER: Die *Gene* v$^+$ und cn$^+$ (Drosophila) als Bereitsteller spezifischer Fermente, die u. a. durch Tryptophanstoffwechselkatalyse die Bildung der Ommochrom-Pigmente bewirken: Der cn⁺-Stoff wird isoliert und als identisch mit dem durch Synthese gewonnenen 3-*Oxy-kynurenin* erwiesen [Z. Naturforsch. **4**[b], 242 (1949)].

1949 W. SCHLENK jr.: Chemische und krystallographische Untersuchung der (von M. F. BENGEN im J. 1940 entdeckten) Harnstoff-Additionsverbindungen [Ann. **565**, 204 (1949)]. Vgl. a. R. P. LINSTEAD: Über die Esterassoziate des Harnstoffs (Soc. **1950**, 2987). Thioharnstoff-Addukte: SCHLENK, Ann. **573**, 142 (1951).

1949 WALT. REPPE: Neue Entwicklungen auf dem Gebiete der Chemie des Acetylens und Kohlenoxyds. Springer-Verlag 1949. (Vgl. a. Ann. **560** u. ff.)

1949 A. BUTENANDT, H. HELLMANN und E. RENZ: Neue und verbesserte d, l-Trypto-phansynthesen aus Indol [Hoppe-Seylers Z. physiol. Chem. **284**, 163, 175 (1949)].

1949 K. FREUDENBERG: Bildung ligninähnlicher Stoffe unter physiologischen Be-dingungen [S.-B. Heidelberg. Akad. Wiss., 5. Abh. 1949; Chem. Z. **74**, 12 (1950)].

1949 O. WARBURG: „Wasserstoffübertragende Fermente." Verl. W. Saenger, Berlin 1949.

1949 W. LANGENBECK: „Die organischen Katalysatoren und ihre Beziehungen zu den Fermenten." 2. Aufl. Springer 1949. Ergänzung: Z. Elektrochem. **54**, 393 (1950); Naturwiss. **37**.

1949 GUST. EHRHARDT: Eine neue Klasse von Analgetica aus der Diphenylmethanreihe entdeckt (z. B. seit 1941 das „Polamidon").

1949 TH. WIELAND u. Mitarb:. Quantitative Bestimmung von Aminosäuren chromato-graphisch in Papier usw. mittels radioakt. Cu [Naturwiss. **36**, 280 (1949)].

1949 BAILEY: Peptidesterbildung nach LEUCHS' Methode (vgl. 1903) [Nature **164**, 389 (1949)].

1949 O. BAYER: Die Chemie des Acrylnitrils [Angew. **61**, 229—241 (1949)].

1949 H. REIN: Die (1940—1943 in der I. G. Farbenindustrie) erfundene Polyacrylnitril-Faser, die neuerdings in USA als „Orlon" angekündigt wird [Angew. **61**, 241—245 (1949)].

1949 R. KUHN: Über einige Probleme der biochemischen Genetik [Angew. **61**, 1—6 (1949)].

1949 L. F. FIESER und M. FIESER: „Natural Products Related to Phenanthrene", 3rd Edition, N. Y. 1949 [Über „die Stereochemie der natürlichen Steroide" vgl. a. M. HEUSNER, Angew. **63**, 59, 70 (1951)].

1949 KENDALL (u. Mitarb.): Cortison wird als ein spezifisches Heilmittel für rheuma-tische Arthritis entdeckt.

1948 ANNER und MIESCHER (in Basel) ⎫
1950 W. S. JOHNSON und SCHNEIDER (Wiscons.) ⎬ Totalsynthese des Östrons.
                                                                 ⎭

1949 A. SKITA: Synthese stereomerer Aminoalkohole vom Typ des Ephedrins [Angew. **61**, 39 (1949)].

1949/50 E. R. ALEXANDER ⎫ Optisch aktive Verbindungen des asymm. C-Atoms mit Deuterium
bzw. E. E. ELIEL ⎬ und Wasserstoff $R^1R^2HDC$.
[J. Amer. chem. Soc. **71**, 1786 (1949); **72**, 3796 (1950) bzw. **71**, 3970 (1949)]. Vgl. a. J. KENYON und M. P. BALFE: Optische Spaltung (in die Antipoden mit $[\alpha]_D \pm 25^0$) von o-Tolyl-p-tolyl-carbinol (Soc. **1951**, 375).

1950 R. GOUTARD, M. JANOT, V. PRELOG und W. J. TAYLOR: Für das Chininskelett wird an Stelle des bisherigen Chinolinringes der Indolring vorgeschlagen [Helv. Chim. Acta **33**, 150, 164 (1950); vgl. a. PRELOG, B. **72**, 1325 (1939)].

1950   K. ZIEGLER und WILMS: Dimerisation von Butadien zu Cyclooktadien [Ann. **567**, 1 (1950)]; analog COPE u. Mitarb.: Polymerisation von 2-Chlorbutadien zu Dichlorcyclooctadien [J. Amer. chem. Soc. **72**, 3056 (1950); vgl. a. **70**, 2305 (1948)].

1950   H. v. EULER und H. HASSELQUIST: „Reduktone. Ihre chemischen Eigenschaften und biologischen Wirkungen." Stuttgart 1950 (vgl. dieselb.: Rec. Trav. chim. Pays-Bas **69**, 402).

1950   H. SCHULZ und H. WAGNER: Synthese und Umwandlungsprodukte des Acroleins [das. **62**, 105—118 (1950)].

1950   A. BUTENANDT: Cancerogene Stoffe und Entstehung bösartiger Tumoren [Chem. Z. **74**, 7 (1950)].

1950   H. H. INHOFFEN (mit F. BOHLMANN, K. BARTRAM, H. POMMER): Vier Totalsynthesen des $\beta$-Carotins [Ann. **565**, 45; **569**, 237 (1950); **570**, 54, 69; **571**, 75 (1951); Angew. **63**, 146 (1951)].

1950   G. WITTIG u. Mitarb.: Metallorganische salzartige Komplexverbindungen, z. B. [Al $(C_6H_5)_4$] Li [Angew. **62**, 231 (1950); Ann. **566**, 106 (1950)].

1948   G. HEVESY: Radioactive Tracers, their Applications in Biochemistry. New York 1948.

1950   ARNSTEIN u. R. BENTLEY: Isotopic Tracer Technique (Deuterium, $^{13}C$ und $^{14}C$; $^{15}N$; Synthesen und Biosynthesen mit denselben): [Quart. Rev. 1950, vol. IV, No. 2, S. 172—194. Vgl. a. dasselbe 1949: R. FLEISCHMANN, sowie F. WEYGAND: Angew. **61**, 277—285 u. 285—297 (1949)].

1950   K. H. MEYER, H. MARK und VAN DER WYK: Makromolekulare Chemie. Leipzig 1950.

1950   H. STAUDINGER: Organische Kolloidchemie (3. Aufl., Fr. Vieweg, Braunschweig 1950).

1950   P. KARRER u. Mitarb.: Totalsynthese von $\beta$-Carotin und Lycopin [Helv. Chim. Acta **33**, 1172, 1349 (1950)].

1950   A. J. VIRTANEN u. Mitarb.: Über enzymatische Plastein-(Polypeptid-)Synthesen [Naturwiss. **37**, 139 (1950)].

1951   J. REICHSTEIN: Chemie der herzaktiven Glycoside [Angew. **63**, 412, (951)].

1950   WALEY, WATSON, HANBY ebenso A. C. FARTHING: Polypeptidsynthesen nach der LEUCHSschen Methode (1903) (Soc. **1950**, 3009, 3239; bzw. 3213 bis 3222).

1950   FRIEDR. WEYGAND: Papierchromatographische Untersuchung der Reduktonbildung [Arkiv Kemi. Stockh. **3**, 11 (1951)].

1950   A. TREIBS: Ascaricruorin — ein neuer Blutfarbstoff (aus Ascaris lumbricoides), der sich durch eine besonders große Affinität zum $O_2$ auszeichnet (Angew. **62**, 447).

1950   H. BROCKMANN: „Rhodomycin" — ein neues Antibiotikum, als roter krystallisierter Farbstoff $C_{22}H_{29}O_7$ isoliert [Naturwiss. **37**, 492 (1950)].

1950   P. KARRER: Lehrbuch der organischen Chemie. X. bis XI. Aufl. Leipzig 1950.

1950   R. TSCHESCHE: Über den biochemischen Wirkungsmechanismus von Chemotherapeutika und Antiseptika (Angew. **62**, 153).

1950   H. SCHULTZE: Über Plasmaciweißkörper im Blickfeld des Chemikers (Angew. **62**, 395, 512).

1950   R. SCHWARZ und A. KESSLER: Über Kieselsäureester [Z. anorg. Chem. **263**, 15 (1950); vgl. a. Angew. **63**, 149 (1951)].

1950   F. D. ROSSINI: Chemical Thermodynamics. N. Y. 1950.

## C. Rückblick und Nachwort.

Am Schluß unserer chronologisch tabellierten Hauptdaten aus der kaum über-
sehbaren Zahl der positiven Ergebnisse während der mehrtausendjährigen Geschichte der Chemie müssen wir den geradezu überwältigenden Zuwachs feststellen, und zwar in qualitativer wie in quantitativer Hinsicht, von der sowohl
stofflichen als auch gedanklichen Seite her, sowohl in den schöpferisch-wissen-
schaftlichen Leistungen als auch in den technisch-erfinderischen Anwendungen.
In der Streitfrage um den „*Fortschritt der Menschheit*" kann man für die Chemie
unbedenklich den *tatsächlichen Fortschritt* bejahen: Die Beherrschung bzw. Beeinflussung der Naturstoffe und der Naturvorgänge hat in der historisch erfaßbaren
Zeit eine außerordentliche Ausweitung erfahren.

Eine behelfsmäßige Charakteristik speziell der chemischen Forschung des letzt-
verflossenen Halbjahrhunderts ist reizvoll und lehrreich zugleich. Zuerst sei
betont, daß die Entwicklung sich organisch an die großen Probleme des ausgehenden
19. Jahrhunderts anschließt; es sind dies: Die klassische physikalische Chemie;
die klassische synthetische (organische) Chemie mit dem von EMIL FISCHER be-
gonnenen Brückenschlag zur *Biochemie* die präparative anorganische Chemie mit
dem ordnenden Prinzip des periodischen Systems; das neuentdeckte und noch
unerschlossene Element Radium mit seinen Ausstrahlungen, schließlich die chemische Großindustrie mit den sich einbürgernden elektrochemischen Prozessen
und Leichtmetallen. Die physikalische und Elektrochemie erhielten in der „Deutschen BUNSEN-Gesellschaft" eine lebensvolle Sammelstelle und einen sprudelnden
Kraftquell, die Ionenlehre drang in alle naturwissenschaftlichen Gebiete ein,
eine chemische Thermodynamik und Verwandtschaftslehre breiteten sich aus,
und die Neuformung des Begriffes „*Katalyse*" bzw. „*Katalysator*" durch WILH.
OSTWALD wurde zu einem Zauberstab, der alle verborgenen Gebiete zugänglich
machte. Nicht nur der wissenschaftlichen Forschung — theoretisch und experimentell gesehen — erwuchsen daraus neue Probleme für heterogene und homo-
gene Systeme in Gasen, Flüssigkeiten und in festem Zustande: Ein physikalisch-
chemisches Studium der Oberflächen, der „Spurenelemente" und Reinheit der
Katalysatoren selbst schloß sich zwangsläufig an. Die Übernahme der Katalyse
durch die chemische Groß-Industrie förderte nicht nur ungeahnte Erfolge in der
anorganischen und organischen Synthese zutage, sondern wirkte auch ihrerseits
beschleunigend auf die Erforschung des Wesens der Katalysatoren und auf deren
Einsatz für die vernachlässigten *Polymerisationsvorgänge* — es erwuchs eine *neue*
„*Chemie der Hochpolymeren*" (bzw. Kunststoffe und plastischen Massen). Gleichzeitig und in einer Art geistiger Symbiose entwickelte sich auf biologischem Gebiet
die Katalyse durch das Studium der Fermente bzw. „Enzyme" — heute gibt es
eine besondere *Enzymchemie*. Und das biologische Gebiet steuerte durch die
Entdeckung der Vitamine, Hormone, Auxine (Wuchsstoffe), kurz, der „*Biokatalysatoren*" bzw. Wirkstoffe sowie deren Antagonisten (Hemmstoffe) ein schier un-
erschöpfliches Gebiet der katalytischen Beeinflussung bei. Die jüngste Phase der
Entwicklung mit der Entdeckung der krystallisierbaren Antibiotika und Viren,
im Zusammenhang mit der chemischen Gen-Forschung, weist immer deutlicher
der *Katalyse eine dominierende Stellung in der Erforschung* des *Lebensrätsels* zu.
Mit dieser wissenschaftlichen Neuorientierung, die die *chemischen Vorgänge* in der
unbelebten und belebten Natur den gleichen Gesetzen unterzuordnen bestrebt
ist, verlief synchron die hauptsächlich physikalisch orientierte Forschungsarbeit
an dem *Wesen der Materie* bzw. der Natur der eigentlichen Bausteine der konkreten Stoffe, d. h. an den chemischen Elementen und Atomen. Von dem *frei-
willigen Zerfall* des Radiums führte die Forschung schrittweise zum teilbaren

Atom bzw. Atommodell mit Kern und Atomhülle bzw. schalenartigem Aufbau der Elektronenhülle. Der positiv geladene Atomkern aus Protonen und Neutronen erbrachte eine Bestätigung der Idee der antiken Naturphilosophen von einem allen Körpern gemeinsamen Grundstoff (Protyl), und die Röntgenspektren lieferten die physikalische Begründung für das „periodische System" der Elemente und der natürlichen Familienanordnung derselben. Dieses System, nach steigendem Atomgewicht aneinandergereiht, setzte die Kenntnis der *richtigen* Atomgewichte voraus, dieses traf aber keineswegs zu, sondern die chemische *Intuition* mußte in Einzelfällen zwischen halbierten oder vervielfachten Atomzahlen wählen — sie leitete auch MENDELEJEFF bei der gewagten Prognose von Elementen für die „Lücken". Die Bildung des Radiums aus Uran und sein freiwilliger Abbau führten zwangsläufig zu einer „künstlichen Zertrümmerung" der Elemente (erstmalig des Stickstoffs), folgerichtig auch des schwersten, des Urans selbst: Teils gelangte man dabei zu seinen Spaltprodukten und zur Gewinnung der *Atomenergie*, teils zu schwereren, neuen *Trans-Uranen* mit dem At.-Gew. 244 (Berkelium) bzw. mit der Ordn.-Zahl 98 (= Californium, das chemisch als ein neues Element erkannt wurde). Neben diesen Erfolgen der Atomphysik war es die moderne Chemie, die synthetisch zum Aufbau von Riesenmolekülen (mit Mol.-Gewichten von Hunderttausenden) und Komplexen, anorganischen, bzw. Solvo-Säuren, -Basen und -Salzen fortschritt.

Die außerordentlichen Leistungen der Chemie setzen neue Grundlagen für die Methodik der Forschungen und die Organisation der wissenschaftlichen Experimental-Arbeit überhaupt voraus. Die alten Akademien der Wissenschaften erhielten eine zeitgemäße Ergänzung in den modernen Forschungsgesellschaften mit ihren angegliederten Forschungsinstituten. Neue und spezielle Publikationsorgane wurden begründet, und häufige wissenschaftliche Tagungen sorgten für die Verbreitung und kritische Prüfung der im Gang befindlichen Forschungen. Da die wissenschaftlichen Probleme immer häufiger aus dem Gebiete der Chemie hinüberspielten in die Forschungsbezirke der Physik, der Biologie, der Physiologie usw., so war es nur eine sinnvolle Maßnahme der Arbeitsökonomik, daß man die geistigen Energien dieser verschiedenen Gebiete gleichzeitig und von verschiedenen Gesichtspunkten aus der Erforschung des gleichen Problems zuwandte. So entstanden Gruppenforschungen bzw. Gemeinschaftsforschungen neuer Art. Im modernen „Zeitalter der Technik" blieb es nicht aus, daß auch die Chemie von der Technik befruchtet wurde: Man denke nur an die vielen vervollkommneten Laboratoriumsgeräte aus Metall, Glas, Kunststoffen usw., an die kunstvollen optischen und elektrischen Meßinstrumente, an die Präzisionswaagen, Ultrazentrifugen usw.: Die chemische Konstitutionsforschung schöpft einen großen Teil ihrer Einblicke in die Struktur der hochkomplizierten Moleküle aus den Aussagen dieser Apparate. Einer gewissen Technisierung der modernen Chemie bzw. der chemischen Forschung stand gegenüber die Verwissenschaftlichung der Technik und der chemischen Industrie: Sie waren es, die das Unwahrscheinliche zur Wirklichkeit werden ließen, indem sie die 4 antiken „Elemente Feuer, Luft, Wasser und Erde" — bzw. Kohle, Stickstoff, Sauerstoff, Wasser, Kalk — zu wahren Elementen der modernen Industrie und zu wertvollsten Kulturgütern machten, insbesondere noch durch die jüngste wissenschaftlich-technische Verwertung der bisher so gemiedenen Giftgase Kohlenoxyd, Blausäure, Acetylen. Und so setzt die moderne synthetisch-analytische Chemie als Ganzheit mit ihren alten anschaulichen Modellen von den beständigen Elementaratomen ihren Siegeszug in der Stoffweltbeherrschung fort! Chemische Wissenschaft und Technik halfen durch die Synthesen des Treibstoffs und des Kautschuks das große Problem der (maschinellen) „Motorisierung der Welt" zu meistern, und sie schalteten sich bereits seit LIEBIGS künstlichen Düngemitteln und HABERS Ammoniak-Synthese in die Bewältigung der Aufgabe ein, die durch die zurückbleibende Nahrungsmittelproduktion gegenüber der schnell zunehmenden Weltbevölkerung erwuchsen. Dieses Ernährungsproblem wird zwangsläufig zur technischen Synthese von Fetten, Ölen, Proteinen u. a. führen, an denen es schon in der Gegenwart gelegentlich empfindlich mangelt. Neben dem mechanischen Verkehrsproblem und dem physiologischen oder Ernährungsproblem meldet sich — als drittes — das wirtschaftliche Problem des Ersatzes der allmählich zur Neige gehenden Naturvorräte an gewissen mineralisch-metallischen Rohstoffen: Wird die Zukunft neben den organischen und anorganischen Groß-Synthesen von zusammengesetzten Stoffen auch *diese* Groß-*Synthesen* von fehlenden (oder elementaren) *Kulturmetallen* (z. B. Zink, Kupfer, Zinn usw.) bringen? Doch daneben wird die materielle Kultur — zwangsläufig in ihrer Entwicklungsdynamik — immer sichtbarer einem Zeitalter der Leichtmetalle und Kunststoffe zugeführt werden.

# Namenverzeichnis.

# Die Naturwissenschaften

Begründet von **A. Berliner** und **C. Thesing**

Unter besonderer Mitwirkung von **E. v. Holst** herausgegeben von **E. Lamla**

Beirat: *J. Bartels, E. Bederke, H. Brockmann, P. ten Bruggencate, C. W. Correns, H. v. Ficker, R. Grammel, O. Hahn, R. Harder, M. Hartmann, W. Heisenberg, K. Henke, A. Kühn, M. v. Laue, H. Martius, R. W. Pohl, H. Rein.*

Organ der Max-Planck-Gesellschaft zur Förderung der Wissenschaften.
Organ der Gesellschaft Deutscher Naturforscher und Ärzte.
Erscheinen zweimal monatlich.
Preis vierteljährlich DM 15,—; Einzelheft DM 3,—

Die Mitglieder der Gesellschaft Deutscher Naturforscher und Ärzte erhalten die Zeitschrift im Abonnement mit einem Nachlaß von 20%. Für Studierende der Naturwissenschaften ermäßigt sich der Bezugspreis auf vierteljährlich DM 11,25

Der Jahrgang 1951 enthält folgende größere Aufsätze über die Geschichte der Naturwissenschaften:

**Joseph Louis Gay-Lussac und seine Leistungen auf dem Gebiete der allgemeinen und physikalischen Chemie.** Von Hans Schimank.

**Daguerre starb vor 100 Jahren, am 10. Juli 1851.** Von E. Stenger.

**Woldemar Voigt zum hundertsten Geburtstage.** Von K. Försterling.

**Arnold Sommerfeld.** Von W. Heisenberg.

**Sommerfelds Lebenswerk.** Von M. v. Laue.

**Jonathan Zenneck zum 80. Geburtstag.** Von W. Meißner.

**Georg Lockemann zum 80. Geburtstag.** Von W. Neumann.

**Gibt es eine Berzelius-Statuette aus den achtziger Jahren?** Von Arne Holmberg.

**Berlin und die exakten Naturwissenschaften.** Von C. Ramsauer.

**Die Entwicklungsgeschichte des Säure-Basenbegriffes und über die Zweckmäßigkeit der Einführung eines besonderen Antibasenbegriffes neben dem Säurebegriff.** Von J. Bjerrum.

**Zur Entdeckungsgeschichte der künstlichen Kern-$\gamma$-Strahlung.** Von R. Fleischmann.

---

**Springer-Verlag / Berlin · Göttingen · Heidelberg**